大數據管理系統

江大偉，高雲君，陳剛 編著

崧燁文化

前言

　　作爲過去十年裡最重要的資訊技術，大數據技術深刻影響了人們生活的方方面面。 如今，從在家購物到出門叫車，從投資理財到金融風控，從健康管理到公共安全，人們無時無刻不在使用各種大數據。 在大數據引領的資訊時代下，如何有效管理大數據，從大數據中擷取有價值的資訊，提升組織者的決策水準，發現新的利潤成長點，成爲各界持續關注和廣泛研究的重要課題。 大數據管理技術已經成爲網際網路等行業的核心競爭力之一。

　　大數據管理技術涉及了大數據管理的各個方面，包括資料儲存、資料查詢、資料治理、資料整合、資料處理、資料分析、資料視覺化。 傳統關聯資料庫的一站式服務已經無法滿足大數據領域的資料處理需求。 一方面，以網際網路應用爲代表的大數據應用產生的龐大數據量超出了傳統工具的處理能力；另一方面，異構資料源和種類繁多的大數據應用對資料處理和資料查詢提出了諸多靈活性需求，這些需求大多不易透過傳統的 SQL 查詢來實現。 爲解決資料量大和資料處理需求多樣性所帶來的挑戰，大數據管理技術發展出了一系列革新的資料管理技術。

　　本書從大數據管理技術產生的歷史背景出發，對大數據管理技術的起源和發展進行了全面介紹，詳細討論大數據管理技術，包括大數據建模技術、大數據儲存和索引技術、大數據查詢處理技術、大數據交易技術和大數據匯流排技術等，並在此基礎上，對大數據應用系統進行了全面分析。

　　本書採取理論與實踐並重的方式介紹大數據管理技術。 在理論層面，力求覆蓋面廣，涵蓋大數據管理技術的所有重要分支。 在具體技術層面，力求深入淺出，重點介紹技術產生的應用背景，以及該技術解決應用中痛點問題的基本原理。 對技術實現細節感興趣的讀者，可以透過書中列出的引文，從原始文獻中擷取相關資訊。 在實踐層面，本書透過三章內容，具體介紹大數據管理技術如何應用於實際的大數據應用系統。 希望這樣的安排，能夠滿足不同層面的讀者對大數據管理技術的研習

需求。

　　本書面向大數據應用的開發人員、大數據管理系統的開發人員以及大數據管理技術的研究人員，也適用於大專院校相關專業師生學習。 本書要求讀者具有一定的電腦基礎和資料庫相關知識。 希望本書在幫助讀者了解大數據技術發展的同時，能夠爲相關領域的工作者在進行大數據系統開發時提供借鑒。

　　本書由浙江大學電腦科學與工程係陳剛教授、江大偉研究員、高雲君教授共同編著。 在本書的撰寫過程中，丹麥奧爾堡大學的助理教授陳璐博士給予了有益的回饋。 浙江大學電腦科學與工程係研究生張哲檳、魯鵬凱、胡文濤、蔣飛躍、卜文鳳、張遠亮、仲啟露等同學參與本書的校對以及插圖繪製等工作。 在此，向上述在本書撰寫過程中給予幫助的老師和同學們表示深深的感謝。

　　由於作者水準有限，書中難免會有疏漏之處，敬請同行和讀者不吝賜教，我們當深表感謝。

編著者

目錄

28 第4章 大數據應用開發

第2篇 大數據管理系統實現技術

40 第5章 大數據儲存和索引技術

59 第 6 章　大數據查詢處理技術

151 第 7 章　大數據交易技術

176　第 8 章　大數據匯流排技術

第 3 篇　面向領域應用的大數據管理系統

190　第 9 章　面向決策支持的雲展大數據倉儲系統

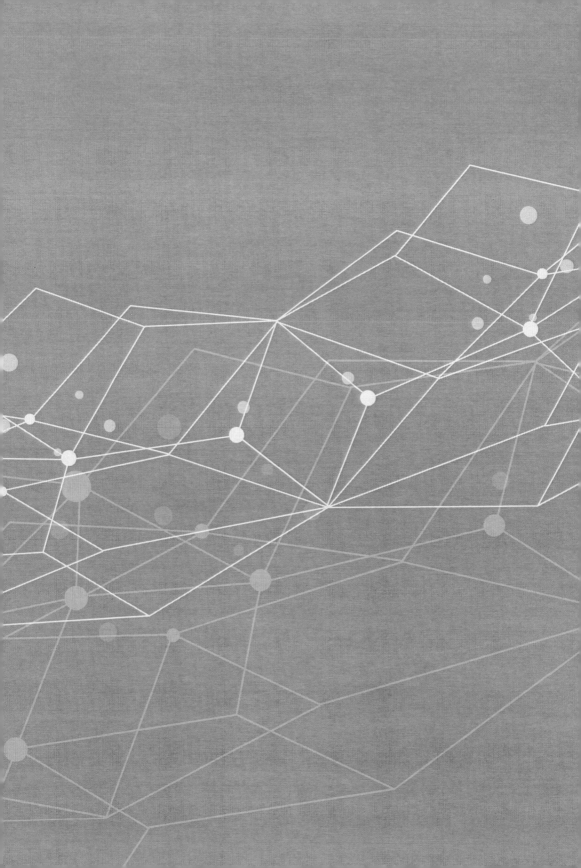

第1篇
大數據管理
系統基礎

第1章

大數據技術簡介

1.1 大數據技術的起源

「大數據」一詞最早出現於 SGI 公司首席科學家 John R. Mashey 博士在 1999 年 USENIX 年度技術會議上做的特邀報告中。在該報告中，Mashey 博士論述到：「人們對網路應用的期望正在不斷提升，人們希望網路應用能夠創建、儲存、理解大數據，資料量越來越大（圖片、圖像、模型），資料類型越來越多（音訊、視訊）[1]。」Mashey 博士的論述總結了我們對大數據最初的兩點認識：①網際網路應用是大數據的驅動型應用；②大數據的特徵是資料量大、資料類型多。隨後，Laney 博士在一份未公開的研究報告中進一步將大數據的特徵定義爲資料量大、資料類型雜、資料產生速度快（即 3V）[2]。Laney 博士的定義構成了我們普遍接受的對大數據的描述性定義。

然而，大數據的概念在提出後並沒有受到人們的關注，甚至在相當長的時間內被人們遺忘。2000 年 3 月 10 日美國那斯達克指數創造了 5048.62 點的歷史性新高。不幸的是，在隨後的黑色星期一（即 3 月 13 日），發生了網際網路泡沫破裂，以 .com 公司爲代表的科技股票遭受大規模拋售。在那斯達克上市的企業有 500 家破產（其中 90％的企業爲網際網路企業），慘淡的股市使人們再沒有理由不關注網際網路應用以及與之相關的大數據技術。

網際網路泡沫破裂的原因是多方面的，但是其中最重要的原因是當時的網際網路企業無法找到穩定的盈利模式。與傳統企業不同，網際網路企業並不經營實物資產，而是經營虛擬的資料資產。因此，傳統企業研發的實物資產管理和變現技術並不適用於網際網路企業。而網際網路企業也沒有研發出適應自身特點的資產管理和變現技術。由於缺乏有效的資產變現方法，在網際網路泡沫破裂前，幾乎所有的網際網路企業都處於嚴重虧損狀態。糟糕的營收績效極大地打擊了投資者的信心，從而引發了大規模的股票拋售。

幸運的是，網際網路產業並沒有從此消失。一些網際網路企業如亞馬遜、Google、雅虎等存活了下來。他們反思企業營運中出現的問題，投入大量的精力研發適合自身特點的資產管理和變現技術，向技術要紅利。經過近十年的摸索，

亞馬遜的股價在 2011 年升至 246.71 美元，相較 2001 年泡沫破裂後的 5.51 美元，成長了近 50 倍！如此戲劇性的驚天逆轉震驚了所有人。人們紛紛追問兩個問題：①網際網路企業成功的祕訣是什麼？②能否將網際網路企業成功的祕訣複製到非網際網路企業？

經過研究，人們發現網際網路企業成功的祕密在於研發出了適應自身資產特點的「開源節流」技術。首先，網際網路企業研發出雲端運算技術，有效地降低了維護大量資料資產的營運成本；其次，網際網路企業研發出大數據管理技術，高效地管理其資料資產；最後，網際網路企業研發出大數據分析技術，有效地從資料資產中發現規律，提升資料資產的變現效率。人們將網際網路企業研發出的大數據管理技術和大數據分析技術統稱爲大數據技術。進一步的研究表明，大數據技術乃至雲端運算技術可以向非網際網路企業遷移。也就是說，大數據技術和雲端運算技術仍然有巨大的潛力和上升空間。

至此，謎底揭開。人們重新以巨大的熱情討論大數據技術。各國政府紛紛制定政策推動大數據技術的研發與應用。大數據相關的研討經常被《經濟學人》[3,4]、《紐約時報》[5] 和「國家公共廣播電臺」[6,7] 等公共媒體報導。兩個主要的科學期刊《自然》和《科學》也開闢了專欄來討論大數據的挑戰和影響[8,9]。

本書主要介紹大數據管理技術。在正式展開討論之前，我們首先介紹與大數據技術密切相關的雲端運算技術。

1.2 大數據與雲端運算

雲端運算與大數據密切相關。大數據是運算密集型操作的對象，需要消耗巨大的儲存空間。雲端運算的主要目標是在集中管理下使用巨大的運算和儲存資源，用微粒度運算能力提供大數據應用。雲端運算的發展爲大數據的儲存和處理提供了解決方案。另外，大數據的出現也加速了雲端運算的發展。基於雲端運算的分散式儲存技術可以有效地管理大數據；藉助雲端運算的平行運算能力可以提高大數據採集和分析的效率。儘管雲端運算和大數據技術存在很多重疊的技術，但在以下兩個方面有所不同。首先，它們的概念在一定程度上是不同的。雲端運算轉換 IT 架構，而大數據影響業務決策。但是，大數據依賴雲端運算作爲平穩運行的基礎架構。其次，大數據和雲端運算有不同的目標客戶。雲端運算是針對資訊長（CIO）的技術和產品，是一種先進的 IT 解決方案。大數據是針對執行長（CEO）、聚焦於業務營運的產品。因爲決策者可能直接感受到市場競爭的壓力，所以必須以更具競爭力的方式擊敗對手。隨著大數據和雲端運算的發展，這

　　兩種技術當然也越來越相互融合。雲端運算具有類似於電腦和操作系統的功能，提供系統級資源；大數據及相應的大數據管理系統運行在雲端運算支持的上層，提供類似於資料庫的功能和高效的資料處理能力。

　　大數據的演變受快速成長的應用需求所驅動，而雲端運算是由虛擬化技術發展而成的。因此，雲端運算不僅爲大數據提供運算和處理，其本身也是一種服務模式。在一定程度上，雲端運算的發展促進了大數據的發展，兩者相輔相成。

參考文獻

［1］　Diebold F. On the Origin（s）and Development of the Term「Big Data」. Pier working paper archive, Penn Institute for Economic Research, Department of Economics, University of Pennsylvania, 2012.

［2］　Laney D. 3-D Data Management: Controlling Data Volume, Velocity and Variety. META Group Research Note, 2001.

［3］　Cukier K. Data, data everywhere: a special report on managing information. Economist Newspaper, 2010.

［4］　Drowning in numbers-digital data will flood the planet and help us understand it better, 2011. http: //www. economist. com/blogs/dailychart/2011/11/bigdata-0.

［5］　Lohr S. The age of big data. New York Times, 2012.

［6］　Yuki N. Following digital breadcrumbs to big data gold. http: //www. npr. org/2011/11/29/142521910/thedigitalbreadcrumbsthat-lead-to-big-data, 2011.

［7］　Yuki N. The search for analysts to make sense of big data. http: //www. npr. org/2011/11/30/142893065/the-searchforanalyststo-make-sense-of-big-data, 2011.

［8］　Big data. http: //www. nature. com/news/specials/bigdata/index. html, 2008.

［9］　Special online collection: dealing with big data. http: //www. sciencemag. org/site/special/data/, 2011.

第2章

大數據管理系統架構

2.1 大數據管理系統不能採用單一架構

2.1.1 大數據的 5V 特徵

麥肯錫研究所將大數據定義為那些用傳統資料庫軟體無法有效地擷取、儲存、管理和分析的超大規模資料集。在 20 世紀 70 年代，MB（10^6 bytes）級別的資料就能被稱作「大」資料了，隨著儲存介質的更新換代和資料來源的不斷擴大，如今能夠被稱作大數據的資料規模已經從 TB（10^{12} bytes）到 PB（10^{15} bytes），甚至達到了 EB（10^{18} bytes）級別。Gartner 研究機構將大數據的特徵概括為 3V：大體積（Volume）、高速性（Velocity）和多樣性（Variety），而後其他研究者在此基礎上增加了真實性（Veracity）和價值性（Value），它們共同構成了大數據的 5V 特徵。

（1）大體積（Volume）

在如今這個資訊爆炸的時代，我們每年擷取的資料量，都比以前成百上千年所積累的資訊總量要多得多。資料的來源十分廣泛，股票交易、社交網站、交通網路，每分每秒都有資料源源不斷地被收集和儲存。隨著人們的生活逐漸邁入智慧化和雲端運算的時代，資料量的成長將會難以估量。

要對如此大量的資料進行儲存和加工，所需的硬體設備規模也是十分龐大的。以 Google 公司為例，截至 2015 年，他們已經在全球擁有 36 個資料中心，分散於美國、歐洲、南美洲和亞洲等區域。據估計，Google 公司的伺服器數量至少有 20 萬臺，實際的數字可能更多，並且還在不斷地成長當中。Google 公司也正在進一步擴展其資料中心的數量，2017 年在另外 12 個地區建立了更多的資料中心。

（2）高速性（Velocity）

大數據的高速性指的是資料以極快的速度被產生、累積、消化和處理。許多

資料都具有時效性，這要求它們在一定的時間限度內被消化掉。在很多領域，對這些源源不斷產生的大量資料進行即時分析和處理是十分必要的——搜索引擎要能讓使用者查找到幾分鐘前發生的事情的新聞報導；個性推薦演算法需要根據使用者行爲特徵盡可能快地向使用者完成推送；醫療機構透過監測網上的文章和使用者搜索記錄來追蹤流感傳播等。

大數據管理系統，不僅需要對大量的資料進行可靠儲存，更要具備高效的資料分析和處理能力，才能適應當今時代下大數據的發展。

(3) 多樣性（Variety）

傳統的資料庫管理系統是爲了管理交易記錄而誕生的，這些結構化的資料能夠用關聯資料庫系統保存和分析。而如今，傳播於網際網路中的資料已經遠不止是簡單的交易記錄了，資料的類型也從簡單的結構化資料轉變成了半結構化和非結構化的資料。資料來源的廣泛性極大地增加了資料格式的多樣性——社交網路中的部落格內容、購物網站中的購買記錄、行動設備中的位置資訊、監控網路中的錄影視訊、感測儀器上傳的測量資料，不一而足。格式的多樣性使得很難用傳統的結構化資料庫軟體來儲存這些資料，人們需要用新的技術來迎接大數據多樣性帶來的挑戰。

(4) 真實性（Veracity）

資料的來源是極其廣泛的，通常無法人爲進行控制，這就導致了資料的可靠性和完整性的問題。資料的可靠性和完整性決定了資料的品質，如果不加以甄別地對這些品質不一的資料進行統一的加工處理，那麼得到的分析結果也將是不可靠的。如何在資料分析處理的過程中對資料的真實性加以判別，將是大數據時代下人們面臨的另一個挑戰。

(5) 價值性（Value）

大數據的價值不在於資料本身，而在於從大數據的分析中所能發掘出的潛在價值。大數據的體積大而價值密度低，大數據的分析探勘過程就是提升其價值的過程。透過強大的演算法來對龐大的資料集合進行系統的組織和分析，大數據中所蘊含的價值才能被提煉出來。

前面的四個特徵是從技術的角度看待大數據的特徵的，而大數據價值性的實現依賴於技術基礎。只有當我們能夠解決大數據時代帶來的技術挑戰時，大數據的價值性才能夠得到體現。

2.1.2　關聯資料庫系統架構的缺陷

1970 年，E. F. Codd 博士發表了有關資料庫的關聯模型的論文[1]，提出了

關聯資料庫的理論模型。緊接著 IBM 公司便著手開發了關聯資料庫的原型系統——System R。1973 年，加州大學伯克利分校開發了自己的關聯資料庫系統 Ingres。至此，關聯資料庫成了資料庫市場的主流，走上了商業化的道路。Oracle 等公司基於 Ingres 專案推出了自己的商業化產品。關聯資料庫迅速發展起來，成了商業領域資料管理的不二之選。

隨著資料庫需要處理的資料量的增加，單臺電腦的磁碟和性能已經無法對如此多的資料進行儲存和分析，平行資料庫應運而生。「無共享型」平行資料庫的各個節點都是一臺單獨的電腦，它們擁有各自獨立的處理器、內存和磁碟，並透過網路互相連接。資料以雜湊或其他方式分散儲存於各個節點上，而對資料的操作採取的是分而治之、平行處理的策略。平行資料庫的第一代系統誕生於 20 世紀 80 年代，它為使用者提供了統一的 SQL 查詢語言，掩蓋了平行編碼的複雜性，其高性能和高可用性使其取得了巨大成功。看起來，平行資料庫似乎已經是一個十分完善的系統了。

然而到了 20 世紀 90 年代，全球資訊網的興起使得 Google、Yahoo 這樣的搜索引擎公司需要處理的資料量激增，資料的處理方式也和以前的關聯模型大不相同，平行資料庫提供的 SQL 查詢已不能適應他們的應用需求。Google 為了解決該問題，開發了自己的文件系統——Google File System（GFS），以及相應的程式模型——MapReduce[2]。這就是大數據分析平臺 Hadoop 的前身，我們在下一節將會詳細介紹。

反觀資料庫在過去幾十年裡的發展，資料庫廠商致力於往同一個方向發展——One size fits all——使用單一資料庫管理系統架構來服務各種各樣的應用場景。資料庫廠商們希望為所有的使用者提供相同軟體服務，使他們能在自己的應用中輕鬆地部署這樣的資料庫系統。但在應用和需求不斷變化的今天，One size fits all 的圖景已經不復存在，大數據的出現給管理系統帶來的新的挑戰，逼迫傳統的關聯資料庫走下歷史的舞臺，而根據個性需求為使用者定製的大數據系統正在興起。

如今，在資料庫系統的各個市場分支上，相比於專門定製的資料庫系統，傳統的關聯資料庫的性能都已經遠遠落後。我們將透過幾個例子來說明這一點。

（1）資料倉儲

所有主流的資料庫管理系統都是使用行儲存的，也就是把一條記錄的各個屬性的值在磁碟上連續儲存。行儲存方式帶來的好處是，當需要寫入一條記錄的時候，只需要對磁碟進行一次寫操作，因此這樣的儲存方式是面向寫最佳化的。寫最佳化在線上交易處理的應用中顯得尤其重要，這也是主流資料庫系統採用行儲存的原因。

但是資料倉儲不同於線上交易處理，通常只是週期地將大量資料導入到資料

倉儲中而不需要頻繁地寫入和更新操作，資料倉儲需要向使用者提供的是強大的即席（ad-hoc）查詢能力——讓使用者根據自己的需求，靈活地選擇查詢條件，在大規模資料集上做查詢並得到相應的統計報表。因此資料倉儲需要實現的是面向讀最佳化的系統，而列儲存方式能夠滿足這一要求。在某些應用場景中，一條記錄的屬性可能多達上百個，但使用者查詢只關心其中的某幾個屬性，如果使用行儲存模式，那麼讀取無關屬性就會浪費大量的磁碟讀取時間，而列儲存系統可以只讀取特定的屬性，極大提升了查詢效率。

（2）文字檢索

文字檢索被廣泛地應用於搜索引擎等領域。在文字檢索中，最常見的操作主要包含兩個方面：將網路爬蟲得到的新文件保存到已有目錄中；對現有目錄進行即席查詢。在這樣的系統中，寫操作通常只包含附加操作，而讀操作通常是連續讀取。爲了提升效率，需要支持對同一文件並行的寫入。另外，系統需要有很高的容錯率，因爲在這樣一個由性能一般的機器組成的叢集中錯誤時常發生，系統設計需要具有高可用性和從錯誤中迅速恢復的能力。

擅長處理傳統的交易交易的資料庫系統已經難以勝任文字檢索這樣的工作，即便某些資料庫系統已經添加了對文字檢索應用的支持，但其性能和易用性也遠不及那些專門針對文字檢索的定製系統，比如 Google 的 GFS 文件系統。

除了上面提到的資料倉儲和文字檢索之外，在另外一些領域諸如科學運算資料庫、XML 資料庫和感測器網路資料，傳統資料庫管理工具也已經暴露出了其局限性。

單一架構（One size fits all）的時代已經過去，在大數據的浪潮下，資料管理系統的發展正在進入一個新的時期。不同的領域中呈現出各種不同的應用場景，從而對資料管理工具提出個性化要求。資料庫管理系統需要不斷去適應使用者需求，才能在競爭激烈的市場中占得一席之地。

2.2 基於 Hadoop 生態系統的大數據管理系統架構

2.2.1 Hadoop 簡介

Hadoop[3] 起源於 Google Lab 開發的 Google File System（GFS）儲存系統和 MapReduce 資料處理框架。當時 Google 爲了處理其搜索引擎中的大規模網頁

文件而開發了 MapReduce 平行處理技術，並在 OSDI 會議上發表了題爲「MapReduce：Simplified Data Processing on Large Clusters」的論文[2]。Doug Cutting 看到此論文後大受啟發，在 Apache Nutch 專案中根據 Google 的設計思想開發了一套新的 MapReduce 平行處理系統，並將其與 Nutch 的分散式文件系統 NDFS 相結合，用以服務 Nutch 專案中搜索引擎的資料處理。2006 年，NDFS 和 MapReduce 從 Nutch 專案中獨立出來，被重新命名爲 Hadoop，Apache Hadoop 專案正式啟動以支持其發展。同年，Hadoop 0.1.0 版本發佈。2008 年，Hadoop 成了 Apache 上的頂級專案，發展到今天，Hadoop 已經成了主流的大數據處理平臺，與 Spark、HBase、Hive、Zookeeper 等專案一同構成了大數據分析和處理的生態系統。Hadoop 是一個由超過 60 個子系統構成的系統集合。實際使用的時候，企業透過定製 Hadoop 生態系統（即選擇相應的子系統）完成其實際大數據管理需求。Hadoop 生態系統由兩大核心子系統構成：HDFS 分散式文件系統和 MapReduce 資料處理系統。

2.2.2 HDFS 分散式文件系統

HDFS 是一個可擴展的分散式文件系統，它爲大量的資料提供可靠的儲存。HDFS 的架構是基於一組特定的節點構建的，其中包括一個 NameNode 節點和數個 DataNode 節點。NameNode 主要負責管理文件系統名稱空間和控制外部客戶機的存取，它對整個分散式文件系統進行總控制，記錄資料分散儲存的狀態資訊。DataNode 則使用本地文件系統來實現 HDFS 的讀寫操作。每個 DataNode 都保存整個系統資料中的一小部分，透過心跳協議定期向 NameNode 報告該節點儲存的資料塊的狀況。爲了保證系統的可靠性，在 DataNode 發生當機時不致文件丟失，HDFS 會爲文件創建複製塊，使用者可以指定複製塊的數目，默認情況下，每個資料塊擁有額外兩個複製塊，其中一個儲存在與該資料塊同一機架的不同節點上，而另一複製塊儲存在不同機架的某個節點上。

所有對 HDFS 文件系統的存取都需要先與 NameNode 通訊來擷取文件分散的狀態資訊，再與相應的 DataNode 節點通訊來進行文件的讀寫。由於 NameNode 處於整個叢集的中心地位，當 NameNode 節點發生故障時整個 HDFS 叢集都會崩潰，因此 HDFS 中還包含了一個 Secondary NameNode，它與 NameNode 之間保持週期通訊，定期保存 NameNode 上元資料的快照，當 NameNode 發生故障而變得不可用時，Secondary NameNode 可以作爲備用節點頂替 NameNode，使叢集快速恢復正常工作狀態。

NameNode 的單點特性制約了 HDFS 的擴展性，當文件系統中保存的文件過多時 NameNode 會成爲整個叢集的性能瓶頸。因此在 Hadoop 2.0 中，HDFS

Federation 被提出，它使用多個 NameNode 分管不同的目錄，使得 HDFS 具有橫向擴展的能力。

2.2.3　MapReduce 資料處理系統

MapReduce 是位於 HDFS 文件系統上一層的運算引擎，它由 JobTracker 和 TaskTracker 組成。JobTracker 是運行在 Hadoop 叢集主節點上的重要進程，負責 MapReduce 的整體任務調度。同 NameNode 一樣，JobTracker 在叢集中也具有唯一性。TaskTracker 進程則運行在叢集中的每個子節點上，負責管理各自節點上的任務分配。

當外部客戶機向 MapReduce 引擎提交運算作業時，JobTracker 將作業分片成一個個小的子任務，並根據就近原則，把每個子任務分配到保存了相應資料的子節點上，並由子節點上的 TaskTracker 負責各自子任務的執行，並定期向 JobTracker 發送心跳來匯報任務執行狀態。

以上介紹的是 Hadoop 1.0 版本中 MapReduce 的架構，但其自身面臨著許多局限。其一，JobTracker 的單點故障會導致整個運算任務的失敗；其二，Job-Tracker 由於需要負責所有 TaskTracker 的執行狀態和每個子節點的資源利用情況，系統的可擴展性低；其三，根據子節點中存放資源的數量來分配作業的方式不利於整個系統的負載均衡。

爲了解決上述的問題，Hadoop 2.0 對 MapReduce 的架構加以改造，對 Job-Tracker 所負擔的任務分配和資源管理兩大職責進行分離，在原本的底層 HDFS 文件系統和 MapReduce 運算框架之間加入了新一代架構設計——YARN。Ha-doop 1.0 與 Hadoop 2.0 架構對比如圖 2-1 所示。YARN 是一個通用的資源管理系統，爲上層的運算框架提供統一的資源管理和調度。在新的架構中，Re-sourceManager 負責整個叢集資源的管理和分配，而不需要對作業進行狀態追蹤；NodeManager 則運行於每個子節點上，對各個節點進行自管理，分擔了 Re-sourceManager 的職責。任務分配的職責也從原本的 JobTracker 中獨立出來，由 ApplicationMaster 來負責，並在 NodeManager 控制的資源視訊檔中運行。每個應用程式都有其專門的 ApplicationMaster，負責向 ResourceManager 索要適當的資源視訊檔，運行任務以及追蹤應用程式執行狀態。

YARN 新架構採用的責任下放思路使得 Hadoop 2.0 擁有更高的擴展性，資源的動態分配也極大提升了叢集資源利用率。不僅如此，ApplicationMaster 的加入使得使用者可以將自己的程式模型運行於 Hadoop 叢集上，加強了系統的相容性和可用性。

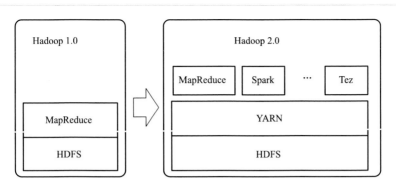

圖 2-1　Hadoop 1.0 與 Hadoop 2.0 架構對比

　　HDFS 和 MapReduce 是 Hadoop 生態系統中的核心組件，提供基本的大數據儲存和處理能力。以上述兩個核心組件爲基礎，Hadoop 社區陸續開發出一系列子系統完成其他大數據管理需求，這些子系統和 HDFS、MapReduce 一起共同構成了 Hadoop 生態系統。圖 2-2 顯示了 HortonWorks 公司發佈的 Hadoop 生態系統的系統架構。

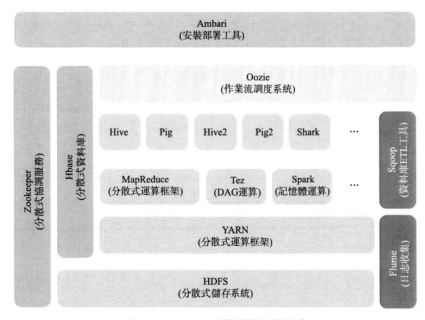

圖 2-2　Hadoop 生態系統結構組成

　　綜上概括，Hadoop 生態系統爲使用者提供的是一套可以用來組裝自己的個

性化資料管理系統的工具，使用者根據自己的資料特徵和應用需求，對一系列的部件進行系統地組裝和部署，就能得到一個完整可用的管理平臺。如 2.1.2 節所述，傳統資料庫軟體採用的「One size fits all」的理念在大數據時代已經不再適用，大數據處理對系統架構的靈活性、資料處理伸縮性、資料處理效率提出了更高的要求。Hadoop 生態系統是開源社區對大數據 5V 挑戰的解決方案，爲大數據管理系統的後續發展奠定了良好的基礎。

2.3　面向領域的大數據管理系統

2.3.1　什麼是面向領域的大數據管理系統

Hadoop 生態系統已經成爲目前主流的大數據平臺解決方案。不僅大型的網際網路公司在他們的系統中部署了 Hadoop 工具，一些傳統的企業也選擇 Hadoop 平臺進行日誌分析等工作。隨著該生態系統的不斷完善，Hadoop 爲它的使用者提供了更多更方便的資料處理工具。然而，隨著大數據應用種類的進一步擴大，Hadoop 生態系統的局限性也逐步顯現出來。

Hadoop 呈現在使用者面前的是一個處理問題的框架，是一個等待被組裝的零件集合。要得到一個健全可用的資料處理平臺，需要使用者根據個性化需求自己進行構建。儘管使用者可以結合多種多樣的組件來滿足不同的資料處理需求，但在這些組件中的資料流動並不是自動化的，需要人工手寫很多腳本代碼去實現資料傳遞和資料轉換。這是 Hadoop 系統的問題之一。

隨著更多的查詢引擎被加入到 Hadoop 生態系統中，使用者開始逐漸使用 Hive 和 Pig 等高級程式框架來進行查詢，而不再是直接寫底層的 MapReduce 代碼。高級查詢語言的優勢在於提供高層次的抽象，使得查詢過程更爲簡單，但問題在於，Hive 與 Pig 是建立在 MapReduce 查詢引擎之上的，它們最終還是轉化爲 Map 與 Reduce 兩種操作，而不能提供關聯資料庫中豐富的關聯代數算子，制約著查詢分析能力的擴展，而且這樣的中間轉化過程不利於系統性能的最最佳化。

由於 Hadoop 生態系統過於通用，企業需要複雜的定製過程才能實際部署。當企業的大數據處理需求相對固定，並且只需要 Hadoop 生態系統中的一小部分組件時，許多研究者選擇脫離 Hadoop 生態圈，轉而開發新的大數據管理系統。這類面向特定垂直應用領域的大數據管理系統稱爲面向領域的大數據管理系統。與 Hadoop 的高度定製化不同，這類系統雖然具備一定的通用性，但無需進行複

雜的定製和配置就可以實際部署。我們以 AsterixDB[4] 爲例介紹面向領域的大數據管理系統。

　　AsterixDB 是一個從 2009 年開始發起的開源專案，其設計之初就旨在結合傳統資料庫系統與 Hadoop 這類分散式系統各自的優勢，實現一個具備如下特徵的系統：

　　① 採用靈活的半結構化資料模型，既能處理有 schema 定義的資料，也能處理無 schema 定義的資料；

　　② 擁有與 SQL 相媲美的查詢能力；

　　③ 有強大的平行處理能力；

　　④ 支持資料管理和自動索引；

　　⑤ 能夠處理各種規模的查詢；

　　⑥ 支持處理連續的資料流；

　　⑦ 具備良好的擴展性；

　　⑧ 能夠處理常見的大數據類型。

　　AsterixDB 的開發者提出的口號是「One size fits a bunch」，他們不要求新的大數據系統能夠處理所有的問題，但要求至少在某些領域具備通用性。與 Hadoop 拼裝組件的方式不同，AsterixDB 爲使用者提供的是一個整體性更強的系統，它本身具備完善的功能，也更容易管理。AsterixDB 的性能也許比不上那些深度定製的系統，但其目標是在相對更廣闊的應用場景中發揮出令人滿意的性能。

2.3.2　面向領域的大數據管理系統架構

　　圖 2-3 顯示了 AsterixDB 的系統架構。資料透過批量加載、資料流和插入查詢等方式進入到叢集儲存中；叢集控制器爲外部存取叢集提供介面，資料導入、使用者查詢、結果返回都是透過叢集控制器進行的。叢集中的節點控制器和 MD 節點控制器分別提供資料和元資料的底層儲存。

　　圖 2-4 顯示 AsterixDB 的軟體堆堆疊。叢集控制器透過一個基於 HTTP 的程式設計介面接受來自於外部裝置的查詢指令，使用者可以使用 AQL 查詢語言來進行查詢操作。AQL 是由 AsterixDB 團隊基於 XQuery 開發的查詢語言，適用於半結構化資料的處理。當 AQL 語句被傳入到叢集控制器之後，它被 AQL 編譯器轉化爲一系列的 Hyracks 任務，任務執行器將這些任務分配給對應的節點控制器。節點控制器主要有兩個職責，一是管理各自節點上的資料，二是執行由任務執行器分配的任務。

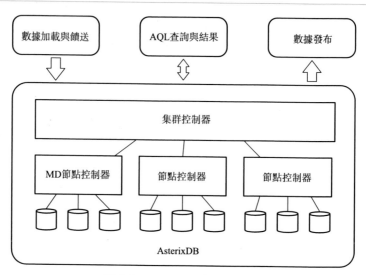

圖 2-3　AsterixDB 的系統架構

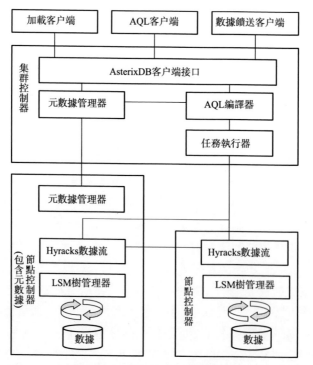

圖 2-4　AsterixDB 的軟體堆疊

下面我們從儲存索引、交易和運算引擎方面具體介紹 AsterixDB。

（1）資料儲存與索引

AsterixDB 使用日誌歸併（log-structured merge，LSM）樹來實現大數據儲存和索引。LSM 樹被分爲兩部分，一部分儲存在內存中，另一部分儲存在磁碟上。新插入的記錄先被保存在內存中的 LSM 樹上，隨著插入資料量不斷增加達到一個閾值時，快取被清空，內存中的樹被寫到磁碟上，新寫入到磁碟上的 LSM 樹定期與老的 LSM 樹進行歸併。這樣的方式帶來的好處是，從內存到磁碟上的寫入過程都是批量進行的，避免了隨機讀寫造成的額外 I/O 開支。因此 AsterixDB 可以支持高效率的流資料連續處理。

另外，AsterixDB 支持對外部資料的處理，爲了提高效率，AsterixDB 不需要將外部資料集負製到自己記憶體中。以 HDFS 文件系統爲例，查詢編譯器透過與 HDFS 的 NameNode 交換資訊，把查詢任務發送到對應的節點上，從而在相應的資料上執行操作。

（2）交易

AsterixDB 中的並行交易是透過 2PL 協議進行控制的，所有的鎖都是在節點內部，沒有分散式的鎖，並且只有在用主索引對記錄進行修改的時候上鎖才是必要的，這就允許透過使用不同的索引進行高並行度的存取。但這也可能會引起資料的不一致性——如果在使用二級索引讀取記錄的時候，有其他程式使用主索引修改相應資料，那麼讀操作得到的結果是非一致的。爲了解決這個問題，使用二級索引查找資料的時候需要同時擷取該資料的主索引，另外在獲得轉回值之後，需要檢查其是否滿足二級索引搜索的條件。

（3）編譯最佳化

在對查詢語句進行處理的過程中，AsterixDB 先使用編譯器對使用者的 AQL 語句進行編譯，將查詢過程轉化爲 Algebricks 代數（相當於關聯資料庫中的關聯代數），之後使用最佳化器對 Algebricks 代數表示的查詢過程進行最佳化重組得到具體的查詢計畫，最後查詢計畫被轉化成 Hyracks 任務，並由 Hyracks 引擎負責執行。

（4）Hyracks 運算引擎

AsterixDB 使用 Hyracks 作爲其底層運算引擎，負責執行由 AQL 語句編譯最佳化之後得到的 Hyracks 任務。任務以 DAG（directed acyclic graph，有向非循環圖）的形式被提交到 Hyracks 中。DAG 的每一個節點對應於一個操作算符，連接器代表節點之間的邊。AsterixDB 目前支持 53 種操作算符和 6 種連接器。操作算符負責將輸入塊進行相應的操作之後得到輸出塊，連接器對輸出塊中的資料進行重分配，爲下一個操作算符提供輸入塊。DAG 將查詢任務有序地組織起來，供 Hyracks 執行。

一系列的系統性能測試表明，相對於 Hive 和 Mongo 這樣的成熟的資料處理工具，AsterixDB 具有很強的競爭力，無論是各種類型的查詢操作，還是資料的批量插入，AsterixDB 的處理效率並不落下風。作爲一個新的大數據系統，AsterixDB 的表現是令人十分滿意的。在經過進一步的系統最佳化之後，AsterixDB 的性能還有很大的提升空間。

參考文獻

[1] Codd E F. A relational model of data for large shared data banks[J]. Communications of the ACM, 1970, 13 (6): 377-387.

[2] Dean J, Ghemawat S. MapReduce: simplified data processing on large clusters[J]. Communications of the ACM, 2008, 51 (1): 107-113.

[3] White T. Hadoop: The definitive guide [M]. 「O'Reilly Media, Inc.」, 2012.

[4] Alsubaiee S, Altowim Y, Altwaijry H, et al. AsterixDB: A scalable, open source BDMS[J]. Proceedings of the VLDB Endowment, 2014, 7 (14): 1905-1916.

第3章

大數據模型

大數據的重要特徵是資料類型多。大數據管理系統採用分而治之的方式，透過爲每種類型的資料建立特定資料模型的方法，解決資料類型多所帶來的挑戰。本章介紹大數據管理系統支持的常見資料模型。

3.1 關聯資料模型

3.1.1 關聯資料模式

關聯資料模式用表的集合來表示資料和資料間的關聯，它具有以下特徵：
- 具有嚴格的數學理論基礎。
- 資料結構簡單清晰。
- 優點：資料具有高度一致性，易於管理和維護；可使用通用的 SQL 查詢語言進行資料查詢分析。
- 缺點：無法表示複雜的資料類型；可擴展性較差。

3.1.2 關聯大數據儲存模型

關聯資料庫是由表的集合構成的，表中的每一行稱爲一個元組，表中的列稱作屬性，屬性上取值範圍稱爲該屬性的域。在一個關聯（表）中，關聯鍵是一個或多個屬性的集合，該集合唯一標識該關聯中元組的屬性的組合，使得任何兩個關聯不同的元組在該屬性組合上的取值都不同。對於某些關聯鍵，它的任何真子集都不能成爲關聯鍵，那麼這樣的關聯鍵被稱爲候選鍵。主鍵是被指定的一個候選鍵，用來區分關聯中的不同元組，我們通常說的鍵指的是主鍵。在關聯資料模型中，一個關聯 r_1 中的屬性 A 可能會包括另一個關聯 r_2 的主鍵，在這種情況下，屬性 A 在 r_1 中稱作參照 r_2 的外鍵，r_1 是該外鍵的參照關聯，而 r_2 是被參照關聯。參照完整性約束規定，在參照關聯中的任何一個元組的外鍵上的取值必須等於被參照關聯中某個元組在該屬性上的值。

在關聯模型中，表的模式也叫做關聯模式，它是由屬性序列及各屬性的域組成的。關聯模式在創建表的時候就已經確定，向表中導入的每條記錄（即每個元組）都需要在屬性的域上滿足關聯模式中的約束條件。

3.1.3 查詢語言

在關聯資料庫中，SQL 是使用最爲廣泛的結構化查詢語言，主要的關聯資料庫系統都支持 SQL 語言來對資料進行查詢。但需要注意的是，在不同的資料庫實現中，開發商都對 SQL 標準進行了各自的改編擴展，因此它們對 SQL 的支持也會有些不同，支持的語法也不完全一致，在不同的資料庫系統中，SQL 不能完全通用。

作爲一種結構化的查詢語言，SQL 允許使用者在不關心底層資料儲存的情況下，只對高層資料結構進行操作和查詢，它包含了資料定義語言（DDL）和資料調處語言（DML）兩部分。資料定義語言提供了定義關聯模式、刪除關聯模式以及修改關聯模式的指令；而資料調處語言包括了查詢語言，以及往資料庫中插入元組、刪除和修改元組的指令。SQL 基本查詢包括三個子句：select、from 和 where。select 指定輸出結果中所包含的屬性列表和聚合運算，from 指定查詢輸入中的關聯，where 指定在關聯上進行的運算。SQL 查詢的輸出結果是一個關聯，它可以作爲子句巢套到其他 SQL 查詢中。SQL 語言還支持連接、集合運算、聚合函數等運算，爲資料查詢分析提供了豐富的功能。

3.1.4 典型系統

MySQL 是中小型資料庫，由於其體積小、原始碼開放等特點，受到了個人使用者和中小型企業開發者的歡迎。但在處理大規模資料時，相比於其他的大型商業化資料庫，MySQL 的資料處理能力就略顯不足了。

Oracle 資料庫是由甲骨文公司開發的關聯型資料庫管理系統，是一種高效率、高可靠性、高吞吐量的資料庫解決方案。Oracle 資料庫提供了完整的資料管理功能，能夠對大量資料進行永久性儲存，並保證資料的可靠性和共享性。在處理大數據方面，Oracle 資料庫提供了完善的分散式資料庫功能，Oracle RAC 支持多達 100 個叢集節點，極大增強了系統的可用性和可擴展性。

雖然分散式的關聯資料庫能夠透過加入新的節點來增大儲存容量，但是由於資料查詢的時候經常需要將多個表進行連接操作，隨著資料量的不斷增大，查詢延遲也會越來越大，資料庫系統的整體性能也隨之下降。因此在處理大量資料的時候，關聯資料庫有其本質上的局限性。

3.2 　鍵值資料模型

3.2.1 　鍵值資料模式

鍵值資料模式按照鍵值對的形式對資料進行儲存和索引，它具有以下特徵：

- 透過鍵來擷取資料對象。
- 值可以儲存各種類型的資料，如視訊和圖像等。
- 優點：容易擴展，並且有著簡單的程式設計介面（get、put 和 delete）。
- 缺點：不能根據值域來生成查詢。

3.2.2 　鍵值資料儲存模型

在鍵值資料儲存中，資料是用鍵值對來表示的，每個鍵值對表示一個屬性名和它對應的值。鍵值儲存中的每條記錄都可以包含任意數量的屬性，每個屬性可以是一個對象、一個單值，或是一個集合。這些條目的集合就構成了鍵值儲存中的表。與關聯資料模型不同，鍵值資料儲存不需要事先定義表的模式，使用者可以靈活地爲表中的每條記錄添加屬性和它對應的值。在使用者創建一個表的時候，除了表的名稱之外，還需要指定表的主鍵，它是表中每個條目的唯一標識。例如，在一個鍵值儲存的產品列表中，表名加上產品 ID 構成了表中每個產品的主鍵，它保證表中不同的產品對應不同產品 ID。

在鍵值資料儲存模型中，主鍵有兩種類型：

- 分區鍵：這是一種由單個屬性構成的簡單主鍵，它決定了條目被儲存的分區。不同的條目不能擁有相同的分區鍵。
- 分區排序鍵：這種鍵包含兩個屬性，一個屬性是分區鍵，另一個是排序鍵。分區鍵決定了條目儲存的位置，排序鍵決定了如何對條目進行排序。擁有相同分區鍵的條目被儲存在一起，不同的條目可以有相同的分區鍵，但是它們的排序鍵不能重複。

3.2.3 　查詢語言

與關聯資料庫不同，非關聯型資料庫沒有統一的查詢語言，根據資料模型的不同，需要使用不同的方式來對資料進行查詢。鍵值儲存模型爲使用者提供了簡

單的應用程式程式設計介面：

- get(key)：擷取鍵爲 key 的條目對應的值。
- put(key，value)：向資料庫中插入一條記錄，其鍵和值分別爲 key 和 value。
- delete(key)：刪除鍵爲 key 的條目。

除了這些基本的資料操作介面，根據具體實現的不同，各種鍵值資料庫還可能提供對列表和集合的操作函數，使用者可以根據這些介面來創建和管理更爲複雜的資料類型。很多程式語言都提供了對不同鍵值資料庫的支持，可以參考具體的程式語言來查看管理和使用鍵值資料庫的方法。

3.2.4　典型系統

Redis 是一款可基於內存也可持久化的資料庫，相比於其他鍵值資料庫而言，它支持豐富的資料類型，包括字串、雜湊、鏈表、集合和有序集合等，並且提供交、並、差等集合操作。Redis 中的所有操作都是原子操作，並提供多個程式語言介面。

在 3.0 版本以前，Redis 只支持單例模式，資料庫容量受到物理內存的限制，使得 Redis 主要局限於資料量較小的應用場景。直到 3.0 正式版本於 2015 年發佈之後，Redis 開始支持叢集，最多可以在叢集中配置 1000 個節點，能夠承受更多的並行存取。

作爲一款內存資料庫，Redis 的低延時特性使其十分適合用作快取層組件，同時，它的高吞吐、資料結構豐富的特點也適合 OLTP 場景。

3.3　列族資料模型

3.3.1　列族資料模式

列族資料模式具有以下特點：

- 鍵包括了一行、一個列族和一個列名；
- 將版本化的二進制文件對象儲存在一個大的表格中；
- 可以使用列名、列族和行進行資料查詢；
- 優點：良好的擴展性和版本控制；
- 缺點：列式儲存設計十分重要，無法根據二進制對象的內容進行查詢。

3.3.2　列族資料儲存模型

在列族資料儲存模型中，資料是儲存在行和列中的。這裡所說的行和列不同於關聯資料庫，在列式資料庫中，資料模型是多維的，它包含了以下概念。

① 表——表是由許多行構成的。

② 行——每一行包括一個行鍵和多個列。列族儲存使用行鍵的字母序來對行進行儲存，其目的在於將有關聯的行保存在一起。這就使得行鍵的設計尤其重要，舉個例子來說，對於如下兩個網站域名：maps. google. com 和 google. com，使用倒序來儲存域名就是一個明智的設計，它會讓這些有關聯的域名聚合在一起；否則的話，它們就會被分散儲存在不同的位置。

③ 列——列包含了兩個部分：列族和列修飾符，它們之間用冒號分隔。表中的每一行都有相同的列族，列族擁有一系列與儲存有關的屬性，包括了資料壓縮、內存快取和編碼屬性等。列族的設計是為了在物理上將成員列與它們的值並置儲存，從而最佳化系統性能。列修飾符為資料提供了索引。例如，如果一個列族的內容是 . pdf，那麼修飾符就是 pdf；如果列族的內容是圖片，那麼修飾符就是 gif。列修飾符是可編輯的，並且不同行的列修飾符可能是不同的，但列族在表創建之後就固定不變了。

④ 單位格——單位格是由資料的值構成的。一個單位格由行、列族和列修飾符的組合所確定，它包括了資料的值和時間戳。時間戳表示了資料被寫入或更新時的系統時間，它與資料的值儲存在一起。

3.3.3　查詢語言

在列族資料庫中，使用者需要透過使用行鍵、行鍵＋時間戳或行鍵＋列（列族：列修飾符）的方式定位特定的資料，從而對資料進行查詢和操作。

熟悉 SQL 語言的開發人員對列族資料庫提供的查詢方式比較陌生，於是人們開發了相應的中間層來連接列族資料庫與人們熟悉的 SQL 查詢語言。以Phoenix 為例，它為 NoSQL 資料庫 HBase 提供了標準的 SQL 和 JDBC 介面，幫助開發者輕鬆地使用 NoSQL 資料庫，讓他們既能享受 NoSQL 資料庫提供的高性能儲存，又能以傳統的 SQL 方式進行查詢操作。

3.3.4　典型系統

HBase 是一個分散式的、面向列的開源資料庫，它是根據 Google 的 Big-Table 開發的，在 Hadoop 叢集上實現了類似於 Bigtable 的功能。HBase 為使用

者提供了高可靠性、高性能、高可擴展性的分散式儲存解決方案，適用於非結構化資料的儲存[1]。HBase 運行於 HDFS 叢集之上，其低延遲的讀寫特性適合用來進行大數據的即時查詢，它能夠處理 PB 級別的資料量，吞吐量能達到每秒百萬條查詢。HBase 本身只提供了 Java 的 API 介面，不支持 SQL 語句，需要聯合 Phoenix 等工具來支持 SQL 查詢。

HBase 適用於處理超大數據量的半結構化或非結構化資料，在需要強大吞吐能力和水平擴展能力的應用中，HBase 是不錯的選擇，但它不支持交易、連接等關聯資料庫特性，不適合應對交易要求高、多維度查詢的應用。目前 HBase 爲使用者提供了以下介面。

• Native Java API——最常規和高效的存取方式，適合 Hadoop MapReduce Job 對 HBase 表資料進行平行批處理。

• HBase Shell——HBase 指令行工具，最簡單的介面，適合 HBase 管理使用。

• Thrift Gateway——利用 Thrift 序列化技術，支持 C＋＋、PHP、Python 等多種語言，適合其他異構系統在線存取 HBase 表資料。

• REST Gateway——支持 REST 風格的 Http API 存取 HBase，解除了語言限制。

• Pig——可以使用 Pig Latin 流式程式語言來操作 HBase 中的資料，本質上是變異成 MapReduce Job 來處理 HBase 表資料，適合做資料統計。

• Hive——使用類 SQL 語言來存取 HBase。

3.4 文件資料模型

3.4.1 文件資料模式

文件資料模式能夠靈活地適應多種結構資料的儲存，它具有以下特徵。

• 使用巢套分層結構對資料進行儲存。

• 資料被作爲文件進行儲存。

• 邏輯資料作爲一個單位被儲存在一起。

• 可以對文件進行查詢。

• 優點：沒有對象到關聯的對映層，適用於搜索。

• 缺點：實現複雜，與 SQL 語言不相容。

3.4.2　文件資料儲存模型

這裡以 MongoDB 爲例介紹文件資料儲存模型[2]。

在 MongoDB 中，文件資料儲存模型將資料作爲文件進行儲存，這些文件的二進制形式被稱作 BSON（Binary JSON）。BSON 是 JSON（JavaScript Object Notation）的擴展，它在 JSON 的基礎上增加了整型、長整型和浮點型等資料類型。JSON 是一種輕量級的資料交換格式（Crockford 2006），使用獨立於程式語言的文字格式來表示資料，它爲結構化資料的表示定義了一系列格式化規則。JSON 可以表示四種基本資料類型（字串型、數字型、布林型和空值）和兩種結構化資料類型（對象和陣列）。對象是鍵值對的集合，鍵是一個字串，值可以是字串、布林型、數字和空值，也可以是其他對象和陣列（陣列是值的有序序列）。

BSON 文件按照集合的形式被組織在一起。與關聯資料庫類比，集合相當於表格，文件相當於行，而欄位相當於列。文件是由一個或多個欄位組成的，每個欄位都包含一個值（整型、長整型、對象、陣列和子文件）。例如，針對一個部落格應用，關聯資料庫會把資料建模爲多個表格；而文件資料儲存模型會把資料分成兩個集合：使用者集合和文章集合。對於每一個部落格，文件可能包含多個評論、標籤和分類。對於一條記錄，文件包含該條記錄的所有資料，但在關聯資料庫中，一條記錄的相關資訊可能散落在多個表格中。資料的區域性儲存使得文件資料庫不需要對不同的表格進行連接操作，這樣能夠提高資料庫的性能，一次讀操作就能得到該文件所有欄位的資訊。不僅如此，文件可以與面向對象程式語言的結構緊密結合，使得開發者可以輕易地將應用資料對映到文件資料儲存模型中，從而加快系統開發速度。

3.4.3　查詢語言

文件資料庫根據實現的不同，爲使用者提供了不同的資料查詢介面，但一般包含以下 CRUD 操作：

- Creation
- Retrieval
- Update
- Deletion

以 XML 資料庫爲例，它作爲文件資料庫中的一種，支持使用 XQuery 進行查詢分析。XQuery 是建立在 XPath 基礎之上的查詢語言，可以對任何以 XML 形式呈現的資料（資料庫或者 XML 文件）進行查詢，具有精確、強大和易用的特點，並且已經被主流的資料庫所支持，包括 DB2、SQL Server 等。

XQuery 與 SQL 十分相似，它主要包含五個部分：for、let、where、order by 和 return，因此 XQuery 也被稱爲「FLWOR」表達式。for 子句指定 XPath

表達式結果範圍內變動的變量，let 子句允許將 XPath 表達式結果賦值給變量名以簡化表達，where 子句對 for 子句的連接元組進行條件篩選，order by 子句可以對輸出結果進行排序，return 子句可以構造 XML 形式的輸出結果。與 SQL 一樣，使用者可以在 XQuery 進行連接和巢套查詢等操作，XQuery 還提供許多其他特性，例如 if-then-else 結構等。

文件資料庫通常具有強大的查詢引擎，可以透過索引進行查詢最佳化，從而支持快速高效的資料查詢。

3.4.4 典型系統

MongoDB 是一個跨平臺的基於分散式文件儲存的資料庫，使用 C＋＋語言編寫，旨在爲 Web 應用提供可擴展的高性能資料儲存解決方案。它使用 BSON 格式文件儲存複雜的資料類型，並且提供了強大的查詢語言，其語法類似於面向對象的查詢語言，幾乎可以實現類似關聯資料庫單表查詢的絕大部分功能，還支持對資料建立索引。

MongoDB 的特點是高性能、可擴展、易於部署使用，儲存資料十分方便，它具有如下功能特性。

- 面向集合儲存，容易儲存對象類型的資料。
- 模式自由，採用無綱要結構儲存。
- 支持動態查詢。
- 支持完全索引，可以在任意屬性上建立索引。
- 支持複製和故障恢復。
- 使用高效的二進制資料儲存，包括大型對象。
- 自動處理分片，以支持雲端運算層次的擴展。
- 可透過網路存取。

MongoDB 適用於事件記錄、內容管理和部落格平臺等，由於缺乏交易機制，不適合用於高度交易性系統，如銀行和會計系統等。

3.5 圖資料模型

3.5.1 圖資料模式

圖資料模式具有以下特徵。

- 資料透過節點的關聯和屬性進行儲存。

- 查詢的過程實際上是圖的遍歷過程。
- 擅長於處理對實體間的關聯資訊。
- 優點：能夠在網路和公共連接資料集上進行快速搜索。
- 缺點：當圖的體積超過 RAM 的容量的時候會造成擴展性問題；需要用專門的查詢語言（如 SPARQL）對資料庫進行查詢。

3.5.2　圖資料儲存模型

圖形資料庫是 NoSQL 資料庫的一種類型，它應用圖形理論儲存實體之間的關聯資訊。在基於圖的資料模型中，每個節點都是一個使用者，使用者節點上的標籤表明了該使用者在網路中的角色，該節點以一定的關聯與其他的節點相連。圖是由節點、關聯、屬性和標籤組成的，一個標籤屬性圖具有以下特點。

- 它包含節點和關聯。
- 節點具有屬性。節點將屬性用鍵值對的形式進行儲存，鍵是字串型，值可以儲存基本資料類型、字串、對象和陣列。節點可以用標籤進行標識，標籤的作用是對節點進行分組，它表明了該節點在資料集中扮演的角色。
- 關聯將節點連接在一起構成圖。關聯由起始節點、終止節點、方向和名稱構成，它為圖的結構提供了語義上的說明。與節點一樣，關聯也具有屬性，屬性能為關聯附加額外資訊，其元資料對於各種圖演算法的實現具有重要作用，此外，屬性還能在資料分析時幫助約束查詢條件。

3.5.3　查詢語言

不像是關聯資料庫那樣擁有通用的 SQL 語言來進行查詢分析，圖形資料庫沒有統一的查詢語言。針對不同的資料庫實現，它們分別有其對應的查詢語言，如 Gremlin、SPARQL 和 Cypher 等。

Cypher 是圖形資料庫查詢語言之一，它最初被開發用於 Neo4j 資料庫的圖形資料查詢，開發團隊於 2015 年發佈了其開源版本 openCypher，而後 open-Cypher 被其他圖形資料庫（SAP HANA 和 AgensGraph 等）所採用。open-Cypher 專案致力於對 Cypher 查詢語言進行標準化，向使用者提供功能齊備的圖形資料庫查詢工具。Cypher 是一個宣告式的圖形查詢語言，它的使用簡單，使得使用者可以在不用編寫圖形遍歷演算法代碼的情況下，進行資料查詢和資料更新操作。使用 Cypher，使用者可以透過簡單的語句進行複雜的查詢。Cypher 查詢語言中能夠包含各種子句，最常見的是 MATCH 和 WHERE。MATCH 用於模式匹配，WHERE 為模式附加其他約束條件。Cypher 還提供了 CREATE、DELETE 等子句來對資料進行寫入、更新和刪除等一系列操作。

SPARQL 是針對 RDF（resource description framework，資源描述框架）圖開發的一種宣告式查詢語言和資料擷取協議，它是為 W3C 所開發的 RDF 資料模型所定義的，但是可以用於任何可以用 RDF 來表示的資訊資源。SPARQL 協議和 RDF 查詢語言（SPARQL）於 2008 年正式成為一項 W3C 標準，它構建於以前的 RDF 查詢語言（例如 RDFDB、RDQL 和 SeRQL）之上，並加入了一些有價值的新特性。SPARQL 具備一整套分析查詢算符，如連接、排序和聚合函數等。針對具有圖形結構的資料，SPARQL 還提供了圖遍歷演算法的語法。

3.5.4 典型系統

Neo4j[3] 是一個高性能、輕量級的圖形資料庫，它基於磁碟工作，支持完整交易的 Java 持久化引擎，將結構化資料儲存在圖上，幫助使用者高效地管理和查詢資料。Neo4j 提供了大規模可擴展性，在一臺機器上可以處理包含數十億節點/關聯/屬性的圖，並且可以擴展到多臺機器上平行運行。Neo4j 具有以下優點。

- 查詢運行速度不會隨著資料量的增加而明顯降低。
- 提供完全的交易特性。
- 良好的擴展性。
- Cypher 語言提供高效率查詢。

在管理包含關聯資訊的資料的時候，使用 Neo4j 等圖形資料庫是最好的選擇。例如在表示多對多關聯時，如果用使用關聯資料庫，那麼我們需要建立一個關聯表來記錄不同實體之間的關聯，在兩個實體間存在多種關聯的情況下，我們就需要建立多個關聯表；而在圖形資料庫中，我們只需標明代表不同實體的圖節點之間存在的各種關聯。因此圖形資料庫在描述資料間關聯的時候比關聯資料庫更為簡單精練。不僅如此，像社交網路這樣的資料，不僅資料量巨大，而且變化迅速，需要頻繁進行查詢，關聯資料庫由於可擴展性較低，並且需要大量的表連接操作，無法滿足體積如此龐大的資料的儲存和快速查詢要求，而其他的 No-SQL 資料庫缺乏對結構化資料和交易的支持。圖資料庫最適合用於這樣的場景中，它善於處理大量複雜、互相連接、低結構化資料。

Neo4j 提供更直觀、更靈活的資料操縱和查詢，它將節點、邊和屬性分開儲存，有利於提高圖形資料庫的性能。Neo4j 透過圍遶圖進行資料建模，能夠以相同速度遍歷節點與邊，其遍歷速度與構成圖的資料量沒有任何關聯，還提供了非常快速的圖演算法，推薦系統和 OLAP 風格的分析。Neo4j 資料庫十分適用於即時推薦系統、社交網路和資料中心管理等。

參考文獻

[1] Apache HBase. https：//hbase. apache. org/.

[2] Banker K. MongoDB in Action. Manning Publications Co. , 2011.

[3] Webber J. A programmatic introduction to neo4j. In Proceedings of the 3rd Annual Conference on Systems，Programming，and Applications：Software for Humanity， SPLASH'12， 217-218. New York，USA，2012. ACM.

第4章

大數據應用開發

4.1 大數據應用開發流程

　　通常將大數據應用開發分爲五個步驟——擷取、儲存、處理、存取以及編制（orchestration）。擷取是指擷取一些輔助資料［例如來自客戶關聯系統（CRM）、生產資料（ODS）的資料］，並將其加載入分散式系統（如 Hadoop）爲下一環節處理做準備。儲存是指對分散式文件系統（GFS）或 NoSQL 分散式儲存系統（如 BigTable）、資料格式（data formates）、壓縮（compression）和資料模型（data models）的決策。處理是指將採集的原始資料導入到大數據管理系統，並將其轉化爲可用於分析和查詢的資料集。分析是指對已處理過的資料集運用各種分析查詢，獲得想要知道的答案和見解。編排是指自動地安排和協調各種執行擷取、處理、分析的過程。圖 4-1 顯示了大數據應用開發的流程。

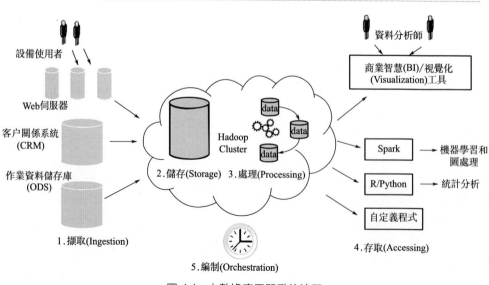

圖 4-1　大數據應用開發的流程

　　本節透過點擊流分析，介紹大數據應用開發流程中的每一步如何實現。在點擊流分析的例子中，利用分散式文件系統（GFS）來儲存資料，透過 Flume[1] 擷取（ingestion）網站日誌文件及其他輔助資料（如客戶關聯系統和操作記錄中的資料）並導入到分散式系統中。同時，利用 Spark 來處理資料。透過連接商業智慧工具，分散式系統互動地進行資料處理查詢，並利用工具將操作過程編制成單一的工作流程。

　　本節將詳細介紹各個設計環節，包括文件格式的細節及資料模型。

（1）大數據擷取

　　有多種擷取資料並導入至大數據管理系統的方法，接下來將分別介紹不同方法的適用範圍，評估該方法是否適用於本任務。

　　① 文件傳輸：此方法適合一次性傳輸文件，對於本任務面臨可靠的大規模點擊流資料擷取，將不適用。

　　② Sqoop：Sqoop 是 Hadoop 生態系統提供的將關聯型資料管理系統等外部資料導入大數據管理系統的工具[2]。

　　③ Kafka：Kafka 的架構用於將大規模的日誌文件可靠地從網路伺服器傳輸到分散式系統中[3]。

　　④ Flume：Flume 工具和 Kafka 類似，也能可靠地將大量資料（如日誌文件）傳輸至分散式系統中。在本任務中，Kafka 和 Flume 都適用於擷取日誌資料，都可以提供可靠的、可擴展的日誌資料擷取。考慮到本任務僅需要將日誌資料導入至分散式系統中，不必自定義開發傳輸通道，選用 Flume 作爲本任務擷取資料的方法。同時，Flume 還提供攔截器的作用，可以過濾因爬蟲產生的虛假點擊資料。如果需要更通用的資料擷取通道，支持多個資料源導入至分散式系統，將會使用 Kafka 作爲擷取資料的方案。

（2）大數據儲存

　　在資料處理的每個步驟中，包括初始資料、資料變換的中間結果及最終的資料集都需要儲存。由於每一個資料處理步驟的資料集都有不同的目的，因此在選擇資料儲存的時候要確保資料的形式及模型和資料相匹配。

　　作爲資料儲存的第一個步驟，原始資料的儲存是將文字格式的資料儲存到分散式系統中。分散式系統具有以下一些優點：①在序列資料處理過程中，需要透過多條記錄來進行批處理轉換；②分散式系統可以高效率地透過批處理，處理大規模資料。選擇文字格式儲存文件是因爲文字格式不需要額外的處理流程即可以簡單地處理日誌資料。

　　在這個任務中，需要對原始資料進行保留，而不是處理後就刪除資料。基於此，我們選擇分散式系統（Hadoop），有以下幾點好處。

① 當在資料傳輸（ETL）處理過程中出現錯誤時，可以方便地重新處理資料。

② 在分析原始資料時，對於一些容易被忽略的感興趣的資料將會導入至處理後的資料集中，這對於資料發現及在設計資料傳輸（ETL）階段探勘原始資料顯得格外有效，尤其是在決策處理資料集特徵的時候。

③ 在儲存資料集的過程中，需要使用目錄結構來進行統一化儲存。此外，由於本任務分析的資料是以一天（或其倍數）爲單位進行分析的，故用日期劃分點擊得到的資料集。例如，可以透過以下的目錄結構來儲存原始資料和處理後的點擊資料：

/etl/BI/casualcyclist/clicks/rawlogs/year＝2017/month＝10/day＝10

（3）大數據處理

我們最終選擇使用 Flume 擷取點擊流資料。接下來，我們將選擇如何處理原始的點擊流資料。網路伺服器上的原始資料在分析前需要進行淨化。例如，需要移除無效和空缺的日誌資料。此外還有一些日誌資料重複，需要刪除這些重複資料。淨化完資料後，還要將資料進行統一化（例如給每個點擊資料分配唯一的 ID 編號）。在處理資料前可能還需要對點擊資料做進一步的處理和分析，包括對資料以每天或每小時爲單位進行匯總，這能更快地進行之後的查詢操作。事實上，對資料進行預處理是爲了之後能高效地進行查詢操作。

綜上概括，大數據處理需要經歷以下四步。

① 資料淨化：清理原始資料。

② 資料提取：從原始點擊資料流中提取出感興趣的資料（資料提取）。

③ 資料轉換：對提取後的資料進行轉換，以便之後產生處理後的資料集。

④ 資料儲存：儲存在分散式文件系統中的資料支持高性能查詢方式。

首先在資料淨化步驟中，移去不完整和無效的日誌行以確保每一條記錄（例如日誌行）都具有所有欄位。之後，刪除重複的日誌行。這是因爲在使用 Flume 擷取日誌資料的時候，會發生程式崩潰，透過 Flume 固有機制保證了所有資料都被儲存至分散式文件系統中，但不能保證這些資料只被儲存一次。在 Flume 程式崩潰的時候，將會產生重複的資料，因此需要刪除重複的資料。在資料轉換的過程中，需要將資料進行統一化，並產生新的統一後的資料集。

（4）大數據分析

資料經過擷取和處理後，將透過分析資料來獲得想要了解的知識及答案。商業分析師透過以下幾個工具來探索和分析資料。

• 視覺化（visualization）和商業智慧工具（BI）。例如 Tableau 和 MicroStrategy。

- 統計分析工具。例如 R 或 Python。
- 基於機器學習的高級分析。例如 Mahout 和 Spark MLlib。
- SQL。

（5）大數據編制

之前討論了將資料導入至分散式系統，同時對點擊流資料進行各種處理，並將處理後的資料給資料分析師進行分析。由此可見，資料分析是一種臨時性的行為，但從提高效率的角度出發，需要將這些步驟——擷取、多種資料處理操作——進行自動化編制。接下來將討論編制點擊流分析的各個步驟。

首先，在擷取資料階段，透過 Flume 將資料連續傳輸到分散式系統中。其次，在資料處理階段，因為在一天結束時終止所有連接是常見的，故採用每天執行會話演算法（sessionization algorithm）。一天執行一次會話演算法是對會話演算法的延遲和複雜性的折中，如果頻繁地使用會話演算法，則需要維持一個運行的會話列表，使得演算法更加複雜，同時這對於一個近似即時處理系統而言，響應時間過長，在本案例中並不需要即時分析系統。在編制階段，需要確保前一天的資料都被儲存起來後才開始分析，在處理前進行同步操作的這種編制設計模型是相當常見的，避免了資料不一致情況的發生，尤其是在開始處理資料時仍有資料進行寫入操作。

在開始處理工作資料流前，驗證 Flume 寫入分散式系統的當天資料。這種同步驗證方式是常見的，因為透過簡單地查看當前日期分區的情況，可以校驗當前日期資料是否開始寫入大數據管理系統。

4.2　大資料庫設計

4.1 節介紹了大數據應用開發的流程。我們將原始大數據經過淨化、提取、轉換之後，需要將轉換後的大數據存入大數據管理系統中。為了能夠高效地查詢和分析轉換之後的大數據，應用開發人員需要設計大數據的物理儲存結構。本節介紹大資料庫設計的相關技術。與傳統的資料庫設計步驟相同，大資料庫也採用自頂向下、逐步求精的設計原則。

4.2.1　頂層設計

通常，大數據管理系統支持多種大數據物理儲存結構。因此，應用開發人員需要根據應用需求，為轉換之後的大數據選擇相應的物理儲存結構。選擇物理儲

存結構時需要考慮的因素如下。

① 資料儲存格式：大數據管理系統通常支持多種文件格式和壓縮格式，每一種格式對特定場合有獨特的優勢。

② 資料模式設計：儘管多數大數據管理系統（如 Hadoop 生態系統）具有無綱要（schema-less）的特性，但在資料儲存進分散式系統時，仍需充分考慮到資料結構，這包括資料儲存進分散式文件系統時採用的目錄結構以及資料處理和分析導出的結果。

③ 元資料管理：在任何資料管理系統中，與儲存資料相關的元資料和資料本身一樣重要。同時，理解和做出同元資料管理相關的決策至關重要。

4.2.2 資料儲存格式

當在分散式系統上搭建架構時，最基本的考量是資料如何儲存。而在分散式系統中沒有標準的資料儲存格式，但就像使用標準文件系統一樣，分散式系統允許資料以任何格式儲存，例如文字、二進制或圖像等其他的格式。同時，分散式系統還內建了對資料儲存和處理的最佳化設置，這意味著可以選擇多種資料儲存形式而不影響性能。這種最佳化設置不僅可用於原始資料的擷取，還可以應用在處理資料時產生的中間值，以及資料處理後的結果資料。這些階段的最佳化意味著有許多種格式來選擇儲存資料，以達到性能的最佳。在分散式系統儲存資料時，主要注意以下幾點。

（1）文件格式

大數據管理系統支持多種資料文件儲存格式。這些不同的文件儲存格式的優勢與資料應用場景和源資料類型有關。

① 標準文件格式：首先討論在分散式系統中利用標準文件格式儲存，例如文字文件或二進制文件。通常最好使用接下來所說的分散式系統的特有格式，但在一些情況下可能更希望利用源資料最初的格式儲存。如前所述，分散式系統最強大的功能之一就是能儲存所有格式的資料，而同時能保證當需求發生變化時重新處理和分析資料時使用源資料及本身的格式。

② 文字資料：在分散式系統中通常儲存和分析日誌資料，例如像網站或伺服器日誌資料。而在儲存這些文字資料時通常要考慮文件在文件系統中的組織架構。此外，因爲文字文件會迅速佔用大量空間，應選擇合適的壓縮演算法對文件進行壓縮。同時當文字格式資料類型發生轉換時會產生一些開銷。依據資料的用途來選擇壓縮類型，當儲存一些文件時可選擇一些壓縮率高的壓縮類型演算法，而當需要進行任務分發時則選擇一些可分發的壓縮類型演算法，對資料進行高效的平行處理。

③ 結構化文字資料：結構化文件格式是一種特殊的文字格式，例如 XML 和 JSON。這些特殊的格式在分散式系統中處理資料時會更複雜，更具挑戰性。爲解決這些難題，有以下解決方案。

a. 使用視訊檔格式，像 Avro 之類。將資料轉化成 Avro 格式，可以讓資料儲存和處理變得緊湊和高效。

b. 利用專門處理 XML 或 JSON 文件的資源庫。

④ 二進制資料：雖然在分散式系統中，儲存源文件通常採用文字格式，但像圖像這樣的二進制文件也可以用分散式系統儲存。在多數情況下，處理二進制格式的文件多用視訊檔格式，但如果可分發的二進制資料大於 64MB，則不能使用視訊檔儲存資料。

⑤ 序列化格式：序列化是指將資料結構轉變爲位元組流，以便儲存或在網路中傳輸。與此相反的是，反序列化是指將位元組流轉化爲資料結構的過程。序列化是分散式系統的核心，因爲實現高效儲存以及透過網路傳輸就是透過將資料轉變成序列化格式。在分散式系統中，序列化通常和資料處理中的兩個部分相關聯：遠端程序呼叫（RPC）和資料儲存。

在分散式系統中主要使用的序列化形式是 Writables，儘管這種格式緊湊、處理速度快，但不利於擴展和 Java 外的程式語言使用。因此，其他的序列化形式使用得越來越多，包括 Thrift、Protocol Buffers 和 Avro。其中 Avro 是最適合的，因爲它是專門爲解決 Writables 格式創建的。下面將分別介紹各種序列化格式。

a. Thrift：Thrift 是一個實現跨語言服務介面的框架，利用介面定義語言（IDL）來定義介面，並使用 IDL 文件生成代碼用於實現可跨語言使用的 RPC 裝置和伺服器[4]。雖然 Thrift 有時用於序列化，但它不支持記錄的內部壓縮，不可分發，並且缺少分散式系統的內部運算框架支持。

b. Protocol Buffers：協議緩衝區格式（Protocol Buffers）用於不同語言編寫的程式進行資料交換，同 Thrift 一樣，協議緩衝區格式不支持記錄的內部壓縮，不可分發。

c. Avro：Avro 是專門設計用來解決分散式系統中 Writable 的語言不可移植性的資料序列化系統[5]。Avro 將模式儲存在文件標題中，它是自我描述（self-describing）的，同時 Avro 文件可以透過其他語言編寫的程式讀取資料。因爲 Avro 文件可壓縮和分發的特性，它支持分散式系統運算框架。Avro 還具有另一個重要的特性，那就是它讀取文件的模式不需要和寫入文件的模式相匹配，這使得可以增量式地添加欄位。雖然 Avro 定義了少量的基本類型，如布林型、整型、浮點型及字串，它同時也支持複雜的資料結構，如陣列等。

（2）資料壓縮

資料壓縮是選擇大數據物理儲存格式的另一個重要考慮因素。資料壓縮不僅能減少儲存要求，也能改善資料處理的性能。因爲大數據處理的占用率集中在硬碟和輸入輸出的資料傳輸，減少了資料傳輸數量能顯著地減少處理時間。這一過程包括對源資料、資料處理產生的臨時資料進行壓縮。雖然壓縮增加了 CPU 資源的開銷，但絕大多數情況下，由於節省了 I/O 資源而顯得更爲經濟。

儘管壓縮能很好地改善處理性能，但不是所有壓縮形式都適用於分散式系統。由於分散式系統運算框架需要分發資料進行多任務處理，對於不支持分發的壓縮將不適用於分散式系統，基於這個原因，將可分發性（splitability）作爲主要的指標來選擇壓縮格式。下面介紹幾種大數據管理系統中常見的資料壓縮格式。

① Snappy：Snappy 是一種高效壓縮格式，雖然它不能將文件壓縮到最小，但它是壓縮速度和壓縮比之間良好的折中。和其他壓縮格式相比，使用 Snappy 壓縮的處理性能更優秀。需要指出的是，Snappy 需要和視訊檔格式一起使用，因爲它本質上來說是不可分片的。

② LZO：LZO 壓縮文件是可分片的，但需要額外的開銷。這不妨礙 LZO 成爲壓縮非視訊檔格式的純文字資料一個好的選擇。需要注意的是，需要額外安裝 LZO 格式，而 Snappy 內建於分散式系統中。

③ Gzip：Gzip 的壓縮效果很好（和 Snappy 相比，壓縮率是其 2.5 倍），但它的速度性能卻僅有 Snappy 的一半。同樣的，Gzip 也不是可分片的，所以需要使用視訊檔格式儲存壓縮。

④ bzip2：bzip2 壓縮性能優異，但在處理資料性能上比 Snappy 等其他格式要慢得多。與 Snappy 和 Gzip 不同的是，它是可分發的。由於 bzip2 處理資料比 Gzip 要慢 10 倍，所以它不是理想的壓縮格式。

在選擇具體資料壓縮技術時，通常基於以下幾點考慮：

a. 對平行資料處理中產生的中間資料進行壓縮，減少了從硬碟中讀取的資料，改善處理性能。

b. 注意資料的排列順序。通常將相似的資料排在一起以期得到更好的壓縮率。

c. 使用支持分片的壓縮文件格式，如 Avro。

4.2.3 資料模式設計

本節討論在資料儲存至分散式文件系統中，一個良好的資料模式設計應該注意的原則。與傳統的關聯資料庫系統採用的寫時模式（schema-on-write）即當

資料寫入大數據管理系統時檢查資料模式不同，大數據管理系統普遍採用讀時模式（schema-on-read），即資料寫入時不進行驗證而在資料讀取時檢查資料模式，這意味著資料可以透過許多方法簡單地導入大數據管理系統中。

由於大數據管理系統經常儲存非結構資料和半結構資料，所以普遍以資料文件為核心組織資料。為了能夠讓資料被許多部門及團隊共享使用，需要設計良好的結構儲存資料。以文件為中心的資料模式設計需要考慮如下幾點。

① 標準的目錄結構會使團隊之間分享資料變得更容易。

② 通常，在資料處理前，資料被拆分到各個節點上。這確保資料像整體一樣不會部分被意外處理。

③ 資料的標準化可以重用一些處理資料的代碼。

在資料模式設計中，第一個考慮的是文件的存放位置。若文件位置標準化將有利於團隊之間共享和查找資料。下面是分散式文件系統目錄結構的一個例子。

① /user/〈username〉：在這種目錄下的文件只能被資料擁有者讀取和寫入。

② /etl：ETL 是資料提取、變換、加載三個階段。在這個目錄下的文件只能被 ETL 進程和 ETL 團隊成員讀寫。ETL 工作流程通常是一個大型任務的一部分，每個應用程式應在/etl 目錄下有子目錄。

③ /tmp：這個目錄下存放臨時文件，會被程式自動處理，能夠被所有人讀寫。

④ /data：這個目錄下存放處理後的資料和在組織中能共享的資料。其中資料只能被使用者讀取，由 ETL 工作流程自動寫入。不同應用組在這個目錄下建立子目錄，存放自己業務的資料。

⑤ /app：這個目錄存放除資料以外的包含分散式系統應用程式運行所需的所有內容。

⑥ /metadata：這個目錄下存放元資料。這個目錄下的資料由 ETL 工作流程讀取，由擷取資料並導入到分散式系統中的使用者寫入。

這一節討論了使用分區處理資料來減少 I/O 開銷，其方法是利用在特定分區選擇性地讀寫資料。利用分組的方法加快了查詢速度，同時也降低了 I/O 開銷。

透過設計不同的目錄結構，將資料分發到不同的組中，其目的是儲存和處理資料時能減少 I/O 開銷，以及提高運行速度。

4.2.4　元資料管理

前面討論了如何在分散式系統中結構化和儲存資料，和資料地位一樣重要的還有元資料。本節討論大數據管理系統中常見的元資料類型。通常，元資料是指

和資料有關的資料。在大數據管理系統中，元資料扮演著多種角色。下面列舉了一些在大數據管理系統中常見的元資料。

①　和邏輯資料集相關的元資料：這類元資料記錄資料集儲存的位置資訊、和資料集關聯的模式資訊、資料集的分區和排序資訊，還有資料集的格式。它通常儲存在單獨的資料庫中。

②　和分散式文件系統有關的元資料：這類元資料記錄文件和多種資料節點的權限和擁有權。它通常由分散式系統主節點儲存和管理。

③　和分散式儲存系統相關的元資料：這類元資料記錄列表的表名、資料屬性等。它通常由分散式儲存系統儲存和管理。

④　和資料擷取、轉換有關的元資料：這類元資料記錄資料使用者產生的資料集、資料集的來源、產生資料集的時間、資料集的規模等資訊。

⑤　和資料集統計有關的元資料：這類元資料記錄資料集的行數量、列的不同屬性值數量、資料分散的直方圖、資料最大最小值。這類元資料可以充分加快資料分析性能，最佳化執行程式。

4.2.5　元資料儲存

在前面分散式文件系統設計中已經討論過將元資料嵌入到文件路徑上，便於組織管理和資料一致性。例如，在一個分區資料集中，目錄結構如下所示：

$<$data set name$>$/$<$partition_column_name＝partition_column_value$>$/{files}

這樣的目錄結構已經有了資料集名稱、分區名、分區列的各種值。這樣透過一些工具和應用就可以充分利用元資料來處理資料集。可以將元資料儲存到分散式文件系統中。在相關目錄下創建隱含目錄來儲存元資料。如下所示：

```
/data/event_log
/data/event_log/file1.avro
/data/event_log/.metadata
```

需要注意的是，透過這種方式儲存元資料意味著需要對元資料進行儲存、維護和管理。可以選擇使用類似 Kite[6] 的方式儲存元資料。Kite 支持提供多份元資料，這意味著可以將元資料儲存到其他系統中，輕鬆地將元資料從一個源轉換到另一個源。

資料建模在任何系統中都是一項富有挑戰性的任務，而在分散式系統中，由於存在著大量可選方式，其挑戰性更大。資料處理可選的方式越多，分散式系統靈活性越強。選擇合適的資料模型將會給資料處理帶來很大改善。例如減少儲存空間，改善處理時間，使得權限管理更爲便利，提供更簡單的元資料管理。本節討論了大數據管理系統中常見的儲存資料方式、資料文件格式、資料壓縮技術，

還討論了元資料管理技術。元資料涉及許多方面，本節主要討論了與資料模式和資料類型有關的元資料。選用合適的模型來管理資料是搭建應用程式最重要的一環。

參考文獻

［1］ Hoffman S. Apache flume: Distributed log collection for Hadoop. 2015.

［2］ Ting K, Cecho J J. Apache Sqoop Cookbook. O' Reilly Media, 2013.

［3］ Kreps J, Corp L, Narkhede N, et al. and L. Corp. Kafka: a distributed messaging system for log processing. netdb, 11. 2011.

［4］ Apache Thrift. http: //thrift. apache. org/.

［5］ Apache Avro. http: //avro. apache. org/.

［6］ Kite. http: //kitesdk. org/.

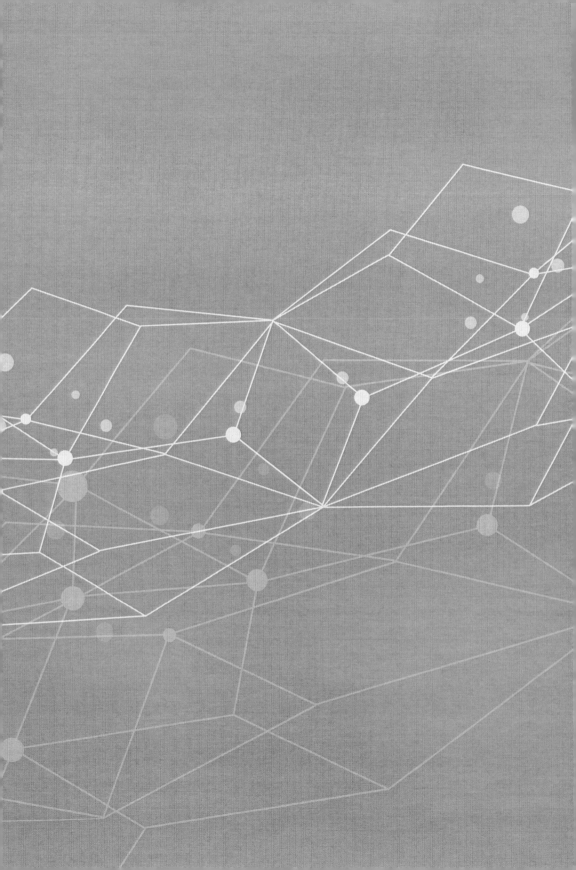

第2篇

大數據管理系統
實現技術

第5章

大數據儲存和索引技術

5.1 大數據儲存技術

　　爲應對大數據體積大所帶來的挑戰，大數據管理系統普遍採用水平擴展技術來實現資料儲存。本章介紹大數據儲存實現技術。水平擴展技術的基本思想爲：將一個大數據集分片成一系列單位大小的資料塊，每個資料塊儲存在電腦叢集的一個節點上，透過增加電腦叢集的節點數來提高系統的整體儲存容量。理論上，水平擴展可以實現線性伸縮，即假定每個叢集節點可以儲存 m 個單位大小的資料塊，那麼 N 個節點構成的叢集可以儲存 $m \times N$ 個資料塊構成的大數據集合。

　　大數據儲存系統的設計考量包括：資料分片、資料塊儲存格式、資料塊管理、叢集管理、容錯控制。根據資料類型的不同和讀寫負載的不同，上述模組在大數據儲存系統中有不同的實現方式。本章以三個典型的大數據儲存系統：Google 文件系統[1]、C-Store[2] 和 BigTable[3] 爲例，介紹大數據管理系統如何儲存非結構化大數據、結構化大數據以及半結構化大數據。

5.1.1 分散式文件系統

　　大數據管理系統採用分散式文件系統來儲存非結構化大數據。本節以 Google 文件系統[1]（GFS）爲例介紹分散式文件系統的設計與實現。

　　(1) 系統設計目標

　　GFS 是 Google 爲了儲存其日益成長的非結構化資料（如 HTML 網頁、YouTube）而開發的分散式文件系統。系統設計目標覆蓋了大多數網際網路企業對非結構化大數據的儲存需求[1]。

　　① 運行分散式文件系統的電腦叢集由眾多廉價的電腦節點組成，這些電腦在運行時當機十分常見，因此系統必須在軟體層而非硬體層提供容錯支持。

　　② 系統儲存一定量的大文件（預期達幾百萬個文件），每個文件的大小通常爲 100MB 或是更大。在系統中保留數 GB 大小的文件將會是常態，因此大文件的儲存管理必須高效。系統可支持小文件的儲存管理，但這部分功能無需做過多最佳化。

③ 系統負載主要包括兩種類型的讀操作：大規模的流式讀取、小規模的隨機讀取。在大規模流讀取中一次讀操作通常讀取數百 KB 的資料，更常見的是讀取 1MB 甚至更多的資料。來自同一客戶機的連續操作通常對同一個文件中的連續區域進行讀取；小規模隨機讀取通常是在文件中任意某個位置讀取數 KB 的資料。因此對性能較爲敏感的應用通常是把小規模的隨機讀操作合併並排序，之後按序批量地進行讀取，這樣就避免了在文件中前後來回地移動讀取位置，從而提高系統 I/O 效率。

④ 系統需高效地支持多客戶對同一文件平行資料附加操作。GFS 系統中的文件主要有兩種用途：a. 生產者-消費者處理模式中的緩衝區；b. 多路歸並排序演算法的輸入。在每臺機器上，一個文件將有數以百計的「生產者」對其進行操作，因此須以最小同步開銷進行原子性操作，文件可以稍後讀取，或是在「消費者」附加操作時進行同步讀取。

⑤ 持續且穩定的系統頻寬比低延遲的系統響應更爲重要。

GFS 系統中的文件以分層目錄的形式組織，並以確定的路徑名來標識。GFS 提供一套 POSIX 應用程式設計介面供上層應用存取資料。該應用程式設計介面支持常用文件的操作，如 create、delete、open、close、read、write 等。此外，GFS 還支持快照（snapshot）和記錄附加（record append）操作。快照操作以較低的成本創建一個文件或目錄樹的副本。記錄附加允許多個裝置同時向一個文件進行資料附加操作，並同時保證每個客戶的附加操作都是原子性操作。

（2）系統架構

如圖 5-1 所示，GFS 採取主-從叢集架構。GFS 電腦叢集由一個 Master 節點和多個 chunkserver（資料塊伺服器）節點組成，並可被多個裝置存取。

GFS 將文件分片成多個固定大小的資料塊（chunk）。每個資料塊在創建時，Master 伺服器會給它分配一個全局唯一且不可變的 64 位的資料塊標識。資料塊伺服器將資料塊以 Linux 本地文件的形式保存在本地硬碟上，並根據指定的資料塊標識和位元組範圍來讀寫塊資料。爲了保障資料儲存的可靠性，每個資料塊都會複製到多個塊伺服器節點上。系統默認將一個資料塊冗餘備份到 3 個不同的塊伺服器節點上。GFS 允許使用者爲不同的文件命名空間設定不同的冗餘備份數量。

Master 節點管理維護分散式文件系統的所有元資料。這些元資料包括名字空間、存取控制資訊、文件與資料塊的對映以及每個資料塊的位置資訊。Master 節點還管理著系統範圍內的活動，如資料塊租用、孤立資料塊回收以及資料塊在塊伺服器間的遷移。Master 節點使用心跳消息對每個資料塊伺服器進行週期性的通訊，它發送指令到各個資料塊伺服器並接收資料塊伺服器的狀態資訊。

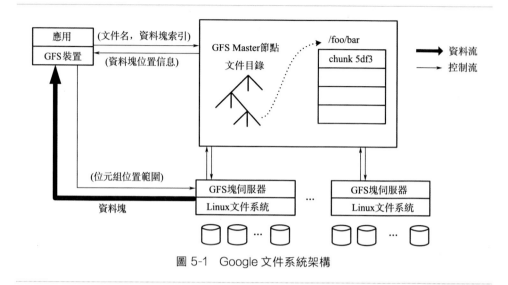

圖 5-1　Google 文件系統架構

GFS 裝置代碼以庫的形式被連接到應用程式中。裝置代碼實現了文件系統的 API 介面函數、應用程式與 Master 節點和資料塊伺服器通訊以及對資料進行讀寫的操作。裝置和 Master 節點間的通訊只擷取元資料，而所有的資料操作都是由裝置直接與資料塊伺服器進行互動。

由於 Google 的大部分應用是以流的方式讀取一個大文件，工作集非常大，因此無論是裝置還是資料塊伺服器都不需要快取文件資料。大數據應用的這種負載特性簡化了裝置和整個系統的設計和實現。

（3）Master 節點設計

GFS 採用單一主節點設計，主要的考慮是簡化系統設計難度。單個 Master 節點可透過全局的資訊精確定位塊的位置以及進行複製決策。GFS 爲避免 Master 節點成爲系統的資料讀寫性能瓶頸，在設計中刻意減少了裝置與 Master 節點的互動。裝置並不透過 Master 節點讀寫文件資料，反之裝置向 Master 節點詢問資料塊的位置資訊（即資料塊儲存在哪個資料塊伺服器上），並將這些元資料資訊快取一段時間，在後續操作中裝置將直接和資料塊伺服器進行資料的讀寫操作。

在 GFS 中讀取資料的流程如下：首先，裝置把文件名和程式指定的位元組偏移量根據固定的資料塊大小轉換成文件的資料塊索引；然後裝置再把文件名和資料塊索引發送給 Master 節點；Master 節點將相應的資料塊標識和副本的位置資訊發還給裝置；裝置用文件名和資料塊索引作爲鍵值快取這些資訊。之後裝置發送請求到其中一個副本處，一般選擇最近的副本。請求資訊包含資料塊標識和位元組範圍。在對該資料塊的後續讀取操作中，除非快取的元資料資訊過期或者

文件被重新打開，裝置可不必再與 Master 節點進行通訊。在實現中，GFS 還採用一種組查詢的技術進一步減少裝置與 Master 節點之間的通訊。裝置通常會在一次請求中查詢一組資料塊資訊，Master 節點的回應也可能包含了緊跟著這些被請求的資料塊後面的資料塊資訊。組查詢在沒有任何代價的情況下，避免了裝置和 Master 節點未來可能發生的多次通訊。

（4）資料塊大小

GFS 選擇 64MB 作爲一個資料塊的大小，這個尺寸通常遠遠大於一般文件系統的塊大小。GFS 選擇較大的資料塊主要基於以下幾點考慮。首先，它減少裝置和 Master 節點間的通訊需求，因爲僅需一次和 Master 節點的通訊就可以擷取資料塊的位置資訊，之後就可以對同一個資料塊進行多次讀寫操作。由於大數據應用通常連續讀寫大文件，因此上述方式對降低 Master 節點的工作負載效果顯著。即使是小規模的隨機讀取，採用較大的資料塊尺寸也帶來明顯的好處，裝置可以輕鬆快取數兆位元組的工作資料集所有的資料塊位置資訊。其次，採用較大的資料塊尺寸，裝置能夠對一個塊進行多次操作，這樣就可以透過與資料塊伺服器保持較長時間的 TCP 連接來減少網路負載。最後，選用較大的資料塊尺寸減少了 Master 節點需要保存的元資料的數量，從而使得元資料都能夠全部保存在 Master 節點的內存中。

（5）元資料管理

Master 節點儲存 3 種主要類型的元資料：文件和資料塊的命名空間、文件和資料塊的對應關聯、每個資料塊副本的存放地點。所有的元資料都保存在 Master 節點的內存中。前兩種類型的元資料（命名空間、文件和資料塊的對應關聯）同時也會以日誌的方式記錄在操作系統的系統日誌文件中，日誌文件儲存在本地磁碟上，同時也被複製到其他的遠端 Master 節點上。GFS 採用日誌技術爲 Master 節點提供故障恢復機制。Master 節點本身並不會持久地保存資料塊位置資訊。Master 節點在啓動時，或者有新的資料塊伺服器加入時，向各個資料塊伺服器輪番詢問它們所儲存的資料塊資訊。因爲元資料保存在內存中，所以 Master 伺服器的操作速度非常快，並且 Master 伺服器可以在後臺簡單而高效地週期性掃描自己保存的全部狀態資訊。GFS 透過這種週期性的狀態掃描實現資料塊垃圾收集、在資料塊伺服器失效時重新複製資料塊以及在資料塊伺服器之間平衡資料塊負載。但是，這種將元資料全部保存在 Master 節點內存的做法有一些潛在的問題：資料塊的數量及整個系統的承載能力受限於 Master 節點所擁有的內存大小。因此，在 GFS 2.0 中，Google 採取了多 Master 節點設計解決了上述問題[12]。

（6）資料一致性

資料一致是分散式儲存系統的重要問題。GFS 採用的資料一致性模型在實現難易度、資料讀寫性能、資料正確性之間進行了折中。

GFS 中文件命名空間的修改（例如文件創建）是原子性的，僅由 Master 節點控制：命名空間鎖提供了原子性和正確性的保障；Master 節點的操作日誌定義了這些操作在全局中的順序。資料修改後文件範圍的狀態取決於操作的類型、成功與否以及是否同步修改。GFS 定義了以下幾種資料一致性：如果所有裝置無論從哪個副本讀取到的資料都一樣，那麼認爲文件範圍資料是「一致的」；如果對文件中某個範圍的資料修改之後，裝置能夠看到寫入操作全部的內容，那麼在這個範圍內資料是一致的。當一個資料修改操作成功執行，並且沒有受到同時執行的其他寫入操作的干擾，那麼在受影響的範圍內資料是一致的：所有的裝置都可以看到寫入的內容。平行修改操作成功完成之後，範圍處於一致的、未定義的狀態：所有的裝置看到同樣的資料，但是無法讀到任何一次寫入操作寫入的資料。通常情況下，文件範圍內包含了來自多個修改操作的、混雜的資料片段。失敗的修改操作導致一個範圍處於不一致狀態（同時也是未定義的）：不同的客戶在不同的時間會看到不同的資料。資料修改操作分爲寫入和記錄附加兩種。寫入操作把資料寫在應用程式指定的文件偏移位置上。即使有多個修改操作平行執行時，記錄附加操作至少可以把資料原子性的附加到文件中一次，但是偏移位置是由系統選擇，系統返回給裝置一個偏移量，表示了包含了寫入記錄的、已定義的範圍的起點。

（7）資料塊管理

本節介紹 GFS 如何管理資料塊，涉及以下三個方面：資料塊創建、資料塊複製和負載均衡。當 Master 節點創建一個資料塊時，它會選擇在哪裡放置初始的副本。GFS 主要考慮如下幾個因素[1]：

① 在低於平均硬碟使用率的資料塊伺服器上儲存新的副本。這樣的做法最終能夠平衡 Chunk 伺服器之間的硬碟使用率。

② 在未飽和的資料塊伺服器上儲存新的副本。未飽和是指該資料塊伺服器最近的資料塊創建操作的次數小於系統設定的閾值。

③ 把資料塊的副本盡可能多地分散在多個機架之間。

在資料塊的初始副本創建之後，Master 節點進一步將資料塊的其他副本（即冗餘副本）盡可能多地分散在不同機架的資料塊伺服器上，以達到容災的目的。當資料塊的有效副本數量少於使用者指定的複製個數時，Master 節點會重新複製該資料塊，直到副本個數達到使用者的要求。這種資料塊副本再複製可能由多種原因引起：資料塊伺服器不可用，資料塊副本損壞，或者資料塊副本的複

製個數提高。當多個資料塊副本需要複製時，GFS 採用優先級演算法選擇具有最高優先級的資料塊副本進行複製。具體的策略見文獻 [1]。

資料塊管理的最後一個方面是負載平衡。Master 節點週期性地對資料塊副本進行負載均衡處理，即在資料塊伺服器之間移動資料塊副本，以達到更好地利用叢集硬碟空間的目的。GFS 採用惰性負載平衡策略，在負載平衡的過程中逐漸填滿一個新的資料塊伺服器，而不是在短時間內用新的資料塊填滿它，以至於過載。另外，Master 節點必須選擇哪個副本要被移走。通常情況下，Master 節點移走那些剩餘空間低於平均值的資料塊伺服器上的副本。

5.1.2　關聯資料儲存

本節以 C-Store[2] 系統爲例，介紹關聯大數據儲存實現技術。傳統的關聯型資料庫管理系統的實現都採用面向記錄的儲存方式，即把一條記錄的所有屬性連續儲存在一起。這種行儲存設計的最佳化目標是資料寫入操作。而多數大數據管理系統的主要工作負載爲資料讀取操作，其通常的資料存取模式爲短時間內寫入大批新資料，然後長時間進行即席查詢。在這些系統裡，採用列儲存體系，把同一列（或屬性）中的資料連續儲存在一起會更有效率。

（1）資料模型

C-Store 是一個基於列儲存技術的關聯大資料庫系統。C-Store 採用標準的關聯資料模型作爲應用層的邏輯資料模型。C-Store 的主要創新點是物理資料模型。C-Store 的物理資料模型將符合關聯資料模型的資料以壓縮列的方式進行儲存，能夠支持高效的 OLAP 類型查詢。本節介紹 C-Store 提出的物理儲存模型。

從上層應用的角度，C-Store 支持標準的關聯資料模型。資料庫由命名表格（關聯）構成。表由一些固定數目的屬性（列）構成。和其他的關聯資料庫系統一樣，在 C-Store 中，屬性（或屬性集合）構成鍵。每張表必須且只能有唯一的主鍵，但可以包含多個引用其他表的主鍵的外鍵。C-Store 的查詢語言是標準的 SQL 語言。

與其他關聯資料庫系統不同，C-Store 的物理資料模型由列族構成。每個列族由邏輯關聯表 T 錨定，包含一個或多個 T 的屬性（列）。C-Store 中，一個列族可以包含任意多個邏輯表格裡的任意個屬性，只要從錨定表格到包含其他屬性的表格之間有一系列的 $N:1$（即主外鍵）關聯。

生成列族時，C-Store 從錨定邏輯關聯表 T 裡選出關注的屬性，保留重複的行，然後透過外鍵關聯從非錨定表格裡得到相應的屬性。因此一個列族和它的錨定表格有相同數目的行。在 C-Store 中，列族裡的元組按列儲存。如果列族裡有 K 個屬性，則有 K 個儲存結構，每個儲存結構儲存一列，並按照同樣

關鍵字排序。關鍵字可以是列族裡的任意列或列的組合。列族元素按照鍵排序，從左到右排列。最後，每個列族都水平分片成一個或多個段，每段有唯一標識符 Sid（Sid>0）。C-Store 只支持基於鍵的資料分片。列族中的每個段都對應了一個鍵範圍，鍵範圍的集合構成整個鍵空間的「分區」表示。文獻 [2] 給出了一個 C-Store 物理資料模型樣例。假定資料庫中包含兩張表 EMP（name，age，salary，dept）和 DEPT（dname，floor）。那麼一個可能的基於列族的物理資料模型表示如下：

EMP1(name，age)

EMP2(dept，age，DEPT. floor)

EMP3(name，salary)

DEPT1(dname，floor)

我們可以看到，EMP2 列族透過 dept 外鍵，將 EMP 中的列 dept 和 age 與 DEPT 中的列 DEPT. floor 組合到了一起。C-Store 經常使用這種跨表列族，將不同表格中的列的資料存放在一起，降低了 SQL 查詢中跨表連接查詢的代價。

顯然，爲了完成一個 SQL 查詢，C-Store 需要一個列族覆蓋集合包含查詢中所有引用到的列。同時，C-Store 也必須能從不同的儲存列族中重構原始表格中的整行元組。C-Store 引入儲存鍵和連接索引來連接不同列族裡的元組。

① 儲存鍵：C-Store 使用儲存鍵來連接列族中屬於統一邏輯行的每一列中的資料。具體地說，列族中每個段下每個列的每個資料值都與一個儲存鍵相關聯。同一段中具有相同儲存鍵的不同列的值屬於同一邏輯行。在具體實現時，儲存鍵實現爲資料在列中的儲存序號。因此，列中儲存的第一資料儲存鍵爲 1，第二個資料儲存鍵爲 2，以此類推。C-Store 中，儲存鍵並不實際儲存，而是由一個元組的在列中的物理位置推得。

② 連接索引：C-Store 使用連接索引從多個列族中重建原關聯表 T 的所有記錄。如果 T1 和 T2 是覆蓋表 T 的兩個列族，從 T1 的 M 個段到 T2 中 N 個段的連接索引在邏輯上是 M 張表的集合。對 T1 的每一段，連接索引由多行內容組成，每一行包含 T2 中對應資料段的表示以及該段中的對應資料的儲存鍵。不難看出，透過綜合運用儲存鍵和連接索引，C-Store 可以從列族中復原出原始邏輯表格中的任意元組[2,4]。圖 5-2 顯示了一種 EMP 表的兩個儲存段（雇員表 1 和雇員表 2）之間的連接索引。

C-Store 的一個獨特的設計是透過組合一個讀最佳化的儲存系統 RS 和一個寫最佳化的儲存系統 WS 來平衡讀寫性能。在讀最佳化系統 RS 中，列族中段按列儲存並對每一列進行資料壓縮，進一步降低資料讀取時需要的 I/O 次數。根據列中資料是否排序以及資料分散，C-Store 考慮了四類壓縮方法：

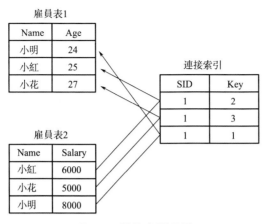

圖 5-2　連接索引示例

類型 1　排序多冗餘：RLE 編碼。一個列被表示成一個三元組 (v, f, n)。其中 v 爲一個具體的值，f 爲 v 在列中第一次出現的位置，n 爲 v 出現的重複次數，即 RLE 壓縮。

類型 2　外鍵排序多冗餘：位圖編碼。一個列被表示成一個連續的元組 (v, b)。其中 v 是一個具體的值，b 是位圖（bitmap）中該值的儲存位置。

類型 3　自排序低冗餘：增量編碼。每一個段的第一個條目是列中的值，後續條目都是與前一個值的增量。例如，列 1、4、7、7、8、12 被表示成 1、3、3、0、1、4 的序列。

類型 4　外鍵排序，低冗餘，無壓縮。如果列的勢較大，C-Store 選擇無壓縮編碼。

RS 儲存系統具有高效的資料讀取速度，然而資料寫入速度較低。爲了提高資料寫入速度，C-Store 設計了一個基於內存的寫最佳化系統 WS。WS 也爲列儲存，實現了與 RS 相同的物理儲存結構。但由於 WS 將資料寫入內存（RS 將資料儲存在外存系統），因此，資料寫入速度大大提高。C-Store 中，WS 也跟 RS 一樣是水平切割的，和 RS 保持 1：1 的對映關聯，並且不採取任何壓縮措施。

（2）儲存管理

與 GFS 相同，C-Store 使用水平擴展策略，將儲存段分配到電腦叢集中不同的節點上。具體實現時，段中的所有列都會被分配到同一個節點上，實現資料存取的局部性。WS 和 RS 上擁有共同鍵值範圍的段也會被共同定位。C-Store 的叢集管理和容錯機制與 GFS 相似，不再贅述。

5.1.3　列族大數據儲存技術

C-Store 提出的基於列族的資料模型不僅能夠儲存關聯大數據，也可以用來儲存半結構化大數據。本節以 Google 開發的 BigTable[3] 系統爲例，介紹列族大數據儲存技術，重點介紹 BigTable 與 C-Store 的不同之處。

(1) 資料模型

與 C-Store 不同，BigTable 不提供關聯資料模型作爲應用層的邏輯資料模型，而是直接使用列族資料模型作爲應用開發的邏輯資料模型。文獻 [3] 將 BigTable 定義爲一個稀疏的、分散式的一致性多維有序表。該表是透過行關鍵字、列關鍵字以及時間戳進行索引的，表中的每個值（行關鍵字、列關鍵字以及單位值）都是一個位元組陣列。

```
(row:string,column:string,time:int64)  ->string
```

文獻 [3] 給出了一個 BigTable 資料模型的示例。假定我們要創建一個儲存網頁的 webtable，一種可能的 BigTable 資料模型是：使用網頁的 URL 作爲行關鍵字，網頁的各種資訊作爲列名稱，將網頁的內容作爲對應的行鍵和列鍵下的單位值儲存，如圖 5-3 所示。

row key	contents	anchor
com.cnn.www	<html>…	cnnsi.com:CNN my.look.ca:CNN.com

圖 5-3　儲存網頁的 BigTable 示例

在 BigTable 中，在單一行關鍵字下的資料讀寫是原子性的（無論這一行有多少個不同的列被讀寫）。BigTable 按照行關鍵字的字典序來維護資料。Big-Table 動態地將行劃分爲行組。每個行組稱爲一個 Tablet。Tablet 是 BigTable 中資料存取以及負載平衡的基本單位。

BigTable 以列族的方式組織列關鍵字。列族是一組列關鍵字的集合，也是基本的存取控制單位。儲存在同一個列族的資料通常是相同類型的，易於壓縮。BigTable 對列族中列的數目沒有限制，但假定一個表中列族的數目較少（最多數百個），而且在操作過程中很少變化。

列關鍵字是使用如下的字符來命名的：family：qualifier。列族名稱必須是可打印的，但是 qualifier 可以是任意字串。存取控制以及磁碟的內存分配都是在列族級別進行的。BigTable 資料模型的另一個獨特設計是允許表中每個單位包含資料的多個版本，不同版本的資料透過時間戳索引。

（2）系統實現

BigTable 構建在 Google 開發的其他大數據基礎設施之上。BigTable 使用分散式文件系統 GFS 來儲存日誌和資料文件，使用 SSTable 文件格式儲存資料（SSTable 是 Google 開發的一個持久化、有序的、不可更新的鍵值資料庫），使用分散式鎖服務 Chubby 來進行叢集管理。

與 GFS 相同，BigTable 採用主從架構。一個 BigTable 叢集包含一個 Master 節點和多個 Tablet 伺服器。

Master 節點負責將 Tablet 分配給 Tablet 伺服器，檢測 Tablet 伺服器的加入和離去，均衡 Tablet 伺服器負載，並且對 GFS 上的文件進行垃圾收集。另外，Master 節點還負責元資料管理，如資料模式變更、表格和列族的創建。

Tablet 伺服器管理 Master 節點分配的 Tablet，處理 Tablet 的讀、寫請求，並且對成長得過大的 Tablet 執行分片操作。

BigTable 採用對等方式傳輸資料。裝置的資料讀寫請求由 Tablet 伺服器處理，中間無需 Master 節點介入。

（3）Table 管理

BigTable 中，表格由 Tablet 構成。初始情況下，每個表格只有一個 Tablet。隨著表格的增大，BigTable 自動將表格分片成多個 Tablet，每個 Tablet 包含行鍵範圍內的全部資料。

如圖 5-4 所示，BigTable 使用了一個類似於 B＋樹[5] 的三層架構儲存 Tablet 位置資訊[3]。第一層記錄根 Tablet 的位置資訊，該資訊是儲存在一個 Chubby 中的文件。根 Tablet 把 Tablet 的所有位置資訊保存在一個特定的元資料表中，每條記錄包含了一個使用者表中所有 Tablet 的位置資訊。基於這種三層構架，BigTable 總共可以尋址 2^{34} 個 Tablet。

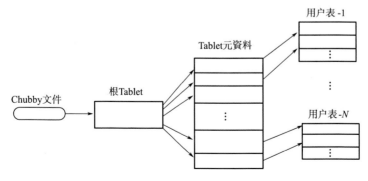

圖 5-4　Tablet 位置資訊儲存結構

與 C-Store 類似，BigTable 也採用了內存、外存兩套儲存系統，如圖 5-5 所示。

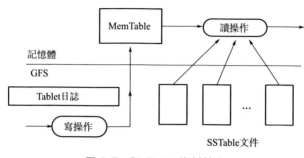

圖 5-5　BigTable 資料讀寫

BigTable 將資料更新首先計入提交日誌，然後將這些更新存放到一個排序的內存資料庫 MemTable。BigTable 週期性地將 MemTable 中的資料寫入 GFS 中的 SSTable 中。當一個讀操作到達 Tablet 伺服器時，BigTable 會同時查找 SSTable 和 MemTable，並將合併後的結果返回。

5.2　大數據索引技術

大數據通常儲存於雲端上，而所謂的雲端就是由許多運算節點組成的一種靈活的運算基礎設施。要充分利用雲端的力量，就需要高效的資料管理來處理大數據，並支持大量終端的並行存取。實現這一點，我們需要可擴展性好且具有高吞吐量的索引方案。本節即介紹一種新穎的可擴展的基於 B＋樹的大數據索引方案。

5.2.1　系統概述

叢集系統的系統架構如圖 5-6 所示。

在圖 5-6 中一組低成本工作站作爲運算（或處理）節點加入群集。這是一個無共享且穩定的系統，系統中的每個節點都有自己的內存和硬碟。爲了便於搜索，節點基於 BATON 協議進行連接[9]。也就是說，如果兩個節點在 BATON 中爲路由鄰居，我們將保持它們之間的 TCP/IP 連接。請注意，BATON 是針對動態對等網路而提出的。它被設計用於處理動態和頻繁的節點離開和加入。雲端運算的不同之處在於節點由服務供應商進行組織以提高性能。在本節中，覆蓋協

議僅用於路由目的。亞馬遜的 Dynamo 採用了一致的雜湊方法來實現叢集路由。由於其樹形拓撲結構，BATON 被用作展示我們的想法的基礎。其他支持範圍查詢的層級劃分，如 P-Ring[6] 和 P-Grid[7] 同樣可以被很容易地調整到其中。

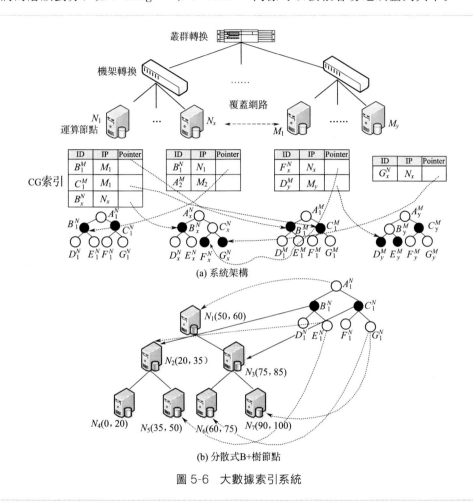

圖 5-6　大數據索引系統

在該系統中，資料被分割成資料分片（基於主鍵），這些分片隨機分散到運算節點。爲了便於搜索次要鍵（secondary key），每個運算節點爲該鍵建立一個 B+樹，以索引其本地資料（分配給該節點的資料分片）。透過這種方法，給定一個鍵值，我們就可以有效地接受其句柄。這裡的句柄是一個任意位元組的字串，可以用來擷取雲儲存系統中相應的值。爲了處理叢集中的查詢，傳統的方案將把查詢廣播到平行執行本地搜索的所有節點。這個策略雖然簡單，但並不是成本有效和可擴展的。另一種方法是在中央伺服器中維護資料分區資訊，查詢處理器需要查詢每個查詢的分區資訊，而中央伺服器的風險便成了系統瓶頸。

　　因此，給定一個鍵值或範圍，爲了定位到相應的 B＋樹，我們在本地 B＋樹上建立一個全局索引（CG-index）。具體而言，一些本地 B＋樹節點（圖 5-6 中的黑色實心節點）基於覆蓋路由協議在遠端運算節點中發佈和建立索引。需要注意的是，爲了節省儲存成本，我們只儲存已發佈 B＋樹節點的以下元資料：(blk,range,keys,ip)，其中 blk 爲節點的磁碟塊編號，range 爲值範圍 B＋樹節點，keys 爲 B＋樹節點中的搜索關鍵字，ip 爲相應運算節點的 IP 位址。這樣，我們爲每個運算節點中的本地 B＋樹維護一個遠端索引。這些索引部分組成了我們系統中的 CG 索引。圖 5-6(a) 展示了一個 CG 索引的例子，其中每個運算節點維護一部分 CG 索引。圖 5-6(b) 給出了將 B＋樹節點對映到覆蓋中的運算節點的示例。爲了處理查詢，我們首先根據覆蓋路由協議查找相應 B＋樹節點的 CG 索引。然後按照 CG 索引的指針，平行搜索局部 B＋樹。

　　CG 索引散播到系統的各個運算節點中。爲了提高搜索效率，CG 索引被完全快取在內存中，其中每個運算節點在其內存中維護 CG 索引的一個子集。由於內存大小有限，只有一部分 B＋樹節點插入到 CG 索引中，因此，我們需要巧妙地規劃我們的索引策略。在這個系統中，我們爲 B＋樹構建了一個虛擬擴展樹。我們從根節點逐步擴展 B＋樹。如果子節點對查詢處理有利，我們將拓展樹並行佈子節點。否則，我們可能會摺疊樹來降低維護成本並釋放內存資源。演算法 5.1 描述了我們的索引方案的總體思路。最初，運算節點只發佈其本地 B＋樹的根。然後，根據查詢模式和成本模型，我們運算擴展或摺疊樹的有利因素（第 4 行和第 7 行）。爲了降低維護成本，我們只發佈內部 B＋樹節點（我們不會將樹擴展到葉級）。值得注意的是，在我們的擴展/摺疊策略中，如果 B＋樹節點已被索引，那麼它的祖先及後繼節點將不會被索引。覆蓋路由協議允許我們直接跳轉到任何索引的 B＋樹節點。因此，我們不需要從 B＋樹的根開始搜索。

演算法 5.1：CGIndexPublish（Ni）

1: Ni 發佈該節點 B＋樹的根節點

2: **while** true **do**

3:　　Ni 檢查發佈的 B＋樹的節點 n_j

4:　　**if** isBeneficial(n_j.children)**then**

5:　　　索引 n_j 的子節點,擴展樹

6:　　**else**

7:　　　**if** benefit(n_j)＜maintenanceCost(n_j)**then**

8:　　　　刪除 n_i 和 n_j 的父節點

9:　　等待新消息

5.2.2 CG 索引

與文獻［8］中方法不同，我們的方法爲網路中的所有運算節點建立全局 B＋樹索引，每個運算節點都有其本地 B＋樹，並且將本地 B＋樹節點散佈到各種運算節點。下面將討論索引路由和維護協議。索引選擇方案將隨後介紹。爲了更清晰地表述，我們使用大寫和小寫字符分別表示（雲端中的）運算節點和 B＋樹的節點。

（1）遠端索引本地 B＋樹節點

給定一個範圍，我們可以定位負責這一範圍的 BATON 節點（子樹範圍可以完全覆蓋搜索範圍的節點）。另外，B＋樹節點維護關於範圍內的資料的資訊。這項觀察爲我們提供了一個直接的方法來發佈 B＋樹節點到遠端運算節點。我們在覆蓋層中使用查找協議來將 B＋樹節點對映到運算節點，並將 B＋樹節點的元資料儲存在運算節點的儲存器中。

爲了將 B＋樹節點發佈到 CG 索引中，我們需要爲每個 B＋樹節點生成一個範圍。根據它們的位置，B＋樹節點可以分爲兩類：①節點既不是該層中最左邊也不是最右邊的節點；②節點和它的祖先總是左邊或最右邊的子節點。

對於第一類節點，我們可以根據父母的資訊生成它們的範圍。示例如圖 5-7 所示。

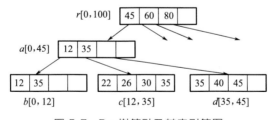

圖 5-7　B＋樹節點及其索引範圍

在圖 5-7 中，節點 c 是節點 a 的第二個孩子，所以它索引的範圍爲 a 的第一鍵到第二個鍵，也就是（12,35）。第二種類型的節點僅提供開放範圍（無下限或無上限）。我們使用當前樹中的最小值和最大值作爲界限值。爲了降低更新成本，我們稍微增加了範圍。例如，在圖 5-7 中，我們使用 0 而不是 5 作爲下限，即實際的最小值。在定義樹的下界和上界之後，我們可以爲類型 2 節點生成一個範圍。例如，節點 r 和 a 的範圍分別是（0,100）和（0,45）。下限和上限可以快取在內存中，當新資料插入最左側或最右側的葉節點時更新。

爲了發佈一個 B＋樹節點，我們首先生成它的範圍 R。然後，基於 BATON

路由協議，我們獲得運算節點 N，它負責 R 的下界。逐步地，我們將請求轉發給 N 的祖先，直到我們到達其子樹範圍可以完全包含 R 的那個節點。B＋樹節點隨後被索引到該節點中。

在叢集系統中，由於處理節點是低成本的工作站，因此隨時可能出現節點故障。單點故障可以透過復制策略來處理。但是，當一部分節點（例如機架式交換機停機）時，所有副本可能會丟失。爲了解決這個問題，運算節點會偶爾更新所有已發佈的 B＋樹節點。

（2）查詢處理

給定一個範圍查詢 Q，我們需要搜索 CG-index 來定位範圍與 Q 重疊的 B＋樹節點。我們可以模擬覆蓋的搜索演算法來處理查詢。演算法 5.2 顯示了一個常規的範圍搜索過程。

演算法 5.2： Search（$Q=[l,u]$）

1: $N_i = lookup(l)$
2: 對 N_i 進行局部搜索 N_i
3: while $N_i = N_i$.right and N_i.low$<u$ do
4: 　　對 N_i 進行局部搜索 N_i

從 Q 的下界開始，我們沿著右邊的相鄰連接搜索兄弟節點，直到到達 Q 的上界。然而，包括 BATON 在內的許多覆蓋範圍的搜索可以進一步最佳化：假設 k 個節點與 Q 重疊，BATON 中典型範圍搜索的平均成本估計爲 $(1/2)\log_2 N + k$，其中 $2N$ 是系統中運算節點的總數。

對範圍搜索演算法的第一個最佳化是，我們不是從下限開始搜索，而是從範圍內的任意點開始。假設資料在節點間是均勻分散的，R 是總範圍，這種最佳化降低了從 $(1/2)\log_2 N + k$ 到 $(1/2)\log_2(QN/R) + k$ 的範圍 Q 內的搜索節點的平均成本。

現有的分析忽略了參數 k 的影響，而它實際上主宰著大規模覆蓋網路上的搜索性能。舉個簡單的例子，在一個 10000 個節點的網路中，假設資料在處理節點之間是均勻分配的，如果 $\dfrac{Q}{R} = 0.01$，則 $k = 100$。爲了減少範圍搜索的延遲，第二個最佳化將增加平行性。我們將查詢廣播到平行與搜索範圍重疊的處理節點。

最後，我們對新的搜索演算法進行如下總結：

① 在搜索範圍內找到一個隨機處理節點（最佳化 1）。

② 在父連接之後，找到 BATON 子樹的根節點，子樹覆蓋整個搜索範圍。

③ 選擇性地將查詢廣播到子樹的後代（最佳化 2）。

④ 在每個處理節點中，接收到搜索請求後，對 CG-index 進行本地搜索。

平行搜索演算法將平均成本從$(1/2)\log_2 N + k$ 降低到$(1/2)\log_2(QN/R) + \log_2 N$，其中 $\log_2 N$ 是 BATON 樹的高度。

（3）索引維護

在 CG-索引中，更新與搜索同時處理。爲了最大化吞吐量和提高可擴展性，將採用在分散式系統中最終的一致性模型[10]。兩種類型的更新操作：惰性更新和急切更新被提出。當本地 B＋樹的更新不影響搜索結果的正確性時，將採用惰性更新。否則，急切更新將在進行同步時被盡可能多地使用。

定理 5.1： 在 CG-index 中，如果更新不影響本地 B＋樹的鍵範圍，則過期索引不會影響查詢處理的正確性。

我們透過細緻的觀察發現，只有最左側或最右側節點的更新可能違反本地 B＋樹的關鍵範圍。給定一個 B＋樹 T，假設它的根節點是 n_r，對應的範圍是 $[1,u]$。T 的索引策略實際上是$[1,u]$的分割策略，這是因爲以下兩點同時成立：①T 中的每個節點都維護了區間$[1,u]$上的一個子區間的鍵；②對$[1,u]$區間中的任一鍵 v，T 中存在唯一索引節點，該節點維護的鍵區間包含鍵 v。例如，在圖 5-8 中，根範圍$[0,100]$被劃分爲$[0,20]$，$[20,25]$，$[25,30]$，$[40,45]$，$[45,50]$，$[50,80]$，$[80,100]$。除了最左邊和最右邊的節點（那些負責根範圍下限和上限的節點）之外，其他節點中的更新只能改變分區的方式。假設在圖 5-8 中，節點 i和 j 合併在一起，則子範圍 $[20,25]$ 與 $[25,30]$ 替換爲 $[20,30]$。不管根分區如何，即使索引陳舊，查詢也可以根據索引正確地轉發到節點。因此，如果更新不改變根範圍的下限或上限，我們採用惰性更新方法。這也就是說，我們不會立即同步本地 B＋樹的索引。相反，在預定的時間閾值之後，所有的更新都一起提交。

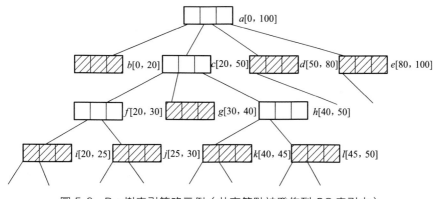

圖 5-8　B＋樹索引策略示例（共享節點被發佈到 CG 索引中）

給定兩個節點 n_i 和 n_j，惰性更新以下列方式處理：

① 如果將 n_i 與 n_j 合併，並將兩者都發佈到 CG 索引中，則將 n_i 和 n_j 的索引條目替換爲合併節點的索引條目；

② 如果 n_i 與 n_j 合併，並且只有一個節點（假設是 n_i）被發佈到 CG 索引中，我們刪除 n_j 的子節點的所有索引條目，並將 n_i 的索引條目更新爲新合併的索引條目；

③ 如果將 n_i 發佈到 CG 索引並分裂成兩個新節點，則將 n_i 的索引條目替換爲新節點的索引條目。

在索引條目中，查詢處理使用兩個屬性：IP 位址和塊號。具體而言，IP 位址用於將查詢轉發到正確的叢集伺服器。塊號用於在進行本地搜索時，定位對應的 B＋樹節點。根據以上分析，如果更新並未改變 B＋樹的下界或上界，則 IP 位址總是正確的。但是，由於節點合併和拆分，塊號可能無效，在這種情況下，我們只是從根節點開始搜索。

另一方面，最左邊和最右邊節點中的一些更新可能會改變 B＋樹的下界和上界。在這種情況下，舊的索引條目可能在查詢處理中產生誤報和漏報。舉一個例子，假設圖 5-8 中的鍵「0」從節點 b 中刪除，b 的鍵範圍將縮小到 $[5,20]$。如果應用舊索引來處理查詢 $[-5,3]$，那麼查詢將被轉發到叢集伺服器，而這實際上將不能提供任何結果。也就是說，索引會產生誤報。相反，假設一個新的鍵「-5」插入到節點 b 中，b 和 a 的鍵範圍分別更新爲 $[-5,20]$ 和 $[-5,100]$。如果應用舊索引條目來處理查詢 $[-10,-2]$，則 CG 索引無法從某些叢集伺服器檢索資料，則會生成錯誤否定。假陽性並不違反結果的一致性，我們採用惰性更新策略來處理它。假陰性對於一致性至關重要。因此，我們使用急切更新策略來同步索引。

在急切更新中，我們首先更新 CG-index 中的索引節點（包括它們的副本）。如果所有索引節點都成功更新，我們更新本地 B＋樹節點。否則，我們回滾操作以保留 CG-index 中的舊索引節點並觸發更新失敗事件。

定理 5.2：急切更新（eager update）可以提供一個完整的結果。證明略。

爲了保證 CG-index 的健壯性，我們爲叢集伺服器創建了多個副本。複製以兩個粒度執行。我們複製 CG 索引和本地 B＋樹索引，當叢集伺服器有問題時，我們仍然可以存取它的索引並從 DFS 中檢索資料。副本是基於 BATON 的複製協議構建的，具體而言，由 BATON 節點（主副本）維護的索引條目將複製到其左側相鄰節點和右側相鄰節點（從副本）中。因此，每個節點通常保留 3 個副本，在 Starfish[11] 中，如果運算節點在線時間爲 90%，則 3 個副本可以保證 99.9% 的可用性。主副本用於處理查詢，從副本用作備份。當 BATON 節點發生故障時，我們應用路由表來定位其相鄰節點來檢索副本。我們首先嘗試存取左

邊的相鄰節點，如果它也失敗，我們去右邊的相鄰節點。

在惰性更新或急切更新中，我們需要保證副本之間的一致性。假設 BATON 節點 N_i 維護索引條目 E 的主副本。爲了更新 E，我們首先將新版本的 E 發送給 N_i，然後，N_i 把更新後的 E 轉發給所有副本。相應的 BATON 節點在接收到更新請求時，將保留 E 的新版本並響應 N_i。在收集完所有響應後，N_i 提交更新並要求其他副本使用新的索引條目。

在 BATON 中，節點偶爾向其路由表中的相鄰節點和節點發送 ping 消息。該 ping 消息可以被用來檢測節點故障。如果沒有收到來自特定節點的 ping 響應 k 次，我們假設節點失敗並將資訊廣播到所有叢集伺服器。當一個節點失敗時，其左邊的相鄰節點被提升爲主副本。如果節點及其左側相鄰節點都失敗，則將右側相鄰節點升級爲主副本。

每個更新都被分配一個時間戳。當一個 BATON 節點從故障重新啟動時，它會要求當前的主副本擷取最新的副本。透過比較索引條目的時間戳，它將用新的條目替換舊條目。之後，它聲明爲相應索引資料的主副本，並開始服務於搜索。需要注意的是，查詢處理對於節點的失敗是有彈性的，正如下面定理所述。

定理 5.3：在 BATON 中，如果相鄰連接和父子連接是最新的，即使某些節點失敗或路由表不正確，也可以成功處理該查詢。

參考文獻

[1] Ghemawat S, Gobioff H, Leung S. The Google File System. In SOSP, 29-43. 2003.

[2] Stonebraker M, Abadi D J, Batkin A, et al. C-Store: A Column-Oriented DBMS. In VLDB, 553-564. 2005.

[3] Fay C, Jeffrey D, Sanjay G, et al. Bigtable: A Distributed Storage System for Structured Data. ACM Transactions on Computing System, vol 26, no. 2, 4: 1-4: 26. 2008.

[4] Papadomanolakis S, Ailamaki A. AutoPart: Automating Schema Design for Large Scientific Databases Using Data Partitioning. In SSDBM 2004.

[5] Comer D. Ubiquitous B-tree. Computing-Surveys 11, 2（June1979），121-137.

[6] A. Crainiceanu, P. Linga, A. Machanavajjhala, et al. P-ring: an efficient and robust p2p range index structure. In SIGMOD, 2007.

[7] Aberer K, Cudr'e-Mauroux P, Datta A, et al. P-grid: a self-organizing structured p2p system. SIGMOD Record, 2003.

[8] Aguilera M K, Golab W, Shah M A. A practical scalable distributed b-tree. VLDB, 598-609, 2008.

[9] Jagadish H V, Ooi B C, Vu Q H. Ba-

ton: A balanced tree structure for peer-to-peer networks. In VLDB, 2005.

[10] Chang F, Dean J, Ghemawat S, et al. Bigtable: A distributed storage system for structured data. OSDI, 2006.

[11] Gabber E, Fellin J, Flaster M, et al. Starfish: highly-available block storage. In USENIX, 151-163, 2003.

[12] Colossus: Successor to the Google File System (GFS). https://www.systutorials.com/3202/colossus-successor-to-google-file-system-gfs/. 2012.

第6章

大數據查詢處理技術

大數據查詢處理技術，主要包括大數據批處理技術、大數據串流處理技術、大圖資料處理技術、混合大數據處理技術、群組查詢處理技術，本章將對上述技術逐一進行介紹。

6.1 大數據批處理技術

6.1.1 MapReduce 技術簡介

MapReduce[1] 是一種運行在電腦叢集上並用於處理大規模資料集的程式模型。MapReduce 程式模型由兩個基本的功能函數組成，分別爲 map 函數與 reduce 函數。使用者可以透過自定義 map 和 reduce 函數中的內容來實現自己所需的邏輯處理功能。map 函數接受輸入鍵值對，並產生中間鍵值對的列表。基於 MapReduce（模型）的運行系統根據中間鍵將所有中間對組合在一起，並傳遞給 reduce 函數來生成最終結果。map 和 reduce 函數的輸入輸出如下所示[1]：

$$map(k1,v1) \rightarrow list(k2,v2)$$
$$reduce(k2,list(v2)) \rightarrow list(v2)$$

MapReduce 叢集採用主從架構，其中一個主節點管理多個從節點。在 Hadoop 中，主節點稱爲 JobTracker，從節點稱爲 TaskTracker。Hadoop 透過將輸入資料集分成幾個大小相同的資料塊後，啟動 MapReduce 作業。每個資料塊被分配到一個 TaskTracker 節點，並由 map 任務進行處理。任務分配進程採用心跳協議的方式實現。TaskTracker 節點在 JobTracker 空間時與其通訊，然後調度程式爲其分配新的任務。調度程式在發送資料塊時總是優先考慮資料的位置特性，它總是嘗試將一個本地資料塊分配給一個 TaskTracker。如果此次資料分配失敗，調度器則向 TaskTracker 分配一個位於本地機架上的或是隨機的資料塊。當 map 函數完成時，運行系統將對所有中間（結果）對進行分組，並啟動一組 reducer 任務來產生最終結果。MapReduce 包含三個設計組件：程式模型、儲存獨立設計和運行時調度。這三個設計將產生影響 MapReduce 性能的 5 個方面的

影響因素：分組方案、I/O 模式、資料解析、索引和塊級調度。

MapReduce 的程式模型主要側重於讓使用者指定資料轉換的邏輯（透過 map 函數和 reduce 函數）。程式模型本身並沒有指定 map 函數生成的分組後的中間對將如何被 reduce() 函數所處理。在有關 MapReduce 的論文[1] 中，設計者認爲指定資料分組演算法是一個複雜的任務。這種複雜性應該被框架隱藏。因此，MapReduce 的設計者採用歸並排序演算法作爲默認分組演算法，並提供了幾個介面來改變系統的默認行爲。

然而，對於某些資料分析任務（例如聚合查詢和表格連接），歸並排序演算法並不總是實現這些分析任務的最有效的演算法。因此，當用 MapReduce 執行這些分析任務時，我們需要用其他的分組演算法來替代歸並排序演算法。

MapReduce 程式模型設計爲獨立於儲存系統。也就是說，MapReduce 是一個純資料處理系統，無需內建儲存引擎。MapReduce 透過一個讀取器從底層儲存系統讀取鍵/值對。MapReduce 從儲存系統中檢索每條記錄，並將記錄包裝成一個鍵/值對以供進一步處理。使用者可以透過實現相應的讀取器，以支持新的儲存系統。

這種儲存獨立設計被認爲對於異構系統是有益的，因爲它使 MapReduce 能夠分析儲存在不同儲存系統中的資料。然而，這種設計是與平行資料庫相當不同的系統。所有的商業平行資料庫系統都附帶查詢處理引擎和儲存引擎。要處理查詢，查詢引擎直接讀取儲存引擎的記錄。因此交叉引擎調用是不需要的。由此看來儲存的獨立設計可能會無益於 MapReduce 的性能，因爲處理引擎需要調用讀取器來加載資料。透過比較 MapReduce 和平行資料庫系統，有三個因素可能影響 MapReduce 性能：①I/O 模式，讀取器從儲存系統檢索資料的方式；②數據解析，讀取器解析記錄格式的方案；③索引。

一個讀取器可以選擇使用兩種模式從底層儲存系統讀取資料：直接 I/O 和流式 I/O。使用直接 I/O，讀取器從本地磁碟讀取資料。在這種情況下，資料直接從磁碟快取中裝載，透過 DMA 控制器擷取讀取器的內存，不需要進程間的通訊成本。讀取器也可以採用流式 I/O 方案，在這種情況下，讀取器從另一個正在運行的進程讀取資料（通常是儲存系統進程），例如 TCP/IP 等進程間通訊方案和 JDBC。

從性能角度來看，當讀取器從本地節點檢索資料時，直接 I/O 比流式 I/O 更有效率，由於大多數平行資料庫的設計系統中都帶有查詢和儲存引擎，直接 I/O 可能是更好的選擇。在平行資料庫系統中，查詢引擎和儲存引擎內部運行相同資料庫實例，從而可以共享內存。當一個儲存引擎將接收到的資料儲存到內存緩衝中時，它直接將內存緩衝傳遞給查詢引擎用於處理。

另外，流式 I/O 啟用 MapReduce 執行引擎來從任何進程讀取資料，如分散

式系統進程（例如 Hadoop 中的 DataNode）和資料庫實例（例如 PostgreSQL）。如果讀取器需要從遠端節點讀取資料，流式 I/O 是唯一的選擇。功能的集中使得 MapReduce 具有儲存獨立的特點。

當讀取器從儲存系統檢索資料時，它需要將原始資料轉換爲鍵/值對用於處理。此轉換過程稱爲資料解析。資料解析的本質是從原始資料格式中解碼，然後將原始資料轉換成可由某種程式語言處理的資料對象，例如 Java。由於 Java 是默認的 Hadoop 的語言，因此本章的討論是專門針對 Java 的。但是，這些觀點也應該適用於其他語言。

有兩種解碼方案：不可變解碼和可變解碼。不可變解碼方案將原始資料轉換爲不可變的 Java 對象。不可變 Java 對象是只讀對象，不能被改寫。一個例子是 Java 的字串對象，根據 SUN 的文件，將一個新值設置爲字串對象會導致原始字串對象被丟棄並由一個新的字串對象替換。在不可變解碼方案中，爲每個記錄創建一個唯一的 Java 對象。因此，解析四百萬條記錄會產生四百萬個不可變對象。由於 Java 字串對象是不可變的，大多數文字記錄解碼器採用不變的解碼方案。默認情況下，Google 的協議快取也將記錄解碼爲不可變對象。

另一種方法是可變解碼方案。使用這種方法，可重複使用 Java 對象來解碼所有記錄。爲了解析原始資料，可變解碼方案解碼記錄的本地儲存格式根據模式和文件的可變對象新值。因此，無論多少條記錄被解碼，只創建一個資料對象。

不可變解碼方案比可變解碼方案慢得多。在解碼過程中產生大量不可變對象，造成 CPU 上的高開銷。

儲存獨立設計意味著 MapReduce 不認爲輸入資料集有可用索引。乍一看，MapReduce 可能無法使用索引。但是，有三個 MapReduce 利用索引進行加速資料處理的方法。

首先，MapReduce 提供了一個使用者界面，用於指定資料分割演算法。因此，可以實現適用的定製資料分割演算法，該演算法使用索引來修剪資料塊。在 Hadoop 中，這可以透過提供特定的 InputFormat 來實現。這種定製的資料分割技術可以在以下兩種情況下使用：①如果 MapReduce 作業的輸入是一組排序的文件（儲存在 HDFS 或 GFS 中），可以採用修剪冗餘資料塊的範圍索引；②如果每個輸入文件的名稱符合某些命名規則，這些命名資訊也可用於資料拆分。假設一個日誌記錄系統定期地滾動到一個新的日誌文件，並將滾動時間嵌入到每個日誌文件的名稱中，然後在一定時間內對日誌進行分析，可以根據文件名稱資訊來擷取不必要的日誌文件。

其次，如果 MapReduce 的輸入是一組索引的文件（B＋樹或雜湊），那麼可以透過實現一個新的讀取器來有效地處理這些輸入文件。讀取器將搜索條件作爲輸入（例如日期範圍）並應用到索引以從每個文件檢索感興趣的記錄。

最後，如果 MapReduce 的輸入由儲存在 n 個關聯資料庫伺服器中的索引表組成，可以啟動 n 個 map 任務來處理這些表。在每個 map 任務中，map() 函數提交相應的 SQL 查詢一個資料庫伺服器，從而透明地利用資料庫索引檢索資料。

MapReduce 採用運行時的調度方案。該調度器將資料塊分配給可用節點，以便一次處理一個。該調度策略帶來運行時開銷，並可能會減慢 MapReduce 作業的執行速度。相反，平行資料庫系統受益於編譯時的調度策略。當提交查詢時，查詢最佳化器爲所有可用節點生成分散式查詢計畫。當執行查詢時，每個節點根據分散式查詢計畫知道其處理邏輯。因此，在生成分散式查詢計畫後，不會引入調度成本。雖然 MapReduce 的運行時調度策略比 DBMS 的編譯時間調度更昂貴，但運行時的調度策略使 MapReduce 更具彈性和可擴展性（即當工作執行時動態調整資源的能力）。

運行時調度有兩種方式來實現 MapReduce 的性能：①需要調度 map 任務的數量；②調度演算法。對於第一個因素，可以調整資料塊的大小以減輕成本。對於第二個因素，需要更多的研究工作來設計新的演算法。

6.1.2 基於 MapReduce 的多表連接技術

雲端運算是服務供應商向多個使用者提供彈性運算資源（虛擬運算節點）的服務。這種運算範式吸引了人們越來越多的興趣，因爲它使使用者能夠以現收現付的方式無縫地擴展應用程式。爲了發掘雲端運算的全部性能，雲資料處理系統應該提供高度的彈性、可擴展性和容錯能力。

MapReduce 可以在雲中執行彈性資料處理，有三個主要原因。一是編碼模式，MapReduce 簡單而富有表現力。大批資料分析任務可以表示爲一組 MapReduce 工作，包括 SQL 查詢、資料探勘、機器學習和圖形處理。二是 MapReduce 實現了透過塊級調度獲得彈性和可伸縮性，具有高度可擴展性。三是 MapReduce 提供了細粒度的容錯功能，只有當機節點上的任務才需要被重啟。

有了以上功能，MapReduce 已經成了用於處理大規模資料分析任務的主流工具。但是，在用 MapReduce 處理複雜的資料分析任務加入多個資料集進行聚合時有以下兩個問題。

首先，MapReduce 主要在單個均勻資料集的分析任務中用於執行過濾聚合資料。它不能方便地在 map() 和 reduce() 函數中表達連接操作。

其次，在某些情況下，使用多路連接 MapReduce 效率不高。這個性能問題主要是由於 MapReduce 使用了一個順序資料處理策略。這個策略在資料處理過程中頻繁地設置檢查點和洗牌。假設我們連接三個資料集，即 $R \bowtie S \bowtie T$，並對連接結果進行聚合。大多數基於 MapReduce 的系統（例如 Hive 和 Pig）會將

此查詢翻譯成四個 MapReduce 作業。首先作業連接 R 和 S，並將結果 U 寫入文件系統（例如 Hadoop 分散式文件系統、HDFS）。第二個工作連接 U 和 T 並產生 V，V 將會再次寫入 HDFS。第三個作業聚合 V 上的元組。如果在第三步中使用了多個 reducer，最後的作業將合併來自第三作業的 reducer 的結果，並將最終查詢結果寫入到一個 HDFS 文件。在這裡，檢查點 U 和 V 到 HDFS，並在下一個洗牌時，如果 U 和 V 很大，MapReduce 工作就會招致巨大的代價。雖然可以透過從雲端分配更多節點來提升性能，但這種「預先租用大量節點」的解決方案會增加成本。理想的雲資料處理系統應該能夠以彈性伸縮的方式，在滿足性能要求的前提下，降低資料處理所需要的運算資源成本。

Map-Join-Reduce 擴展並增強了 MapReduce 系統，用以簡化和有效處理複雜的資料分析任務。爲了解決上述第一個問題，它使用了過濾連接聚合程式模型。這是一個 MapReduce 的過濾聚合程式模型的擴展。除了 mapper 和 reducer 之外，還引入第三個操作連接（稱爲 joiner）到框架。要加入多個資料集進行聚合，使用者指定一組 join() 函數和連接順序。運行系統自動加入多個資料集，根據連接順序並調用 join() 函數處理加入的記錄。像 MapReduce 一樣，Map-Join-Reduce 作業可以連接任意數量 MapReduce 或 Map-Join-Reduce 作業來形成一個複雜的工作資料處理流程。因此，Map-Join-Reduce 將使其最終使用者和建立在 MapReduce 上的高級查詢引擎受益。對於最終使用者，Map-Join-Reduce 將減輕實現複雜連接演算法所帶來的負擔；對於基於 MapReduce 的高級查詢引擎，如 Hive 和 Pig，Map-Join-Reduce 提供了一個新的用於生成查詢計畫的構建塊。

爲了解決第二個問題，Map-Join-Reduce 中引入了一個單一的洗牌策略。MapReduce 採用一個一對一的洗牌方式洗牌，把每一個由 map() 函數生成的中間鍵/值對洗牌到一個獨特的 reducer 中。除了這個洗牌方案，Map-Join-Reduce 提供了一對多的洗牌方案，在一次洗牌中將每個中間鍵/值對洗牌到許多連接者中。採用正確的分區策略，可以利用一對多洗牌方案，在一個階段中加入多個資料集，而不是一組 MapReduce 工作。這種單相聯合方法，在某些情況下，比多相加入效率更高，MapReduce 採用的方法是避免它的檢查點和洗牌中間連接產生下一個 MapReduce 作業。

目前有兩種能夠執行無共享群集上的大規模資料分析任務的系統：①平行資料庫；②基於 MapReduce 的系統。

平行資料庫的研究較晚，始於 20 世紀 80 年代。平行資料庫和 MapReduce 之間的主要差異是系統性能和可擴展性。

高效的連接處理方法也在平行資料庫系統得到了廣泛的研究。主要工作可以分爲兩類：①雙向連接演算法；②基於雙向連接來評估多路連接的方案。第一類工作包括平行巢套循環連接、平行排序合併連接、平行雜湊連接和平行分區連

接。所有這些連接演算法都以某種形式在基於 MapReduce 的系統中得到實現。雖然 Map-Join-Reduce 目標是多路連接，這些雙向連接技術也可以整合到 Map-Join-Reduce 框架中。

平行資料庫系統透過流水線處理策略來執行多連接查詢。假設要執行三路連接 $R_1 \bowtie R_2 \bowtie R_3$。典型的流水線處理工作如下：首先，兩個節點 N_1 和 N_2 平行掃描 R_2 和 R_3，如果表可以放入內存的話，將它們加載到內存雜湊表中。然後，第三個節點 N_3 從 R_1 讀取元組，讀取管道元組到 N_2 和 N_3，依次探測 R_2 和 R_3 並產生最終查詢結果。流水線處理是優於順序處理的。但是，由於引入處理節點之間的依賴關聯，流水線處理可能存在節點失敗。當一個節點（例如 N_2）失敗時，資料流被破壞，整個查詢需要重新提交。因此，需要以 MapReduce 爲基礎系統採用順序處理策略。

MapReduce 由 Dean 等人提出，它用來簡化反向索引的構建。但是很快人們發現了該框架也能夠執行過濾聚合資料[2] 分析任務。更複雜的資料分析任務也可以透過一組 MapReduce 作業來執行。雖然連接處理可以在一個 MapReduce 框架中實現，但處理異構資料集並且手動編寫連接演算法並不容易。文獻［3］提出了 Map-Reduce-Merge 來簡化連接透過引入合併操作進行處理。相比這個工作，Map-Join-Reduce 的目標不僅僅是緩解開發工作的壓力，同時也提高了多路連接過程的性能。還有一些查詢是構建在 MapReduce 之上的處理系統，包括 Pig、Hive 和 Cascading。這些系統提供高級查詢語言和相關最佳化器，以便有效地評估可能涉及多個連接的複雜查詢。與這項工作相比，Map-Join-Reduce 爲多路連接處理提供了內建支持，並且在系統級而不是應用級加入。因此，Map-Join-Reduce 可以用作新的構建塊（除了 MapReduce 之外），爲這些系統生成有效的查詢計畫。

接下來介紹過濾連接聚合，一個 MapReduce 的過濾聚合程式模型的自然擴展，並描述在 Map-Join-Reduce 中的整體資料處理流程。

如前所述，MapReduce 呈現了一個兩階段的過濾聚合資料分析框架，該框架具有執行過濾邏輯和 reducer 的 mappers 聚合邏輯[2] 的功能。在文獻［1］中，map() 函數和 reduce() 函數定義如下：

$$map(k1, v1) \rightarrow list(k2, v2)$$
$$reduce(k2, list(v2)) \rightarrow list(v2)$$

該程式模型主要用於同構的資料集，即由 map() 函數表示的相同過濾邏輯適用於每個元組資料集。爲了將此模型擴展到過濾連接聚合以處理多個異質資料集，除了 map() 和 reduce() 函數之外，還需要第三個 join() 函數，即 joiner。過濾連接聚合資料分析任務涉及 n 個資料集合 D_i，$i \in \{1, \cdots, n\}$，以及這幾個資料集合之間的 $n-1$ 個連接操作。三個函數的簽名如下：

$$map_i(k1_i, v1_i) \rightarrow (k2_i, list(v2_i))$$
$$join_i((k2_{j-1}, list(v2_{j-1})), (k2_j, list(v2_j))) \rightarrow (k2_{j+1}, list(v2_{j+1}))$$
$$reduce(k2, list(v2)) \rightarrow list(v2)$$

除了表示的下標 i 之外，Map-Join-Reduce 中的 map 簽名類似 MapReduce，該下標表示由 map_i 定義的過濾邏輯將應用於資料集 D_i。join 函數 $join_j$，$j \in \{1, \cdots, n-1\}$定義了處理第 j 個加入的元組的邏輯。如果 $j=1$，第一個 $join_j$ 的輸入列表來自 mappers 輸出。如果 $j>1$，第一個輸入列表來自第 $j-1$ 次結果。該 $join_j$ 的第二個輸入列表必須來自 mappers 輸出。從資料庫視角來看，Map-Join-Reduce 的連接鏈相當於一棵左深的樹。目前，它只支持等值連接。對於每個函數 $join_j$，運行時系統保證第一個輸入列表的金鑰等於鍵入的第二輸入列表，即 $k2_{j-1} = k2_j$。reduce() 函數功能的簽名與 MapReduce 相同。Map-Join-Reduce 工作可以連接任意數量的 MapReduce 或 Map-Join-Reduce 工作來形成複雜的資料處理流程並輸出到下一個 MapReduce 或 Map-Join-Reduce 作業。這種連接策略是基於 MapReduce 的資料處理系統的標準技術。

　　這裡給出一個過濾連接聚合作業的具體例子。示例中的資料分析任務是一個簡化 TPC-H Q3 查詢，用來說明 Map-Join-Reduce 的功能。在 SQL 中表示的 TPC-H Q3 作業如下：

```
select
O. orderdate,sum(L. extendedprice)
from
customer C,orders O,lineitem L
where
C. mksegment='BUILDING'and
C. custkey=O. custkey and
L. orderkey=O. orderkey and
O. orderdate<date'1995-03-15'and
L. shipdate>date'1995-03-15'
group by
O. orderdate
```

　　此資料分析任務要求系統應用於所有三個資料集，即客戶、訂單和 lineitem，連接它們並運算相應的聚合。執行此操作的 Map-Join-Reduce 程式分析任務類似於以下偽代碼：

```
map_C(long tid,Tuple t):
//tid:tuple ID
//t:tuple in customer
if t.mksegment='BUILDING'
```

```
emit(t.custkey,null)

map₀(long tid,Tuple t):
if t.orderdate<date'1995-03-15'
emit(t.custkey,(t.orderkey,t.orderdate))

mapₗ(long tid,Tuple t):
if t.shipdate>date'1995-03-15'
emit(t.orderkey,(t.extendedprice))

join₁(long lKey,Iterator lValues,long rKey,Iterator rValues):
for each V in rValues
emit(V.orderkey,(V.orderdate))

join₂(long lKey,Iterator lValues,long rKey,Iterator rValues):
for each V1 in lValues
for each V2 in rValues
emit(V1.orderdate,(V2.extendedprice))

reduce(Date d,Iterator values):
double price=0.0
for each V in values
price+=V
emit(d,price)
```

要啟動一個 Map-Join-Reduce 作業，除了上述僞代碼之外，還需要向運行時系統指定 Joiner 的連接順序。這是透過提供 Map-Join-Reduce 作業規範來實現的。它是一個原始 MapReduce 的作業規範擴展名。這裡只關注 map()、join() 和 reduce() 函數的邏輯。

爲了執行 TPC-H Q3 查詢，三個 mappers（map_C、map_O 和 map_L）被指定爲處理客戶的記錄、訂單和 lineitem。第一個 joiner $join_1$ 處理 $C \bowtie O$ 的結果，即顧客和訂單。對於每個連接的記錄對，它產生一個鍵/值對並將訂單鍵作爲鍵，訂單日期作爲值。然後結果對傳遞到第二個連接器。第二個連接器用 lineitem 連接結果元組的 $join_1$ 並將訂單日期作爲鍵，擴展價格作爲值。最後，reducer 在每個可能的日期上聚合擴展價格。

爲了執行 Map-Join-Reduce 作業，運行系統啟動兩種進程，稱爲 MapTask 和 ReduceTask。Mappers 在 MapTask 進程內運行 ReduceTask 中調用 joiners 和 reducer 進程。MapTask 進程和 ReduceTask 進程與文獻 [1] 中提出的 map worker 進程和 reduce worker 進程語義上等價。Map-Join-Reduce 的進程模型允許流水線之間的中間結果，因爲連接器和減速器在同一個 ReduceTask 進程內運行。Map-Join-Reduce 的故障恢復策略與 MapReduce 相同。在節點故障存在的時候，只需要重新啟動 MapTask 和未完成的 ReduceTask。已完成的 ReduceTask 不需要重新執行。Map-Join-Reduce 中重新啟動的過程與 MapReduce 也是類似的，除了 ReduceTask。除了返回 reduce() 函數，當 ReduceTask 重新啟動時，全部連接者也被重新執行。

Map-Join-Reduce 與 MapReduce 相容。因此，可以透過過濾連接聚合任務進行評估標準的順序資料處理策略。在這種情況下，對於每個 MapReduce 作業，ReduceTask 進程只調用一個唯一的 join() 處理一個中間的雙向連接結果。該資料處理方案的其他細節在此省略。或者，Map-Join-Reduce 還可以透過兩個連續的 MapReduce 作業執行過濾連接聚合任務。第一個作業執行過濾、連接和部分聚合。第二個作業組合部分聚合結果並將最終聚合結果寫入到 HDFS。

在第一個 MapReduce 作業中，運行時系統將輸入資料集分片爲多個塊，然後啟動一組 MapTask 處理分片後的塊，每個 MapTask 處理一個塊。每個 MapTask 都執行一個對應的 map 函數來過濾元組，並行出中間鍵值對。如果 map-side 部分聚合是必要的話，就轉發輸出，並依次分配給分隔器。分隔器在每個 map 輸出上應用一個使用者指定的分區函數並爲一個 reducer 集合創建相應的分區。我們將看到 Map-Join-Reduce 是如何將相同的中間對劃分到許多 reducer 的。可以簡單地說分區是確保每個 reducer 可以獨立地執行中間件上它收到的所有連接。分區的細節將稍後呈現。最後，中間對被排序並透過金鑰寫入本地磁碟。

當 MapTask 完成時，運行系統啟動一套 ReduceTask。每個 reducer 建立一個以使用者指定的順序連接所有連接者的資料結構的連接列表。然後，每個 ReduceTask 遠端讀取（洗牌）與所有 mappers 相關聯的分區。當一個分區成功讀取時，ReduceTask 檢查是否是第一個 joiner 準備好執行。在內存或本地磁碟中，當且僅當其第一和第二輸入資料集已準備就緒時，一個連接器才準備就緒。當一個連接器準備就緒之後，ReduceTask 在其輸入資料集上執行合併連接演算法並在連接結果上觸發其連接功能。ReduceTask 在內存中緩衝連接器的輸出。如果內存緩衝區已滿，它對結果進行排序並將結果分類寫入到磁碟。ReduceTask 重複整個循環直到所有的連接完成。在這裡，洗牌和連接操作相互重疊。然後，最終的連接器的輸出被送入 reducer 進行部分聚合。圖 6-1 描繪了第一個 MapReduce 作業的執行流程。如圖 6-1 所示，資料組 D_1 和 D_2 被切成兩個塊。對於每個塊，啟動 mappers 過濾合格的元組。然後，所有 mappers 的輸出被洗牌並加入連接。最後，最終的連接器的輸出傳遞給 reducer 進行部分聚合。

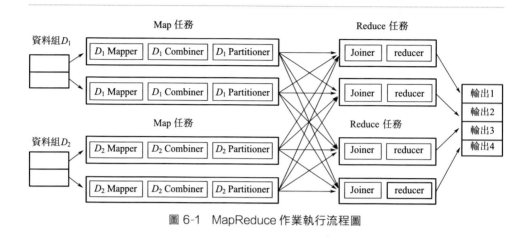

圖 6-1　MapReduce 作業執行流程圖

　　第一個工作完成後，第二個 MapReduce 將啟動，用來將部分結果（通常透過對結果應用相同的減少函數）和最終聚合結果組合到 HDFS。第二個工作是一個標準的 MapReduce 工作，因此，我們省略了它的執行細節。

　　顯然，爲了使上述框架起作用，重要的一步是對 mappers 的輸出進行正確分區，以便每個 reducer 可以在本地連接所有資料集。

　　如果分析任務只涉及兩個資料集，這個問題就很容易解決。考慮加入兩個資料集：

$$R \overset{R.a=S.b}{\bowtie} S$$

爲了將 R 和 S 分配到 n_r 個 reducer，採用分區函數 $H(x)=h(x) \bmod n_r$，其中 $h(x)$ 是連接列中的 R 和 S 中的每個元組的通用散列函數，並且作爲與唯一的 reducer 相關聯的分區簽名的 $H(x)$ 的輸出進行處理。因此，可以相互聯繫的元組最終將轉到同一個 reducer。這種技術相當於標準的平行散列連接演算法，被廣泛應用於當前基於 MapReduce 的系統中。如果每個資料集具有唯一的連接列，該方案對於多個資料集（多於兩個）連接也是可行的。舉個例子，如果要執行下面的連接操作：

$$R \overset{R.a=S.b}{\bowtie} S \overset{S.b=T.c}{\bowtie} T$$

可以在連接列 $R.a$、$S.b$ 和 $T.c$ 上使用相同的分區函數 $H(x)$，並將分區 R、S 和 T 應用於相同的 n_r 個 reducer，以完成一個 MapReduce 作業中的所有連接。然而，如果資料分析任務涉及具有多個連接列的資料集，則上述技術將不起作用。例如，如果執行下面的連接操作：

$$R \overset{R.a=S.b}{\bowtie} S \overset{S.b=T.c}{\bowtie} T$$

不可能使用單個分區函數在一次傳遞中將所有三個資料集分配給 reducer。Map-Join-Reduce 透過利用 k 個分區函數分割輸入資料集來解決這個問題，其中 k 是查詢的衍生連接圖中連接的組件的數量。

下面先給出一個具體的例子，稍後將提供資料分區的一般規則。回顧以前簡化的 TPC-H Q3 查詢。查詢執行 $C \bowtie O \bowtie L$ 用於聚合，其中 C、O 和 L 分別代表客戶、訂單和 lineitem。連接條件是 C. custkey＝O. custkey 和 O. orderkey＝L. orderkey。

我們使用兩個分區函數 $\langle H_1(x)，H_2(x) \rangle$ 將三個輸入資料集劃分到 $n_r=4$ 個 reducers 上，其中分區函數 $H_1(x)$ 作用於 C. custkey 與 O. custkey 列，分區函數 $H_2(x)$ 作用於 O. orderkey 與 L. orderkey 列。函數 $H_1(x)$ 定義爲 $H_1(x)=h(x) \bmod n_1$。函數 $H_2(x)$ 定義爲 $H_2(x)=h(x) \bmod n_2$。爲了便於討論，假設通用散列函數 $h(x)$ 是 $h(x)=x$。要點是分區號 n_1 和 n_2 必須滿足約束 $n_1 n_2=n_r$。假設設置 $n_1=2$ 和 $n_2=2$，然後，每個 reducer 與所有可能結果中的唯一一分區簽名對相關聯。在該示例中，減速器 R_0 與 $\langle 0,0 \rangle$ 相關聯，R_1 與 $\langle 0,1 \rangle$ 相關聯，R_2 與 $\langle 1,0 \rangle$ 相關聯，並且 R_3 與 $\langle 1,1 \rangle$ 相關聯。

現在使用 $\langle H_1(x)，H_2(x) \rangle$ 來分割資料集。從客戶關聯開始，假設輸入鍵值對 t 爲 $\langle 1, \text{null} \rangle$，其中 1 爲 custkey。此 custkey 的分區簽名運算爲 $H_1(1)=1$。因爲客戶沒有列屬性屬於分區函數 $H_2(x)$，所有可能的 $H_2(x)$ 結果都被考慮到了。因此，t 被分配到減速器 R_2：$\langle 1,0 \rangle$ 和 R_3：$\langle 1,1 \rangle$。

相同的邏輯適用於關聯訂單和 lineitem。假設輸入的訂單對 o 爲 $\langle 1,\text{'1995-03-01'} \rangle$，那麼 o 被分配到 R_2：$\langle H_1(1)=1, H_2(0)=0 \rangle$。輸入對的行數 l：$\langle 0,120;34 \rangle$ 被分割爲 R_0：$\langle 0, H_2(0)=0 \rangle$，$R_2$：$\langle 1, H_2(0)=0 \rangle$。現在，所有三個元組都可以加入到 R_2 中。圖 6-2 顯示了整個分區過程。

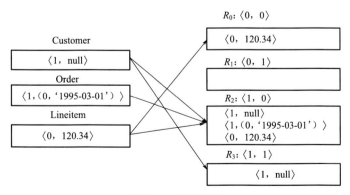

圖 6-2　分區處理

顯然，對於可以連接的三個資料集的任何元組，即 $C(x,\text{null})$，$O(x,(y,\text{date}))$ 和 $L(y,\text{price})$，這些元組最終將被分割爲相同減速器 $R_i:\langle H_1(x),H_2(y)\rangle$。

一般來說，爲了將 n 個資料集分配給 n_r 個 reducer 進行處理，首先需要構建 k 個分區函數

$$H(x)=\langle H_1(x),\cdots,H_k(x)\rangle$$

每個分區函數 $H_i(x)=h(x)\ \text{mod}\ n_i$，$i\in\{1,\cdots,k\}$ 負責分割一組連接列，稱爲 $H_i(x)$ 操作的連接列，由 $\text{Dom}\ [H_i]$ 表示 $H_i(x)$ 的域。約束是所有分區函數中的參數，即 n_i 必須滿足 $\prod_{i=1}^k n_i=n_r$。

當 k 分區功能構建時，分區過程是直接的，如前面的 TPC-H Q3 示例所示。首先，將每個 reducer 與所有可能的分區結果中的唯一簽名 k 維向量相關聯。然後，reducer 將處理屬於分配的分區的中間 mappers 輸出。

對於每個中間輸出對，透過依次在 H 上應用所有 k 個分區函數來運算 k 維劃分簽名。對於 $H_i(x)$，如果中間結果包含屬於 $\text{Dom}\ [H_i]$ 的連接列 c，則 k 維簽名的值爲 $H(c)$，否則可以考慮 $H_i(x)$ 的所有可能的結果。

剩下的劃分問題是：①如何爲查詢建立 k 個分區函數；②如何確定每個分區函數的域 $H_i(x)$；③給定 n_r，分區參數 $\{n_1,\cdots,n_k\}$ 的最佳值是多少。

根據以下定義構建資料分析任務的衍生連接圖：

定義 6.1： 如果 G 中的每個頂點是 Q 中涉及的唯一連接列，並且每個邊是連接 Q 中的兩個資料集的連接條件，則圖 G 稱爲任務 Q 的導出連接圖。

定義 6.2： 衍生的連接圖的連接分量 Gc 是其中任何頂點可以透過路徑到達的子圖。

圖 6-3 顯示了 TPC-H Q3 的衍生連接圖。雖然該模型只支持衍生連接圖沒有循環的查詢，但也涵蓋了很多複雜的查詢，包括 TPC-H。

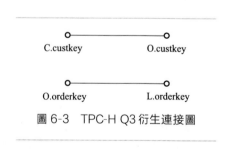

圖 6-3　TPC-H Q3 衍生連接圖

$H(x)$ 構建如下：首先，列舉衍生連接圖中的所有連接的組件。假設找到 k 個連接的組件，那就爲每個連接的組件構建分區函數。分區函數的域是相應連接組件中的頂點（連接列）。例如，TPC-H Q3 的導出連接圖具有兩個連接的部件，如圖 6-3 所示。因此，需要構建兩個分區函數 $H(x)=\langle H_1(x),H_2(x)\rangle$。分區函數的域是每個連接的組件中的頂點（連接列），即

$$\text{Dom}[H_1]=\{\text{C. custkey, O. custkeyg}\}$$

$$\text{Dom}[H_2]=\{\text{O. orderkey, L. orderkeyg}\}$$

Map-Join-Reduce 只將輸入資料集拖放到 reducer，並且不檢查點和隨機播放中間連接結果。中間連接結果透過內存緩衝區或本地磁碟在連接器和 reducer 之間流水線化。一般來說，如果連接選擇性低（是實際工作負載中常見的情況），混合輸入資料集比中間連接結果成本更低。此外，在 reducer 上的混洗和連接操作可以重疊，以加快查詢處理速度。如果它們的輸入資料集已準備好，就立即啟動連接器。

雖然 Map-Join-Reduce 是爲多路連接設計的，但它也可以與現有的雙向連接技術一起使用。假設要執行 $S \bowtie R \bowtie T \bowtie U$。如果 S 足夠小並且可以裝入任何單臺機器的儲存器中，我們可以將 S 加載到處理 R 表的每個 mapper 中，然後在處理 R 表的每個 mapper 中執行 map-side 連接演算法，連接 R 和 S 表。在這種情況下，R 的 mappers 會將元組連接到 reducer 並執行正常的 Map-Join-Reduce 過程以與 T 和 U 進行聚合。此外，如果 R 和 S 已經在可用節點之間的連接列上進行分區，還可以使用 map-side 連接，並將結果洗牌到 reducer 進行進一步處理。

Map-Join-Reduce 的潛在問題是它可能會消耗更多的內存和本地磁碟空間來處理查詢。與之前描述的順序處理策略相比，Map-Join-Reduce 中的 reducer 在 MapReduce 中的 reducer 中收到更多的輸入資料集。在 MapReduce 中，資料集被分解爲全部的 reducer，即每個資料集將被分割成 n_r 個部分，但是在 Map-Join-Reduce 中，資料集可以被劃分成少量的分區。在 TPC-H Q3 示例中，客戶和 lineitem 都被劃分爲兩個分區，可用 reducer 的總數爲 4。因此，與順序查詢處理相比，Map-Join-Reduce 的 reducer 可能需要更大的內存緩衝區和更多的磁碟來保留輸入資料集的空間。解決這個問題的一個可能的解決方案是從雲中分配更多的節點，並利用這些節點來處理資料分析任務。

即使在運算節點數量有限的環境中，仍有一些方法可以解決問題。第一，給定固定數量的 reducer，可以使用之前提出的技術來調整每個分區函數的分區號 n_i，以最小化每個 reducer 接收的輸入資料集部分。第二，可以壓縮 mappers 的輸出並以壓縮格式操作資料，這種技術廣泛應用於列式資料庫系統，以減少磁碟和內存成本。第三，可以採用混合查詢處理策略。例如，假設需要加入六個資料集，但可用的運算資源只允許連接四個資料集一次，那麼可以首先啟動一個 MapReduce 作業來連接四個資料集，將結果寫入 HDFS，然後啟動另一個 MapReduce 作業，加入其餘的資料集進行聚合。這種混合處理策略相當於平行資料庫中的 ZigZag 處理。

將 Map-Join-Reduce 在 Hadoop-0.19.2 版本上進行了實現從而設計出新的系統。雖然大規模資料分析是 MapReduce 的一個新興應用，但並不是所有的 MapReduce 程式都是這樣的。因此，保留 MapReduce 的介面和語義十分重要。必

須確保新的系統能與 Hadoop 二進制相容，並且現有的 MapReduce 作業可以在新系統上順利運行。

新系統爲 Hadoop 引入了新的 API，用於 Map-Join-Reduce 的新功能。由於 MapReduce 主要用於處理單個均勻資料集，因此 Hadoop 提供的 API 僅支持爲每個 MapReduce 作業指定一個對映器（mapper）、組合器（combiner）和分區器（partitioner）。

在 Map-Join-Reduce 中，mapper、combiner 和 partitioner 以資料集的方式定義。使用者使用以下 API 爲每個資料集指定 mapper，combiner 和 partitioner：

```
TableInputs.addTableInput(path,mapper,combiner,partitioner)
```

在上述代碼中，路徑指向儲存資料集的 HDFS 中的位置，而 mapper、combiner 和 partitioner 定義使用者創建的用於處理資料集的 Java 類。addTableInput() 的轉回值是一個整數，用於指定資料集 ID（Map-Join-Reduce 中稱爲表 id）。表格 id 用於指定連接輸入資料集，並用於系統執行各種各樣的資料集操作，例如啟動相應的 mapper 和 combiner。

遵循 Hadoop 的原則，在 Map-Join-Reduce 中，連接器（joiner）也被實現爲 Java 介面。使用者透過創建一個 joiner 類並實現 join() 函數來指定連接處理邏輯。Joiners 在系統中註冊如下：

```
TableInputs.addJoiner(leftId,rightId,joiner)
```

joiner 的輸入資料集由 leftId 和 rightId 指定。兩個 ID 都是由 addTableInput() 或 addJoiner() 返回的整數。addJoiner() 的轉回值表示生成的表 id。因此，joiner 可以連接。如前所述，爲了簡化實現，joiner 的正確輸入必須是源輸入，即由 addTableInput() 添加的資料集，只有左輸入可以是 joiner 的結果。例如，TPC-H Q3 查詢的規格描述如下：

```
C=TableInputs.addTableInput(CPath,CMap,CPartitioner)
O=TableInputs.addTableInput(OPath,OMap,CPartitioner)
L=TableInputs.addTableInput(LPath,LMap,CPartitioner)
tmp=TableInputs.addJoiner(C,O,Join1)
TableInputs.addJoiner(tmp,L,Join2)
```

在啟動 MapReduce 作業之前，需要將資料集分成多個塊。每個塊在 Hadoop 中稱爲 FileSplit。新系統中實現了一個 TableInputFormat 類來拆分啟動 Map-Join-Reduce 作業的多個資料集。TableInputFormat 遍歷由 addTableInput() 生成的資料集列表。對於每個資料集，它採用常規的 Hadoop 代碼將資料集的文件分解成 FileSplits。當收集處理資料集的所有 FileSplits 時，TableInputFormat 透過附加資訊（包括表 id、mapper 類、combiner 類和 partitioner 類）將每個 FileSplit 重寫爲 TableSplit。當生成所有資料集的 TableSplits 時，TableInputFormat 首

先按存取順序對這些拆分進行排序，然後按拆分大小排序。這是爲了確保首先加
入的資料集將有更大的機會掃描。

當 MapTask 啟動時，它首先讀取分配給它的 TableSplit，然後從 TableSplit 中
解析資訊，並啟動 mapper、combiner 和 partitioner 來處理資料集。總的來說，除了
分區之外，MapTask 的工作流程與原始的 MapReduce 相同。這裡有兩個問題。第
一，在 Map-Join-Reduce 中，中間對的分區簽名是 k 維向量。但是，Hadoop 只能
基於單個值分區簽名來洗牌中間對。第二，Map-Join-Reduce 需要將相同的中間對
重新混合到許多 reducer。但是，Hadoop 只能將相同的中間對拖動到一個 reducer。

爲了解決第一個問題，它將 k 維簽名轉換爲單個值。給定 k 維分割簽名 $S=$
$\langle x_1, \cdots, x_k \rangle$ 和 k 分區函數參數 $\{n_1, \cdots, n_k\}$，單個簽名值 s 運算如下：

$$s = x_1 + \sum_{i=2}^{k} x_i n_{i-1}$$

對於第二個問題，初始化方法涉及將相同的中間對寫入磁碟幾次。假設需要
洗牌一個中間的鍵值對 I 到 m 個 reducer，可以在 map 函數中發出 m 次個 I。每
個 I_i 與不同的分區向量相關聯。然後 Hadoop 能夠將每個 I_i 洗牌到一個獨特的
reducer。但是，這種方法會將 I 轉儲到磁碟 m 次，並在 map-side 引入了巨大的
I/O 開銷。

系統採用了替代方案來糾正這個問題。首先，將 Hadoop 的分區界面擴展到
TablePartitioner 界面，並添加一個新的函數，可以將一組 reducer id 作爲洗牌目
標返回。新功能如下：

```
int[]getTablePartitions(K key,V value)
```
然後 MapTask 收集和排序所有的中間對。根據 getTablePartition() 函數的返回
資訊，將排序組對同一組 reducer 進行混洗到分區中，並根據鍵對每個分區中的
訂單對進行排序。使用這種方法，相同的中間對僅寫入磁碟一次，因此不會引入
額外的 I/O。

ReduceTask 的結構也類似於原來的 Hadoop 版本。唯一的區別是它擁有多
個資料集作業的計數器陣列，每個資料集一個。對於每個資料集，計數器最初設
置爲 reducer 需要連接以進行混洗資料的 mappers 總數。當從某個 mapper 成功
讀取分區時，ReduceTask 會減少相應的計數器。當讀取資料集所需的所有分區
時，ReduceTask 將檢查連接器列表正面的 joiner。如果 joiner 準備就緒，Reduc-
eTask 將執行合併連接演算法，並調用 joiner 的 join 函數來處理結果。

（1）最佳化方案

除了前面所述的相關改進外，系統還額外採用了三種最佳化策略。以下分別
對它們進行介紹。

① 加速解析　參照 MapReduce 的思想，Map-Join-Reduce 被設計爲與儲存

方式無關。因此，使用者必須對儲存在 map 函數和 reduce 函數中的輸入鍵/值對的值記錄進行解碼，這種運行時的資料解碼過程將導致極大的開銷。

解碼策略通常有兩種方法：不可變解碼與可變解碼。不可變解碼方法將原始資料轉換爲不可變的只讀對象，使用這種方法，解碼 400 萬條記錄會產生 400 萬個不可變對象，從而將導致極大的 CPU 開銷。以前的研究中，資料解析性能不佳，正是因爲採用了這種不可變解碼方法。

爲了減少記錄解析中的問題，系統在 Map-Join-Reduce 中採用可變解碼方案。這個想法比較簡單：爲了從資料集 D 解碼記錄，根據 D 的模式創建一個可變對象，並使用該對象來解碼屬於 D 的所有記錄。這樣一來，無論多少條記錄被解碼，最終只有一個可變對象被創建。基準下的測試結果表明，可變解碼相較不可變解碼存在四倍的性能優勢。

② 調整分區功能　在 Map-Join-Reduce 中，連接操作中一個中間對可以被多個 reducer 洗牌。爲了節省網路頻寬和運算開銷，關鍵要確保每個 reducer 只接收了最少數量的中間對進行處理。

假設過濾連接聚合任務 Q 涉及 n 個資料集 $D = \{D_1, \cdots, D_n\}$。導出的連接圖包括 k 個連接的組件，相應的分區函數爲 $\mathcal{H} = \{H_1(x), \cdots, H_k(x)\}$，各自的分區數爲 $\{n_1, \cdots, n_k\}$。對於各資料集合 D_i，m_i 分區函數 $\mathcal{H}_i = \{H_{m_1}(x), \cdots, H_{m_i}(x)\}$ 用於分割連接列。最佳化的關鍵在於設法使每個 reducer 收到最小化數量的中間對，形式化表示如下：

$$最小化\ F(x) = \sum_{i=1}^{n} \frac{|D_i|}{\prod_{j=1}^{m_i} n_j}$$

$$滿足條件\ \prod_{i=1}^{k} n_i \Rightarrow n_r (n_i \geqslant 1\ 爲整數)$$

在上述問題的公式定義中，n_r 爲使用者指定的 ReduceTask 的數量。與 MapReduce 一樣，數字 n_r 通常設置爲從節點數量的若干倍。該最佳化問題可以等同於一個非線性的整數規劃程式。一般來說，非線性整數規劃是一個 NP-hard 問題，並且不存在高效的演算法來解決它。然而，在這種情況下，如果 reducer 的個數 n_r 很小，那麼可以枚舉所有可行方案以求得對象函數 F 的最小值。然而，如果 n_r 較大，例如 10000，那麼找到四個分區函數的最佳分區個數就需要 $O(10^{16})$ 規模級的運算個數，那麼該方法就不可行了。

如果 n_r 較大，可以使用啟發式方法來解決最佳問題並且求得一個效果相對不錯的近似最佳解。對於一個非常大的 n_r 值，首先將其向下轉化爲一個值 $n'_r \leqslant n_r$，其中 $n'_r = 2^d$。此後，用 n_r 代替 n'_r 並重新設定如下約束。

$$\prod_{i=1}^{k} n_i = n'_r$$

在約束重寫後很容易發現，各 n_i 必須爲 2 的冪次（$n_i = 2^{j_i}$，j_i 爲整數），因此，約束還可以進一步被寫爲：

$$\sum_{i=1}^{k} j_i = d$$

如此一來，可以用枚舉的方法來求得 j_i，$i \in \{1, \cdots, k\}$ 的最佳值，使得對象函數取得最小值。此處的運算複雜被簡化爲 $O(d^k)$。

現在構建了一個代價模型，並透過以下方式分析了評估過濾連接聚合任務的 I/O 代價：原始 MapReduce 採用的標準順序資料處理策略，Map-Join-Reduce 引入的替代資料處理策略。將整個叢集視爲一臺電腦，並估計這兩種方法的總體 I/O 代價。兩種方法之間的區別在於連接多個資料集的方法。最終聚合的步驟是相同的，所以僅考慮連接階段。

對於串行式的資料處理過程，多路連接操作透過一組 MapReduce 作業來進行評估。I/O 代價 C_s 是所有 map 函數和 reduce 函數的 I/O 代價的總和，這相當於掃描和洗牌輸入資料集合併求解中間連接結果。

$$C_m = 2 \Big(\sum_{i=1}^{n} |D_i| + \sum_{j=1}^{n-1} |J_j| \Big)$$

上式中 $|J_j|$ 爲第 j 個連接結果的個數（大小）。上式的係數爲 2，由於輸入資料集和中間結果首先都需透過 mapper 從 HDFS 中被讀取，然後由 reducer 進行洗牌與處理，因此需要引入兩段 I/O 開銷。

對於單相連接處理，輸入資料集首先由 mapper 讀取，然後複製到多個 reducer 中進行連接。因此總的 I/O 開銷 C_p 爲

$$C_p = \sum_{i=1}^{n} |D_i| + \sum_{i=1}^{n} \prod^{H_j \notin \mathcal{H}_i} (n_j |D_i|)$$

比較 C_s 與 C_p，顯然如果中間連接結果很大，則檢查點操作和對中間結果的洗牌操作的 I/O 開銷將高於在多個 reducer 上對輸入資料集進行複製的開銷，故單相連接處理相比順序資料處理更爲高效。

③ 加速最終合併　在 Map-Join-Reduce 中，爲了進行最終聚合運算，第二個 MapReduce 作業通常需要處理大量的小文件。這是因爲第一個 MapReduce 作業啟動了大量的 reducer 來處理連接和部分聚合操作，並爲每個 reducer 生成了一個部分聚合結果文件。

目前，Hadoop 按每個文件的方式調度各個 mapper，一個 mapper 對應各個文件。如果要處理的文件有 400 個，則至少有 400 個 mapper 才能啟動。這種分

配方案對於第二次合併作業來說效率相當低。在連接操作和部分聚合操作之後，第一個作業生成的部分結果文件通常很小（一般幾千位元組）。然而，可以觀察到 100 個節點叢集中 mapper 的啟動成本約爲 7～10s，是實際資料處理時間的幾千倍。

爲了加快最終合併的處理過程，系統採用了另一種調度策略來實現第二個 MapReduce 作業。不是按照每個文件的方式調度 mapper，而是安排一個 mapper 來處理多個文件來放大有效載荷。使用這種方法，在第二個作業中需要的 mapper 數量將大大減少。在 TPC-H 查詢的實驗中，合併操作的通常的時間花費大約爲 15s，這大致接近了啟動 MapReduce 作業時的最低（時間）花費。

（2）實驗

下面透過基準測試來研究 Map-Join-Reduce 系統的性能。該測試包含了五個任務。在第一個任務中，實驗評估系統的元組解析技術的性能，並研究該方法是否可以降低運行時解析中的 CPU 成本。然後，使用 TPC-H 測試基準中的四項分析任務，以 Hive 系統作爲評估參照，對 Map-Join-Reduce 進行基準測試。

① 基準環境　所有基準測試都是在 Amazon EC2 Cloud 上完成的。每臺具有 7.5GB 內存，4 個 EC2 運算單位（2 個虛擬內核），420GB 實例儲存，並運行 64 位平臺的 Linux Fedora 8 操作系統。大型實例的原始磁碟速度大約爲 120MB/s，網路頻寬約爲 100MB/s。對於分析任務，實驗分別在 10 個、50 個和 100 個節點的群集大小進行性能評估。Map-Join-Reduce 系統的實現基於 Hadoop v0.19.2，並使用增強型 Hadoop 來運行所有基準測試。Java 系統版本號爲 1.6.0＿16。

a. Hive 系統設定。實驗選擇 Hive 作爲參照系統出於兩方面的原因：第一，Hive 代表最先進的基於 MapReduce 的系統，處理複雜分析工作負載；第二，Hive 已經使用 TPC-H 進行了基準測試，並行佈了 HiveQL，SQL 查詢聲明語言、腳本和 Hadoop 配置。這簡化了設置 Hive 以運行和調整參數，從而獲得更好的性能。

實驗嚴格遵照 TPC-H 基準下 Hive 所採用的 Hadoop 配置，只做了一些極小的修改。第一，設置每個從節點同時運行兩個 MapTask 和兩個 ReduceTask，而不是四個，因爲每個節點中只有兩個核心。第二，排序緩衝區設置爲 500MB，以確保 MapTask 可以在內存中保存所有中間對。此設置使兩個系統（Map-Join-Reduce 和 Hive）都運行得更快一些。第三，HDFSblock 大小設置爲 512MB，而不是 TPC-H 基準測試中使用的 Hive 的 128MB。這是因爲，雖然 Hive 將塊大小設置爲 128MB，但是在每個查詢中手動將最小塊分割大小設置爲 512MB。MapTask 應該處理合理大小的資料塊來分攤啟動成本。所以直接使用 512MB 的塊大小。Hive 在其基準測試中啟用地圖輸出壓縮。目前 Map-Join-Reduce 系統

不支持壓縮，因此禁用了壓縮。禁用壓縮將不會顯著影響性能，根據 Hive 發佈的另一個基準測試結果，壓縮只能將性能提高不到 4％。最後一項修改是啟用 JVM 任務重用。

b. Map-Join-Reduce 的系統設定。Map-Join-Reduce 與 Hive 共享相同的 Hadoop 設置。此外，joiner 輸出緩衝區設置爲 150MB。

② 元組解析性能研究　該基準研究是否可以減少 MapReduce 的運行時解析成本。由於 Hive 是一個完整系統，無法只測試其解析組件。因此，實驗將解析庫（稱爲 MJR 方法）與文獻［4］中使用的代碼（稱爲 Java 方法）進行比較。這兩種方法之間的區別在於，MJR 方法不會在拆分和解析時創建臨時對象，而 Java 方法可以。

實驗中，創建一個單節點叢集並用 725MB 的訂單項資料集填充 HDFS。運行兩個 MapReduce 作業來測試性能。第一個作業透過從輸入中讀取一行作爲元組，然後根據分隔符「|.」將其拆分爲欄位來提取元組結構。第二個工作將元組分割成欄位並解析兩個日期列，即 l_commitdate 和 l_receiptdate，來比較哪個日期早。這裡的運算僅用於測試目的。重點在於研究解析成本是否可以接受。

這兩個作業只具有 map 功能，不會將輸出產生到 HDFS。最小文件分割大小設置爲 1GB，以使對映器將整個資料集作爲輸入。實驗只報告對映器的執行時間，忽略作業的啟動成本。圖 6-4 爲運行結果，左側的兩列代表用於拆分和解析元組的時間 MJR 代碼。右邊兩列記錄 Java 代碼的執行時間。可以看到採用的劃分函數運行比 Java 代碼快四倍。另外，解析兩個列實際上只引入很少的開銷（少於 1s）。運行時解析中的成本主要是由於創建了臨時的 Java 對象。透過適當的編碼，大部分開銷可以被抵消。

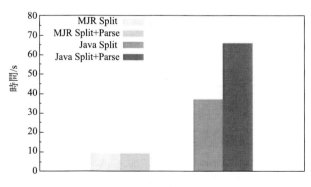

圖 6-4　元組解析結果

③ 分析任務　以 Hive 爲參照進行 Map-Join-Reduce 的基準測試。原始的

Hive 的 TPC-H 基準測試運行在具有 11 個節點的叢集上，其中 10 個節點用於處理 TPC-H 下的 100GB 資料集，即每個節點負責 10GB 的資料處理量。每個從節點有 4 個內核、8GB 內存、4 個硬碟、1.6TB 空間。但是，實驗中的 EC2 實例只有 2 個內核、7.5GB 內存和 1 個硬碟。因此，爲了在合理的時間框架內完成基準測試，令每個節點處理 5GB 資料。由於分別使用了 10 個、50 個和 100 個節點的叢集，按序有三個資料集，大小分別爲 50GB、250GB 和 500GB。不巧的是，Hive 無法使用 500GB 資料集執行所有四個分析查詢。JVM 在查詢處理過程中，將遇到的各種運行時異常拋出（例如「超出 GC 開銷限制」這類異常）。由於在標準的 Hadoop v0.19.2 版本上運行 Hive 時發生同樣的問題，因此該問題產生的原因並不是實驗對 Hadoop 配置做出的修改。因此，對於 500GB 資料集，實驗只給出 Map-Join-Reduce 的結果。對於 100 節點叢集，實驗將資料集大小減小到 350GB，以便 Hive 可以完成所有四個查詢。

實驗選擇四個 TPC-H 查詢進行基準測試，即 Q3、Q4、Q7 和 Q9。每個查詢執行三次，報告運行三次並取平均值。對於 Hive，使用的是 0.4.0 版本。HiveQL 腳本也可用於查詢提交。Map-Join-Reduce 的所有程式都是手工編碼的。對於每個查詢，使用 Hive 指定相同的連接順序。當資料集和結果重複兩次時，設置 HDFS 中的冗餘參數 r 爲 3（也就是說儲存三份資料，一份原件兩份復件）。在不使用複製的情況下，在前文研究了複製對性能的影響。資料由 TPC-H DB-GEN 工具生成，作爲文字文件加載到 HDFS。實驗不會報告加載時間，因爲兩個系統都直接對文件執行查詢。

列出每個查詢的 SQL 和 HiveQL 腳本是很有用的。但是，完整列表將佔用太多頁面。因此，只在 Hive 中呈現每個查詢的執行流程。Hive 能夠基於輸入大小動態確定所需要的 reducer 個數。然而，Map-Join-Reduce 可以讓使用者更自由地指定要使用的 reducer 數量。爲了進行公平的比較，實驗將 reducer 的數量設置爲不超過 Hive 在處理同一查詢中使用的 reducer 的總數。例如，如果 Hive 使用 50 個 reducer 來處理一個查詢，那麼在 Map-Join-Reduce 中的 reducer 數量就設置爲不超過 50 個。實驗無法將 reducer 的數量設置爲與 Hive 相同，這是因爲某些 reducer 編號（例如素數）將使得無法構建分區功能。

a. TPC-H Q4。此查詢將 lineitem 與 order 進行連接操作，並根據 order 的優先級對 order 進行計數。Hive 使用四個 MapReduce 作業來評估此查詢。第一個作業將 l_orderkeys 中唯一的 l_orderkeys 的寫入 HDFS。第二個作業將唯一的 l_orderkeys 與 orders 相加，並將連接結果寫入 HDFS。第三個作業對連接後的元組進行聚合操作，並將聚合結果寫入 HDFS。第四個作業將結果合併成一個 HDFS 文件。

Map-Join-Reduce 啟動兩個 MapReduce 作業評估查詢。第一項作業對 lineitem 和 orders 執行一般過濾、連接和部分聚合操作。第二項工作對所有部分聚合的結果進行匯總，爲 HDFS 產生最終響應。此查詢的分區函數很簡單。由於查詢中只涉及兩個資料集，所以一個分區函數就足夠了。它將元資料從 lineitem 和指令分配到所有可用的 reducer。實驗將 reducer 的數量設置爲 Hive 啟動的第一個和第二個作業中的 reducer 的總和。

　　圖 6-5 對各個系統的運行性能進行了展示。普遍來說，Map-Join-Reduce 比 Hive 的效率快兩倍。造成 Hive 比 Map-Join-Reduce 效率低的主要原因是：Hive 使用兩個 MapReduce 作業來加入 lineitem 和 order，這個計畫導致 J_1 生產的中間結果在連接 J_2 時被再次洗牌。事實上，爲了加快向 HDFS 中編寫獨特的 l_orderkeys 的效率，Hive 已經在 J_1 中對這些鍵進行了分區和洗牌。如果這個洗牌也可以應用到 J_1 中，進而洗牌所有合格的 order 元組並使其在 reducer 中進行連接，那麼我們認爲 Hive 能夠與 Map-Join-Reduce 擁有相同的性能。

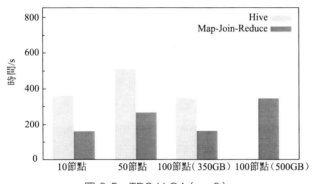

圖 6-5　TPC-H Q4（$r = 3$）

　　b. TPC-H Q3。Hive 使用五個 MapReduce 作業運行 Q3。第一項作業 J_1 將 customer 和 order 中的合格元組進行連接並將連接結果 I_1 加到 HDFS。第二項作業 J_2 連接 I_1 和 lineitem，並將結果 I_2 寫入 HDFS。第三項作業 J_3 在組鍵上聚合 I_2。第四項作業 J_4 按照收入的降序排列匯總結果。最後的作業 J_5 將結果限制在最大收入的 10 大訂單中，並將這 10 個結果元組寫入 HDFS。

　　Map-Join-Reduce 系統可以處理具有兩個作業的查詢。第一個工作掃描所有三個資料集，並將合格的元組洗牌到 reducer。在減速器側，連接兩個連接器以連接所有元組。連接順序與 Hive 的相同，即首先加入訂單和客戶，然後用 lineitem 加入結果。在部分聚合中，第一個作業中的 reducer 保持一個堆，以保持最大收入的前 10 個元組。第二個工作組合了部分聚合，並產生最終的查詢答案。爲第一個作業構建了兩個分區函數來分配中間對。分區功能的域名爲 Dom $[H_1] = \{c\_custkey, o\_custkey\}$ 和 Dom $[H_2] = \{l\_orderkey, o\_orderkey\}$。實驗中

將第一個工作中使用的 reducer 的數量設置爲接近於 J_1、J_2 和 J_3 中使用的 reducer 的總和。每個分區功能中的分區編號透過前文提到的蠻力搜索演算法進行調整。

圖 6-6 說明了此基準測試任務的結果。雖然 Map-Join-Reduce 可以在一個作業中執行所有連接，但它運行只比 Hive 快兩倍。這是因爲中間連接結果很小（相對於輸入）。因此，檢查中間連接結果並將這些結果在整個作業中進行洗牌並不會引起太多的開銷。在 350GB 的資料集中，Hive 的第一項工作只能將 1.7GB 的中間結果寫入 HDFS，這遠遠小於輸入資料集。由於 Map-Join-Reduce 在每個處理節點中可能需要更多的內存和磁碟空間，所以這個結果表明，如果運算資源不足並且中間結果很小，則應該使用順序處理，而不會有太多的性能下降。

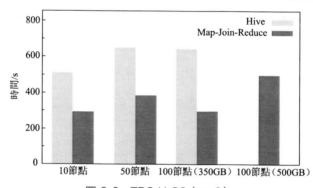

圖 6-6　TPC-H Q3（$r=3$）

c. TPC-H Q7。Hive 將此查詢編譯爲 10 個 MapReduce 作業。前 4 個作業基於 nation 表執行自連接，以便在給出的 nation 名字系列上找出所需要的 nation 組鍵。已經找到的組鍵作爲臨時結果 I_1 被寫入 HDFS。此後，另外 4 個表用來連接 lineitem、orders、customer、supplier 和中間結果 I_1。最後，另外 2 個附加的作業被啟動來運算聚合值、order 結果元組，並將它們儲存在 HDFS 中。

不同於 Hive 中的複雜性，Map-Join-Reduce 只需要兩個 MapReduce 作業來評估查詢。Map-Join-Reduce 的簡單性即是它的優勢，同時就像預期的那樣，Map-Join-Reduce 相比 MapReduce 在表達複雜的分析邏輯時更具易用性。如果使用者更喜歡編寫程式來分析資料，則此功能就變得非常重要了。在第一個 MapReduce 作業中，mapper 平行掃描資料集。將 nation 加載到 mapper 的儲存器中，此類 mapper 掃描 supplier 和 customer 表，並將其進行 map 連接。減速機側的邏輯趨於正常。與 Hive 的連接順序相關聯的三個連接器，將元組進行連接，並將結果推送到 reducer 進行聚合。此爲還建立了三個分區功能。它們的域名是

```
Dom[H₁]={s_custkey,l_custkey}
```

Dom[H_2]＝{c_custkey,o_custkey}

Dom[H_3]＝{o_orderkey,l_orderkey}

在組金鑰排序的部分，聚合組合在第二個作業中以生成最終的查詢結果。實驗還使用強力搜索方法進行參數調整。

圖 6-7 介紹了兩種系統的性能。平均情況下，Map-Join-Reduce 比 Hive 快三倍。這種顯著的性能提升是因爲避免了檢查點和洗牌機制。在使用 350GB 資料集的測試中，Hive 需要向 HDFS 寫入超過 88GB 的資料。所有這些資料需要在下一次 MapReduce 作業中再次進行混洗。頻繁地洗牌這樣大量的資料會帶來巨大的性能開銷。因此，Hive 比 Map-Join-Reduce 慢得多。

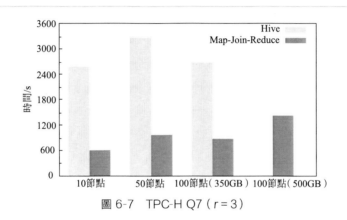

圖 6-7　TPC-H Q7（$r＝3$）

d. TPC-H Q9。Hive 將此查詢編譯爲 7 個 MapReduce 作業。其中 5 個工作是加入連接 lineitem、supplier、partsupp、part 以及 orders。然後，另外還有 2 個工作可以進行聚合和排序。Map-Join-Reduce 透過 2 個 MapReduce 作業始終執行查詢。該過程與以前的查詢類似。因此，這裡只列出分區函數，而省略掉其他細節部分。分區函數的域是

Dom[H_1]＝{s_suppkey,l_suppkey,ps_suppkey}

Dom[H_2]＝{l_partkey,ps_partkey,p_partkey}

Dom[H_3]＝{o_orderkey,l_orderkey}

同樣在 map 端也進行 supplier 與 nation 的連接操作。

圖 6-8 中展示了這項基準下的結果。此類查詢體現出了兩類系統之間最大的性能差距。Map-Join-Reduce 的運行效率相比 Hive 快了近四倍。這是因爲 Hive 需要檢查點並重新排列大量的中間結果。在具有 100 個節點的 350GB 資料集的測試中，Hive 需要對超過 300GB 的中間連接結果進行 checkpoint 與 shuffle 操作。雖然 Map-Join-Reduce 依然會在第一個作業的 reducer 中爲了保存輸入資料集和連接結果而引入超過 400GB 的磁碟 I/O 存取，但是在本地磁碟上的資料讀

取與寫入顯然相比透過網路進行資料結果的洗牌有更小的開銷。因此，這裡能有顯著的性能提升主要就是歸功於 Map-Join-Reduce 具有進行本地化資料連接操作的功能，這是它的另一項優勢。

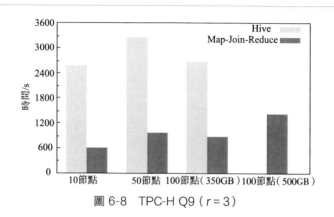

圖 6-8　TPC-H Q9（$r=3$）

e. 冗餘影響。實驗透過將冗餘因子設定爲 $r=1$，來研究冗餘對系統性能的影響。在此設定下，資料集和中間結果將不被 HDFS 複製，因此它們僅有一個副本。由於 Hive 未能處理 500GB 資料集，因此只對 350GB 資料集在 100 個節點的叢集中進行此測試。

圖 6-9～圖 6-12 展示了該基準下的測試結果。其中，實驗並未在任何系統中觀察到顯著的性能提升。Map-Join-Reduce 性能對冗餘度不敏感，這是合理的，原因在於冗餘備份僅會對寫入 HDFS 中的資料量產生影響，而 Map-Join-Reduce 僅將小部分聚合寫入 HDFS。還可以觀察到，在某些設置中，Map-Reduce-Join 運行速度比使用三級冗餘的運行版本稍慢一點，這是因爲較少的冗餘增加了 JobTracker 調度非本地 map 任務的機率。

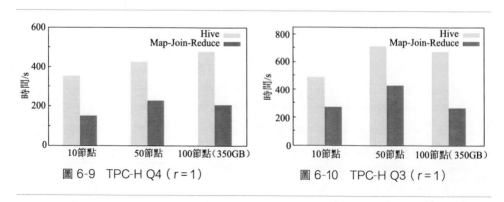

圖 6-9　TPC-H Q4（$r=1$）　　　　圖 6-10　TPC-H Q3（$r=1$）

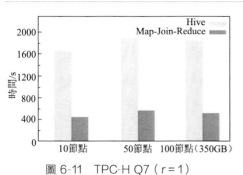

圖 6-11　TPC-H Q7（$r=1$）

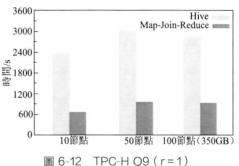

圖 6-12　TPC-H Q9（$r=1$）

對於產生較少的中間結果的任務（如 Q3 和 Q4），Hive 同樣沒有性能上的提高。然而，對於產生較多中間結果的查詢（如 Q9），將冗餘數設置爲 1 後，可以將 Hive 的性能提高 10％。

6.2　大數據串流處理技術

流式大數據是一個無限的單向資料序列，序列中每條記錄由產生該記錄的時間戳唯一標識。流式大數據是一類廣泛存在的大數據。如，搜索引擎的搜索詞資料流、Twitter 資料流、感測器資料流等。與其他類型的大數據相比，流式大數據有兩個重要的排他屬性：無限性、時序性。由於流式大數據是無限的資料序列，因此流式處理採取處理之後即丟棄的策略，即每條記錄至多處理一次，且處理之後即丟棄原始記錄。由於流式大數據具有單向時序性，因此流式處理需要按照特定的時間順序處理接收到的記錄。具體實現時，流式系統多採取時間窗的方式處理流式資料，即按照記錄產生的順序將記錄編排進不同的時間窗口，當一個時間窗口滿時，依次處理窗口中的每條記錄。

流式處理有相當多的應用，如異常檢測、即時統計等。大數據管理系統採用流式運算框架支持流式大數據應用的開發。流式運算框架可以令應用開發人員以透明的方式開發流式應用。使用流式運算框架，應用開發人員只需要開發處理每一條流式記錄的邏輯，流式運算框架自動地將該運算分散在運算叢集中，應對資料產生速度快帶來的挑戰，並提供透明的容錯支持，保證資料處理的正確性。本節以 Google 開發的 MillWheel[17] 系統爲例，介紹流式大數據處理技術。本節首先討論一個典型的流式大數據應用 Zeitgeist[17]，引出流式運算框架需要支持的特性，然後介紹 MillWheel 系統的程式模型和具體實現。

6.2.1 系統設計動機與需求

Zeitgeist 是 Google 用於監控異常搜索詞的系統[17]。該系統可以即時輸出滿足「尖峰」或「傾斜」條件（稱爲異常條件）的搜索詞。爲動態地調整異常條件，該系統對每個網頁查詢（即搜索詞）建立了統計模型。該模型能夠儘快識別出「尖峰」或「傾斜」條件，但對預期流量變化（例如傍晚的「電視節目表」）不會產生誤報。例如，Zeitgeist 助力於 Google 的焦點趨勢服務，這些服務往往依賴於最新資訊。圖 6-13 顯示了 Zeitgeist 系統的處理流程。

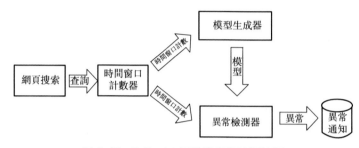

圖 6-13　Zeitgeist 異常搜索詞檢測流程

爲了實現 Zeitgeist 系統，開發人員採用 1s 大小的時間窗口聚合輸入的搜索詞，即每次運算最近 1s 內的搜索詞流量，並將每個時間窗口的實際流量與模型預測的預期流量進行比較。如果該查詢的流量在多個時間窗口上都不同，那麼 Zeitgeist 就認爲該查詢是一個異常查詢。與此同時，Zeitgeist 利用新接收的資料更新模型以供將來使用。Zeitgeist 是一個典型的流式大數據應用，它具有如下幾個特點。

① 持久儲存：Zeitgeist 實現對短期和長期儲存都有需求。尖峰查詢可能只持續幾秒鐘，因此只依賴於一個小窗口的狀態，而模型資料可能對應於幾個月的連續更新。

② 低水位：一些 Zeitgeist 使用者關注檢測流量「傾斜」，在這種情況下查詢量通常表現爲異乎尋常的低。在一個接收來自世界各地的資料輸入的分散式系統中，資料到達時間並不嚴格對應於其生成時間（這裡爲搜索時間），所以重要的是如何區分查詢是受到線路延遲阻塞，還是根本就不存在。流式處理系統需要爲每個處理階段（例如窗口計數器、模型運算器）的輸入資料設置一個低水位來解決這個問題，低水位會一直追蹤分散式系統中的所有未決事件，直到給定時間戳的所有資料都已被接收。使用低水位能夠區分上述兩種情況——如果低水位前進超過了時間 t 而沒有查詢到達，那麼我們有較大的把握認爲，查詢沒有產生而非

沒有到達。低水位機制消除了流式系統對輸入嚴格單調性的要求。

③ 消冗：對於 Zeitgeist，運算重複的查詢會導致虛假的峰值。流式運算框架需要提供記錄消冗特性，而非依靠應用開發人員創建自己的資料消冗機制。並且，流式資料處理框架應該提供資料處理的正確性，而非依賴使用者手動編寫代碼實現狀態更新、回滾或處理各種故障情況。

MillWheel 就是 Google 中用以解決上述問題的串流處理框架，它具有以下特點。

① 資料一旦發佈後，即可被消費者獲得。

② 持久狀態抽象應該用於使用者代碼，並且應該被整合到系統的整體一致性模型中。

③ 無序資料應該由系統適當地處理。

④ 資料時間戳的單調遞增的低水位應由系統運算。

⑤ 當系統擴展到更多的機器時，延遲應該保持不變。

⑥ 系統應該提供準確的一次交付記錄。

6.2.2　MillWheel 程式模型

抽象地說，MillWheel 任務是一個使用者定義的用於產生輸出資料的輸入資料轉換圖。圖中的轉換稱為「運算」。每一種轉換都可以自動地在任意數量的機器上平行化執行，使用者不必關心負載平衡、任務分派等平行執行細節。在圖 6-13 所示的 Zeitgeist 系統中，輸入是一個連續到達的搜索查詢集合，而輸出是一組「尖峰」或「浸入」的查詢（即異常查詢）。

MillWheel 中的輸入和輸出由〈鍵,值,時間戳〉的三元組表示。鍵是系統中具有語義含義的元資料欄位，值可以是任意的位元組串，對應整個記錄。使用者代碼運行的上下文範圍是一個特定的鍵，每個運算可以根據其邏輯需要為每個輸入源定義鍵。三元組中的時間戳由使用者指定，通常為事件發生時的掛鐘時間。MillWheel 將根據這些值運算出低水位。

綜上概述，一個 MillWheel 任務是一個資料流圖，一個運算的輸出成為另一個運算的輸入，依此類推。使用者可以動態地在拓撲中添加和移除運算，而無需重新啟動整個系統。在處理資料和輸出記錄時，運算可以任意組合、修改、創建和刪除記錄。

MillWheel 的流式處理模型具有冪等性。只要應用程式使用系統提供的狀態和通訊程式設計介面，使用者就只需專注於應用程式邏輯，無需關心故障恢復，系統會自動重算失效記錄，並利用冪等性保證處理結果的正確性。對每個實例化的運算環境，MillWheel 提供一個邏輯上的持久性儲存系統，允許使用者進行以

鍵爲粒度的聚合運算。最後，MillWheel 提供系統內建的消冗機制，保證輸入記錄至多只會被成功地處理一次（在故障情況下，輸入記錄可能被重複處理多次，但這種重複處理不會改變資料處理地正確性，因爲只有成功處理的結果才會被傳遞到後續運算中）。

6.2.3　MillWheel 程式設計介面

MillWheel 實現了流式系統的基本元素。如圖 6-14 所示是使用者使用有向圖定義運算的拓撲結構，該拓撲結構中的每一個運算都可以獨立地處理和發送資料。

```
computation SpikeDetector{
    input streams{
      stream nodel_updates{
          key_extractor='SearchQuery'
        }
      stream window_counts{
          key_extractor='SearchQuery'
        }
    }
    output_streams{
      stream anomalies{
        record_format='Anomaly Message'
        }
      }
    }
```

圖 6-14　MillWheel 拓撲

6.2.4　運算

應用程式邏輯存在於運算中，它封裝了任意的使用者代碼。運算代碼在接收到輸入資料時被調用，此時觸發使用者定義的動作，包括處理外部系統，操作其他 MillWheel 原語或輸出資料。如果處理外部系統，則由使用者來確保代碼在這些系統上的效果是冪等的。如圖 6-15 所示，運算代碼以單個鍵爲處理單位，處理是序列化的，但運算可以同時運行在不同的鍵上，實現平行化。

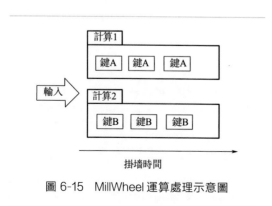

圖 6-15　MillWheel 運算處理示意圖

6.2.5 鍵

鍵是 MillWheel 中不同記錄之間聚合和比較的編程抽象。對於系統中的每個記錄，使用者指定一個鍵提取函數，該函數為記錄分配一個鍵。運算代碼運行在特定鍵的上下文中，並且只被授予存取該特定鍵的狀態。

6.2.6 流

流是 MillWheel 中不同運算之間的資料傳遞通道。運算訂閱零個或多個輸入流並行佈一個或多個輸出流。系統保證沿著這些流在運算之間傳遞資料。鍵提取函數由每個消費者在每個流的基礎上指定。多個消費者可以訂閱相同的流並以不同的方式聚合其資料。流由其名字唯一標識，任何運算可以訂閱任何流，並可以輸出流。

6.2.7 持久態

MillWheel 的持久態是一個不透明的位元組字串，在每個鍵的基礎上進行管理。使用者利用了序列化框架如 Protocol Buffers[5]，將一個豐富的資料結構翻譯成位元組串。持久態儲存在高伸縮的大數據儲存系統（例如 BigTable[6] 或 Spanner[7]）中，以最終使用者完全透明的方式確保資料完整性。持久態的常見用法包括在記錄的窗口上聚合的計數器和用於連接的緩衝資料。

6.2.8 低水位

在 MillWheel 中，低水位定義了一個運算未來要處理的記錄的時間戳的邊界，其形式化定義如下[17]。

定義 6.3：給定運算 A，記 A 的時間戳為 A 中最早的、未完成的（正在進行中的、儲存的或者等待交付的）記錄的時間戳，則 A 的低水位定義為：

$$\text{MIN}(A \text{ 的時間戳}, C \text{ 的時間戳}: C \text{ 為 A 的輸入流})$$

如果 A 沒有輸入流，則 A 的低水位即為 A 的時間戳。MillWheel 使用一些技術應對資料傳輸中的延遲情況，保證即使面對延遲資料，運算的低水位也是單調的。具體細節見文獻 [17]。

6.2.9 定時器

定時器是使用者指定的一個函數，在特定的掛墻時間或低水位值時觸發。定

時器在運算環境中創建和運行，因此可以運行任意代碼。使用掛壁時間或低水位值的決定取決於應用程式。一旦被設置，定時器可以保證以時間戳遞增的順序觸發。它們處於持續狀態，可以在流程重啟和機器故障後繼續運行。當一個定時器觸發時，它會運行指定的使用者函數，並具有與輸入記錄完全一樣的保證。

如圖 6-16 所示，運算、鍵、流、持久態、低水位和定時器共同組成了 MillWheel 的程式設計介面。

```
class Computation{
    //系统挂鉤函数
    void ProcessRecord(Record data);
    void ProcessTimer(Timer timer);
    //使用者存取函数
    void SetTimer(string tag,int64 time);
    void ProduceRecord(Record data,string stream);
    StateType MutablePersistentState();
};
```

圖 6-16　MillWheel 程式設計介面

對於符合程式設計介面的流式應用程式，MillWheel 運行時系統提供如下正確性保證：①如何記錄只會被成功處理一次。成功處理是指處理過程中不發生任何硬體故障和軟體異常。②冪等性。失敗處理的記錄會自動被系統回放，重新處理。只要使用者制定的運算滿足冪等性，那麼系統只會將最後成功處理的結果傳入下一級運算。

6.3　大圖資料處理技術

圖資料是另一類廣泛存在的大數據。Web、社交網路、交通網路、地圖等都可以建模爲圖資料。圖運算（如最短路徑、最小生成樹、Page Rank）在路徑規劃、搜索引擎等領域擁有廣泛的應用。然而，隨著資料規模的不斷擴大，處理包含數十億節點和萬億條邊的大圖是一個巨大的挑戰。本節介紹大圖資料處理技術。與處理其他類型的大數據類似，大數據管理系統採用圖運算框架的方法處理大圖資料。圖運算框架是一個基於平行廣度優先搜索的圖資料處理框架。它包括兩個部分：①一套 API 由使用者編寫處理圖中頂點和邊的應用邏輯；②一個運行時系統實現平行廣度優先搜索，並在搜索過程中調用使用者編寫的應用邏輯處理定點和邊。使用圖運算框架，使用者只需關心處理頂點或者邊的邏輯，不需要

關心平行搜索的實現細節。當前主流的大圖資料處理系統可分爲兩類，一類由工程師定義圖運算（即平行廣度優先遍歷）的迭代終止條件，另一類系統則可以根據特定的運算語義，自動決定圖遍歷的迭代終止條件。本節將以 Pregel 系統[12]爲例介紹使用者定義迭代終止條件的圖運算框架，以 GRAPE 系統爲例介紹系統自動決定迭代終止條件的圖運算框架。

6.3.1 Pregel 大圖處理系統

Pregel 是 Google 的大規模分散式圖運算平臺[12]，專門用來解決網頁連接分析、社交資料探勘等實際應用中涉及的大規模分散式圖運算問題。本節介紹 Pregel 系統的程式模型和實現細節。

（1）程式模型

Pregel 實現了一個以頂點爲中心的批量同步平行（bulk synchronous parallel）運算模型。一個 Pregel 作業由使用者自定義的頂點函數組成。在 Pregel 程式模型中，輸入是一個有向圖，該有向圖的每一個頂點由唯一字串標識。每一個頂點都有一個與之對應的可修改的使用者自定義值。每一條有向邊都和其源頂點關聯，並且也擁有一個可修改的使用者自定義值，並同時還記錄了其目標頂點的標識符。

一個典型的 Pregel 運算過程如下：讀取輸入並初始化圖，然後運行一系列的超級步，直到整個運算結束，輸出結果。超級步之間透過一些全局的同步點分隔。

在每個超級步中，頂點的運算都是平行的，每個頂點執行相同的使用者自定義函數。每個頂點可以修改其自身及其出邊的狀態，接收前一個超級步發送給它的消息，並行送消息給其他頂點（這些消息將會在下一個超級步中被接收），甚至是修改整個圖的拓撲結構。邊在這種運算模式中並不是核心對象，沒有相應的運算運行在其之上。

演算法是否能夠結束取決於是否所有的頂點都已經投票停止運算。在第 0 個超級步，所有頂點都處於活躍狀態，所有的活躍頂點都會參與所有對應超級步中的運算。頂點透過將其自身的狀態設置成終止，來表示它已經不再活躍。終止表示該頂點沒有進一步的運算需要執行。對於處於終止狀態的頂點，除非該頂點收到其他頂點傳送的消息，Pregel 框架將不會在接下來的超級步中執行該頂點。如果頂點接收到消息被喚醒進入活躍狀態，那麼在隨後的運算中該頂點必須再次顯示將自身狀態設置成終止，以表示該節點不再活躍。整個運算在所有頂點都達到非活躍狀態，並且沒有消息再傳送的時候宣告結束。圖 6-17 顯示了相應的狀態機。

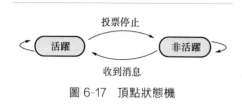

圖 6-17　頂點狀態機

Pregel 程式的輸出是所有頂點輸出值（即達到非活躍狀態時的值）的集合。通常來說，都是一個跟輸入同構的有向圖，但是這並不是系統的一個必要屬性，因爲頂點和邊可以在運算的過程中進行添加和刪除。比如一個聚類演算法，就有可能是從一個大圖中生成的非連通頂點組成的小集合；一個對圖的探勘演算法就可能僅僅是輸出了從圖中探勘出來的聚合資料。

圖 6-18 透過一個簡單的例子來說明這些基本概念：給定一個強連通圖，圖中每個頂點都包含一個值，它會將最大值傳播到每個頂點。在每個超級步中，頂點會從接收到的消息中選出一個最大值，並將這個值傳送給其所有的相鄰頂點。如果某個超級步中已經沒有頂點更新其值，那麼演算法就宣告結束。

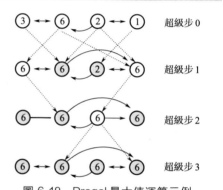

圖 6-18　Pregel 最大值運算示例
（虛線爲消息傳遞，暗色頂點處於終止態）

Pregel 選擇了一種純消息傳遞模型，忽略遠端資料讀取和其他共享內存的方式，有兩個原因。第一，消息傳遞有足夠的表達能力，沒必要使用遠端讀取。目前還沒有發現哪種演算法是消息傳遞所不能表達的。第二是出於性能的考慮。在一個叢集環境中，從遠端機器上讀取一個值會有很高的延遲，這種情況很難避免。而我們的消息傳遞模式透過異步和批量的方式傳遞消息，可以減少這種遠端讀取的延遲。

(2) Pregel 應用程式設計介面

本節簡介 Pregel C＋＋程式設計介面。編寫一個 Pregel 程式，使用者需要繼承 Pregel 中已預定義好的一個基類——Vertex 類。文獻［12］給出 Vertex 類的 C＋＋代碼示例，如圖 6-19 所示。該類的模板參數中定義了三個值類型參數，分別表示頂點、邊和消息。每一個頂點都有一個對應的給定類型的值。通常情況下，使用者大部分的工作是重寫 Vertex 類的 Compute() 函數，該函數會在每一個超級步中對每一個頂點進行調用。預定義的 Vertex 類方法允許 Compute() 方法查詢當前頂點及其邊的資訊，以及發送消息到其他的頂點。Compute() 方法可以透過調用 GetValue() 方法來得到當前頂點的值，或者透過調用 MutableValue()

方法來修改當前頂點的值。同時還可以透過由出邊的迭代器提供的方法來修改出邊對應的值。這種狀態的修改是立時可見的。由於這種可見性僅限於被修改的那個頂點,因此不同頂點並行進行的資料存取是不存在競爭關聯的。

```
template<typename VertexValue,
        typename EdgeValue,
        typename  MessageValue>
class Vertex {
 public:
  virtual void Compute(MessageIterator*msgs)=0;

  const string& vertex_id() const;
  int64 superstep() const;

  const VertexValue& GetValue();
  VertexValue* MutableValue();
  OutEdgeIterator GetOutEdgeIterator();

  void SendMessageTo(const string& dest_vertex,
                     const MessageValue& message);
  void VoteToHalt();
};
```

圖 6-19　文獻 [12] 中 Vertex 介面代碼

頂點和其對應的邊所關聯的值是唯一需要在超級步之間持久化的頂點狀態。Pregel 透過將運算過程中的需要維護的圖狀態限制在一個單一的頂點值或邊值做法,簡化了圖運算框架設計中的許多複雜性分散以及故障恢復。

(3) 消息傳遞

Pregel 中,頂點之間透過發送消息進行通訊,每條消息都包含了消息值和目標頂點的名稱。消息值的資料類型是由使用者透過 Vertex 類的模板參數來指定的。

在一個超級步中,一個頂點可以發送任意多的消息。當頂點 V 的 Compute ( ) 方法在 S+1 超級步中被調用時,所有在 S 超級步中發送給頂點 V 的消息都可以透過一個迭代器來存取到。該迭代器中並不保證消息的順序,但是可以保證消息一定會被傳送並且不會重複。

一種通用的使用方式為:對一個頂點 V,遍歷其自身的出邊,向每條出邊發送消息到該邊的目標頂點。文獻 [12] 給出了使用該方法實現 PageRank 演算法的示例,如圖 6-20 所示。但是,dest_vertex 並不一定是頂點 V 的相鄰頂點。一個頂點可以從之前收到的消息中擷取到其非相鄰頂點的標識符,或者頂點標識

符可以隱式地得到。比如，圖可能是一個團（一個圖中兩兩相鄰的一個點集，或是一個完全子圖），頂點的命名規則都是已知的（從 $V_1 \sim V_n$），在這種情況下甚至都不需要顯式地保存邊的資訊。

```
class PageRankVertex
    : public Vertex<double,void,double>{
public:
 virtual void Compute(MessageIterator*msgs){
   if(superstep()>=1) {
      double sum=0;
      for(;!msgs->Done();msgs->Next())
         sum+=msgs->Value();
       *MutableValue()=
          0.15/NumVertices()+0.85*sum;
   }
   if(superstep()<30){
      const int64 n=GetOutEdgeIterator().size();
      SendMessageToAllNeighbors(GetValue()/n);
   } else {
      VoteToHalt();
   }
 }
};
```

图 6-20 文獻 [12] 中基於 Pregel 的 PageRank 實現

（4）組合器

發送消息，尤其是當目標頂點在另外一臺機器時，會產生一些開銷。某些情況下，使用者可以指定組合器將發往同一個頂點的多個消息組合成一個消息，以此減少傳輸和快取的開銷。要使用組合器，使用者需要繼承 Combiner 類，覆寫函數 Combine（）。Pregel 並不會確保哪些消息會被組合而哪些不會，也不會確保傳送給 Combine（）的值和組合操作的執行順序。所以組合器只適用於那些滿足交換律和結合律的操作。然而，對於某些演算法來說，比如單源最短路徑，與不使用 Combiner 產生的消息數量相比，Combiner 可以將消息數量減少到 1/4 以內[12]。

（5）聚合器

Pregel 的聚合器是一種提供全局通訊、監控和資料查看的機制。在一個超級步 S 中，每一個頂點都可以向一個聚合器提供一個資料，系統會執行一個 reduce 操作來負責聚合這些值，而產生的值將會對所有的頂點在超級步 $S+1$ 中可見。Pregel 包含了一些預定義的聚合器，如可以在各種整數和字串類型上執行

的 min、max、sum 操作。聚合器通常用來實現統計、全局協同、分散式優先佇列等功能。

要定義一個新的聚合器，使用者需要繼承預定義的 Aggregator 類，並定義在第一次接收到輸入值後如何初始化，以及如何將接收到的多個值最後 reduce 成一個值。聚合器操作也應該滿足交換律和結合律。

默認情況下，一個聚合器僅僅會對來自同一個超級步的輸入進行聚合，但是有時也可能需要定義一個固定聚合器，它可以從所有的超級步中接收資料。這是非常有用的，比如要維護全局的邊條數，那麼就僅僅在增加和刪除邊的時候才調整這個值。

（6）拓撲結構改變

有一些圖演算法可能需要改變圖的整個拓撲結構。比如一個聚類演算法，可能會將每個聚類替換成一個單一頂點，又比如一個最小生成樹演算法會刪除所有除了組成樹的邊之外的其他邊。正如使用者可以在自定義的 Compute() 函數發送消息，同樣可以產生在圖中增添和刪除邊或頂點的請求。

多個頂點有可能會在同一個超級步中產生衝突的請求（比如兩個請求都要增加一個頂點 V，但初始值不一樣）。Pregel 使用兩種機制來決定如何調用：局部有序和 handlers。

由於是透過消息發送的，拓撲改變在請求發出以後，在超級步中可以高效地執行。在該超級步中，刪除會首先被執行，先刪除邊後刪除頂點，因爲頂點的刪除通常也意味著刪除其所有的出邊。然後執行添加操作，先增加頂點後增加邊，並且所有的拓撲改變都會在 Compute() 函數調用前完成。這種局部有序保證了大多數衝突的結果的確定性。

剩餘的衝突就需要透過使用者自定義的 handlers 來解決。如果在一個超級步中有多個請求需要創建一個相同的頂點，在默認情況下系統會隨便挑選一個請求，但有特殊需求的使用者可以定義一個更好的衝突解決策略，使用者可以在 Vertex 類中透過定義一個適當的 handler 函數來解決衝突。同一種 handler 機制將被用於解決由於多個頂點刪除請求或多個邊增加請求或刪除請求而造成的衝突。Pregel 委託 handler 來解決這種類型的衝突，從而使得 Compute() 函數變得簡單，而這樣同時也會限制 handler 和 Compute() 的互動，但這在應用中還沒有遇到什麼問題[12]。

協同機制是惰性的，全局的拓撲改變在被應用之前不需要進行協調。這種設計的選擇是爲了最佳化流式處理。直觀來講就是對頂點 V 的修改引發的衝突由 V 自己來處理。

Pregel 同樣也支持完全局部的拓撲改變，例如一個頂點添加或刪除自身的出邊或刪除自己。局部的拓撲改變不會引發衝突，並且頂點或邊的本地增減能夠立

即生效，很大程度上簡化了分散式的程式。

（7）輸入輸出

Pregel 可以採用多種文件格式來保存圖資料，如文字文件、關聯資料庫或者 BigTable[6] 中的行。Pregel 將輸入輸出模組設計爲即插即用模式。Pregel 系統內有常用文件格式的 readers 和 writers，但是使用者可以透過繼承 Reader 和 Writer 類來定義其他文件格式的讀寫方式。

6.3.2　系統實現

Pregel 是爲 Google 的叢集架構而設計的。每一個叢集都包含了上千臺機器，這些機器都分列在許多機架上，機架之間有非常高的內部通訊頻寬。叢集之間是內部互聯的，但地理上是分散在不同地方的。

應用程式通常透過一個叢集管理系統執行，該管理系統會透過調度作業來最佳化叢集資源的使用率，有時候會「殺掉」一些任務或將任務遷移到其他機器上去。該系統中提供了一個命名服務系統，所以各任務間可以透過與物理位址無關的邏輯名稱來各自標識自己。持久化的資料被儲存在 GFS 或 BigTable 中，而臨時文件比如快取的消息則儲存在本地磁碟中。

（1）系統架構

Pregel 系統庫將一張圖分割成許多小的部分，每一個分割包含了一些頂點和以這些頂點爲起點的邊。將一個頂點分配到某個分割上取決於該頂點的 ID，這意味著即使在別的機器上，也是可以透過頂點的 ID 來知道該頂點是屬於哪個分割，即使該頂點已經不存在了。默認的分割函數爲 hash(ID) mod N，N 爲所有分割總數，使用者可以替換掉它。

將一個頂點分配給哪個 worker 機器是整個 Pregel 中對分散式不透明的主要地方。有些應用程式使用默認的分配策略就可以工作得很好，但是有些應用可以透過定義分配函數，更好地利用了圖本身的區域性從而獲益。比如，一種典型的可以用於 Web 圖的啟發式方法是，將來自同一個站點的網頁資料分配到同一臺機器上進行運算。

在不考慮出錯的情況下，一個 Pregel 程式的執行過程分爲如下幾個步驟。

① 使用者程式的多個副本開始在叢集中的機器上執行。其中有一個副本將會作爲 master，其他的作爲 worker，master 不會被分配圖的任何一部分，而只是負責協調 worker 間的工作。worker 利用叢集管理系統中提供的名字服務來定位 master 位置，並行送註冊資訊給 master。

② master 決定對這個圖需要多少個分割，並分配一個或多個分割到 worker 所在的機器上。這個數字也可能由使用者進行控制。一個 worker 上有多個分割

的情況下，可以提高分割間的平行度，更好地負載平衡，通常都可以提高性能。每一個 worker 負責維護在其上的圖的那一部分的狀態（頂點及邊的增刪），對該部分中的頂點執行 Compute() 函數，並管理發送和接收到的消息。每一個 worker 都知道該圖的運算在所有 worker 中的分配情況。

③ master 進程爲每個 worker 分配使用者輸入中的一部分，這些輸入被看作是一系列記錄的集合，每一條記錄都包含任意數目的頂點和邊。對輸入的劃分和對整個圖的劃分是正交的，通常都是基於文件邊界進行劃分。如果一個 worker 加載的頂點剛好是這個 worker 所分配到的那一部分，那麼相應的資料結構就會被立即更新。否則，該 worker 就需要將它發送到它所應屬於的那個 worker 上。當所有的輸入都被 load 完成後，所有的頂點將被標記爲 active 狀態。

④ master 給每個 worker 發指令，讓其運行一個超級步，worker 輪詢在其之上的頂點，會爲每個分割啟動一個線程。調用每個 active 頂點的 Compute() 函數，傳遞給它從上一次超級步發送來的消息。消息是被異步發送的，這是爲了使得運算和通訊可以平行，以及進行 batching，但是消息的發送會在本超級步結束前完成。當一個 worker 完成了其所有的工作後，會通知 master，並告知當前該 worker 上在下一個超級步中將還有多少 active 節點。

只要有頂點還處在 active 狀態，或者還有消息在傳輸，該步驟就不斷重複。

⑤ 運算結束後，master 會給所有的 worker 發指令，讓它保存它那一部分的運算結果。

（2）容錯

容錯是透過檢查點機制來實現的。在每個超級步的開始階段，master 指令 worker 讓它保存它上面的分割的狀態到持久儲存設備，包括頂點值、邊值以及接收到的消息。Master 自己也會保存聚合器的值。

worker 的失效是透過 master 發給它的週期性的 ping 消息來檢測的。如果一個 worker 在特定的時間間隔內沒有收到 ping 消息，該 worker 進程會終止。如果 master 在一定時間內沒有收到 worker 的回饋，就會將該 worker 進程標記爲失敗。

當一個或多個 worker 發生故障時，被分配到這些 worker 的分割的當前狀態資訊就丟失了。master 重新分配圖的分割到當前可用的 worker 集合上，所有的分割會從最近的某超級步 S 開始時寫出的檢查點中重新加載狀態資訊。該超級步可能比在失敗的 worker 上最後運行的超級步 S' 早好幾個階段，此時丟失的幾個超級步將需要被重新執行。對檢查點的選擇基於某個故障模型的平均時間，以平衡檢查點的開銷和恢復執行的開銷。

除了基本的檢查點機制，worker 同時還會將其在加載圖的過程中和超級步中發送出去的消息寫入日誌。這樣恢復就會被限制在丟失的那些分割上。它們會

首先透過檢查點進行恢復，然後系統透過回放兩類消息：正常分割已經記入日誌的消息以及恢復故障分割過程中重新生成的消息，來將電腦狀態更新到 S' 階段。這種方式透過只對丟失的分割進行重新運算的方式節省了在恢復時消耗的運算資源，同時由於每個 worker 只需要恢復很少的分割，減少了恢復時的延遲。對發送出去的消息進行保存會產生一定的開銷，但是通常機器上的磁碟頻寬不會讓這種 I/O 操作成爲瓶頸。

局部恢復要求使用者演算法是確定性的，以避免原始執行過程中所保存下的消息與恢復時產生的新消息並存情況下帶來的不一致。隨機化演算法可以透過基於超級步和分割產生一個偽隨機數生成器來使之確定化。非確定性演算法需要關閉局部恢復而使用老的恢復機制。

（3）worker 實現

一個 worker 機器會在內存中維護分配到其之上的圖分割的狀態。概念上講，可以簡單地看作是一個從頂點 ID 到頂點狀態的對映，其中頂點狀態包括如下資訊：該頂點的當前值，一個以該頂點爲起點的出邊（包括目標頂點 ID，邊本身的值）列表，一個保存了接收到的消息的佇列，以及一個記錄當前是否 active 的標誌位。該 worker 在每個超級步中，會循環遍歷所有頂點，並調用每個頂點的 Compute() 函數，傳給該函數頂點的當前值，一個接收到的消息的迭代器和一個出邊的迭代器。這裡沒有對入邊的存取，原因是每一條入邊其實都是其源頂點的所有出邊的一部分，通常在另外的機器上。

出於性能的考慮，標誌頂點是否爲 active 的標誌位是和輸入消息佇列分開保存的。另外，只保存了一份頂點值和邊值，但有兩份頂點 active 標誌位和輸入消息佇列存在，一份用於當前超級步，另一份用於下一個超級步。當一個 worker 在進行超級步 S 的頂點處理時，還會有另外一個線程負責接收處於同一個超級步的其他 worker 的消息。由於頂點當前需要的是 $S-1$ 超級步的消息，那麼對超級步 S 和超級步 $S+1$ 的消息就必須分開保存。類似地，頂點 V 接收到了消息，表示 V 將會在下一個超級步中處於 active 狀態，而不是當前這一次。

當 Compute() 請求發送一個消息到其他頂點時，worker 首先確認目標頂點是屬於遠端的 worker 機器，還是當前 worker。如果是在遠端的 worker 機器上，那麼消息就會被快取，當快取大小達到一個閾值時，最大的那些快取資料將會被異步地換出，作爲單獨的一個網路消息傳輸到目標 worker。如果是在當前 worker，那麼就可以做相應的最佳化：消息就會直接被放到目標頂點的輸入消息佇列中。

如果使用者提供了組合器，那麼在消息被加入到輸出佇列或者到達輸入佇列時，會執行組合器函數。後一種情況並不會節省網路開銷，但是會節省用於消息儲存的空間。

（4）master 實現

master 主要負責 worker 之間的工作協調，每一個 worker 在其註冊到 master 的時候會被分配一個唯一的 ID。master 內部維護著一個當前活動的 worker 列表，該列表中就包括每個 worker 的 ID 和位址資訊，以及哪些 worker 被分配到了整個圖的哪一部分。master 中保存這些資訊的資料結構大小與分割的個數相關，與圖中的頂點和邊的數目無關。因此，雖然只有一臺 master，也足夠用來協調對一個非常大的圖的運算工作。

絕大部分的 master 的工作，包括輸入輸出、運算、保存以及從檢查點恢復，都將會在柵欄處終止：master 在每一次操作時都會發送相同的指令到所有活躍的 worker，然後等待每個 worker 的響應。如果任何一個 worker 失敗了，master 便進入恢復模式。如果柵欄同步成功，master 便會進入下一個處理階段，例如 master 增加超級步的索引號，並進入下一個超級步的執行。

master 同時還保存著整個運算過程以及整個圖的狀態的統計資料，如圖的總大小、關於出度分散的柱狀圖、處於 active 狀態的頂點個數、在當前超級步的時間資訊和消息流量，以及所有使用者自定義聚合器的值等。爲方便使用者監控，master 在內部運行了一個 HTTP 伺服器來顯示這些資訊。

（5）聚合器

每個聚合器會透過對一組值的集合應用聚合函數運算出一個全局值。每一個 worker 都保存了一個聚合器的實例集，由類型名稱和實例名稱來標識。當一個 worker 對圖的某一個分割執行一個超級步時，worker 會組合所有的提供給本地的那個聚合器實例的值，得到一個局部值：即利用一個聚合器對當前分割中包含的所有頂點值進行局部規約。在超級步結束時，所有 workers 會將所有包含局部規約值的聚合器的值進行最後的匯總，並匯報給 master。這個過程是由所有 worker 構造出一棵規約樹而不是順序地透過流水線的方式來規約，這樣做的原因是爲了平行化規約時 CPU 的使用。在下一個超級步開始時，master 就會將聚合器的全局值發送給每一個 worker。

6.3.3　GRAPE 大圖處理系統

Pregel 系統的一個問題是使用者需要定義圖運算的終止條件，即在 Compute() 函數中實現正確的 VoteToHalt() 調用。對於複雜的圖運算，決定正確的 VoteToHalt() 邏輯往往是一件困難的事情。GRAPE 透過定義圖運算語義的方法，能夠自動決定圖運算的終止條件，從而無需使用者編寫終止邏輯[18]。本節介紹 GRAPE 系統的設計和實現。GRAPE 是一個基於部分評估和增量運算的程式模型，能夠將現有的順序圖演算法作爲一個整體進行平行化。

(1) GRAPE 基礎

GRAPE 使用如下定義。

① 圖 圖形式化表示爲 $G=(V,E,L)$，可以爲有向圖也可以是無向圖，其中 V 爲一組有限個數頂點的集合；$E \subseteq V \times V$ 爲邊的集合；$V(E)$ 中的每個（條）頂點 v（邊 e）上帶有一個權值 $L(v)[L(e)]$，這些權值可以是一些從源自社交網路、知識圖或是屬性圖中發現的資料內容。

圖 $G'=(V,E,L)$ 被認爲是 G 的子圖，它的頂點集合與邊集合都包含於 G 的頂點集與邊集（$V' \subseteq V, E' \subseteq E$），同樣 G' 上的各個頂點與邊都帶有各自權值，且這些權值等於 G 中的權值。G' 被認爲由 V' 推得，如果 E' 由 G 中所有的邊組成，則這些邊的頂點都在 V' 中。

② 分割策略 給定一個參數 m，在分割策略 $\mathcal{P}$ 下，圖 G 形成一個劃分 $F=(F_1, \cdots, F_m)$，其中每個塊 F_i 爲原圖的一個子圖。對於一個子圖 F_i，若其他子圖的頂點有指向它中某些頂點的入邊，則 F_i 中所有這樣的頂點用符號表示爲 $F_i.I$；若它之中的頂點有指向其他子圖中頂點的出邊，則 F_i 中所有這樣的頂點用符號表示爲 $F_i.O$；對於劃分 $F=(F_1, \cdots, F_m)$，其中的兩個頂點集合 $F.I$，$F.O$，分別爲 $F.I = \bigcup_{i \in [1,m]} F_i.I$，$F.O = \bigcup_{i \in [1,m]} F_i.O$，顯然有 $F.I = F.O$。

在 vertex-cut 分割方法中，$F.I$，$F.O$ 各自對應了入邊頂點、出邊頂點。我們將 $F_i.I \cup F_i.O$ 稱爲 $F_i.I$ 的邊界頂點。G 在分割策略 $\mathcal{P}$ 處理後的圖 G_P 是給定 $F.O$（或 $F.I$）中的每個節點 v 的索引，如果 $v \in F_i.O$，$v \in F_j.I$ 且 $i \neq j$，則 $G_P(v)$ 可返回一組 $(i \to j)$。圖 G_P 可幫助推斷消息的方向。表 6-1 總結了本節相關的符號及含義。

表 6-1 符號及含義表

符號	含義
$\mathcal{Q}, Q$	一類圖查詢，其中 $Q \in \mathcal{Q}$
G	有向或無向圖
P_0, P_i	P_0：協調者(coordinator)；P_i：工作節點(workers)($i \in [l,n]$)
$\mathcal{P}$	圖的分割策略
G_P	圖 G 經分割策略 $\mathcal{P}$ 處理後的圖
F	圖的劃分($F_1, \cdots, F_m$)
M_i	指派給工作節點 P_i 的消息

(2) GRAPE 程式模型

本節介紹 GRAPE 的平行模型和編碼示例。

① GRAPE 平行模型 給定一個分割策略 $\mathcal{F}$ 和連續的 PEval、IncEval 和一

類圖查詢的 Assemble 集合，GRAPE 按如下方式對運算進行平行化。它首先用分割策略 $\mathcal{F}$ 將 G 分成 $(F_1, \cdots, F_m)$，並將 F_i 分配給 m 個無共享的虛擬工作者 $(P_1, \cdots, P_m)$。它將 m 個虛擬工作者對映到 n 個實際的物理工作者。當 $n < m$ 時，多個虛擬工作者對映到同一個 worker 共享內存。它也構造劃分圖 G_P。注意，對於 G 上所有的查詢 $Q \in \mathcal{Q}$，G 被分割一次。

平行模型：給定 $Q \in \mathcal{Q}$，GRAPE 在分割後的 G 中運算 $Q(G)$。在協調者 P_0 處接收到 Q 後，GRAPE 將相同的 Q 傳遞給所有的工作者。GRAPE 採用基於 BSP 的消息傳遞，圖 6-21 顯示了 GRAPE 作業的執行流程，其平行運算由三個階段組成：

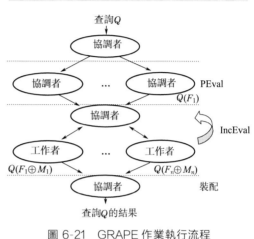

圖 6-21　GRAPE 作業執行流程

a. 部分評估（PEval）　在第一個超級階段，每個工作者 P_i 在接收 Q 之後，在 F_i 本地使用 PEval 平行地（$i \in [1, m]$）運算局部結果 $Q(F_i)$。它還爲每個 F_i 標識和初始化一組更新參數，記錄其邊界頂點的狀態。在處理結束時，它會根據每個 P_i 上更新的參數來生成一條消息，並將其發送給協調者 P_0。

b. 增量運算（IncEval）　GRAPE 迭代以下幾個超步直至終止。每個超步包含兩個步驟，一個運行在協調者 P_0，另一個運行在工作者。

ⓐ 協調者：協調者 P_0 檢查是否對於所有的 $i \in [1, m]$，P_i 是不活動的，即 P_i 是由本地運算完成的，並且沒有爲 P_i 指派掛起的消息。如果是這樣，GRAPE 調用 Assemble 並且終止。否則，P_0 將從最後一個超步產生的消息發送給工作者，並觸發下一個超步。

ⓑ 工作者：在接收到消息 M_i 後，工作者 P_i 透過將 M_i 作爲更新，平行地對所有 $i \in [1, m]$ 遞增地運算具有 IncEval 的 $Q(F_i \oplus M_i)$。它會自動找到每個 F_i 中更新參數的更改，並將更改作爲消息發送到 P_0。

GRAPE 透過在所有工作者上進行本地片段的部分評估（PEval），從而支持資料分區形式下的平行性。其增量步驟（上述步驟ⓑ）透過重複使用來自上一步的部分結果來加速迭代圖運算。

c. 裝配　當任何更新參數都沒有變化時，協調者 P_0 確定終止（見上述步驟ⓐ）。如果是的話，P_0 從所有工作者那裡取得部分結果，並且透過裝配（Assemble）來運算 $Q(G)$。它同時也返回 $Q(G)$。

這裡要介紹 GRAPE 的程式模型。對於 $\mathcal{Q}$ 中的圖查詢，只需提供三個核心函數：PEval、IncEval 和 Assemble，稱爲 PIE 程式。這些是傳統的串行演算法，能從 GRAPE 的系統庫介面中挑選。接下來將詳細介紹一個 PIE 程式。

② 部分評估函數 PEval　PEval 以查詢 $Q \in \mathcal{Q}$ 和 G 的一個分割 F_i 爲輸入，並且在工作者 P_i 上對所有 $i \in [1, m]$ 平行運算 $Q(F_i)$。它可以是 $\mathcal{Q}$ 中的任何現有串行演算法 T，並按以下規則擴展：

- 部分結果保存在指定變量中。
- 消息規範作爲與 IncEval 的介面。

工作者之間的通訊是透過消息進行的，這些消息按照更新參數定義如下：

- 消息序文。PEval 聲明狀態變量 $\vec{x}$，指定關於 $F_i.I$ 或 $F_i.O$ 的節點和邊的集合 C_i。與 C_i 有關的狀態變量由 $C_i.\vec{x}$ 表示，稱爲 F_i 的更新參數。

直觀上，$C_i.\vec{x}$ 中的變量是透過增量步驟更新的候選項。換而言之，對工作者 P_i 的消息 M_i 是對 $C_i.\vec{x}$ 中變量值的更新。

具體而言，C_i 由整數 d 和 S 指定，其中 S 爲 $F_i.I$ 或 $F_i.O$，即 C_i 是 S 中在 d-hops 以內的頂點和邊的集合。如果 $d = 0$，則 C_i 爲 $F_i.I$ 或 $F_i.O$。否則，C_i 可能包含來自 G 的其他分割塊 F_j 的頂點和邊。

變量在 PEval 中聲明並初始化。在 PEval 結束時，它將 $C_i.x$ 的值發送給協調者 P_0。

- 消息段（message segment）。PEval 可以指定函數 aggregateMsg，以解決來自不同工作者的多個試圖將不同的值分配給相同的更新參數（變量）的消息衝突。當沒有提供這樣的策略時，GRAPE 選擇一個默認的異常處理程式。

- 消息分組（message grouping）。GRAPE 推導出對 $i \in [1, m]$ 的 $C_i.\vec{x}$ 的更新，並將它們視爲工作者之間交換的消息。更具體地說，在協調者 P_0 上，GRAPE 爲每個工作者 P_i 識別和維護 $C_i.\vec{x}$。在收到 P_i 的消息後，GRAPE 的工作如下。

a. 識別 C_i。它透過引用分塊圖 G_P 爲 $i \in [1, m]$ 推導 C_i，C_i 在整個過程中保持不變。它維護 F_i 的更新參數 $C_i.\vec{x}$。

b. 組成 M_i。對於來自每個 P_i 的消息，GRAPE 首先用變化的值標識 $C_i.\vec{x}$ 中的變量，然後透過參考 G_P 推斷它們的指派 P_j；如果 $\mathcal{P}$ 爲邊分割，則在 $F_i.O$ 中用節點 v 標記的變量將被發送給工作者 P_j ［即：如果 $i\!-\!j$ 在 $G_P(v)$ 中］。$F_i.I$ 中的 v 也是如此；如果 $\mathcal{P}$ 是頂點分割，則識別由 F_i 和 $F_j(i \neq j)$ 共享的節點；它將指定給 P_j 的所有改變的變量值合併成單個消息 M_j，並且在所有 $j \in [1, m]$ 的下一個超步中將 M_j 發送給工作者 P_j。

如果變量 x 被分配了來自不同工作者的值 S 的集合，函數 aggregateMsg 被應用於 S 來解決衝突，並且其結果被作爲 x 的值。

這些工作都由 GRAPE 自動執行，透過只傳遞更新的變量值來最大限度地降低通訊成本。爲了減少協調者的工作量，同樣可爲每個工作者保留一份 G_p 的副本並且推導出它在平行中的消息指定。

③ 增量運算函數 IncEval　給定查詢 Q、片段 F_i、部分結果 $Q(F_i)$ 和消息 M_i（更新到 $C_i.\overline{x}$），IncEval 遞增地運算 $Q(F_i \oplus M_i)$，使 $Q(F_i)$ 的運算在最後一輪中最大化地重用。IncEval 執行後，GRAPE 每次分別將 $F_i \oplus M_i$ 和 $Q(F_i \oplus M_i)$ 作爲 F_i 和 $Q(F_i)$ 進行下一輪增量運算。

IncEval 可以對於 Q 採取任何現有的順序增量演算法 T_Δ。它共享 PEval 的消息序文。在過程結束時，它在每個 F_i 處識別 $C_i.\overline{x}$ 的變化值，並將變化作爲消息發送給 P_0。

有界性。圖運算通常是迭代的，GRAPE 透過促進 IncEval 的有界增量演算法來降低迭代運算的成本。對應Q考慮一個增量演算法 T_Δ。給定 G，$Q \in Q$，$Q(G)$ 並且將對 G 的 M 更新，則運算 ΔO 使得 $Q(G \oplus M) = Q(G) \oplus O$，其中 ΔO 表示改變爲舊的輸出 $O(G)$。如果它的成本可以表示爲 $|\,\text{CHANGED}\,| = |\,\Delta M\,| + |\,\Delta O\,|$ 大小的函數，那麼它就是有界的，即輸入和輸出變化的大小。直觀地說，$|\,\text{CHANGED}\,|$ 代表Q本身增量問題固有的更新成本。對於有限 IncEval，其成本由 $|\,\text{CHANGED}\,|$ 而不是按 $|\,F_i\,|$ 的大小確定整個 F_i，無論 $|\,F_i\,|$ 有多大。

④ 結果裝配　Assemble 函數將部分結果 $Q(F_i \oplus M_i)$ 和分割圖 G_p 作爲輸入，並結合 $Q(F_i \oplus M_i)$ 得到 $Q(G)$。當對任何 $i \in [1, m]$ 沒有更多變化來更新參數 $C_i.\overline{x}$ 時，函數被觸發。

GRAPE 過程終止於求得正確的 $Q(G)$。$C_i.\overline{x}$ 的更新是「單調的」：每個節點 v 的 $\text{dist}(s, v)$ 的值減小或保持不變。我們可以有很多這樣的變量，再者，$\text{dist}(s, v)$ 是從 $s \sim v$ 的最短距離，它的正確性可被串行演算法（PEval 和 IncEval）的正確性所保證。

把上述綜合起來，可以看出 PIE 程式藉助一個串行演算法 T（PEval）和一個串行化增量演算法 T_Δ 平行化處理了一個圖查詢類Q（IncEval）。Assemble 函數通常是一個簡單的串行演算法。對於各種Q，大量的連續（增量）演算法已經就位。此外，還有一些增加圖演算法的方法，從批量演算法中獲得增量演算法。因此，GRAPE 使平行圖運算可面向大量終端使用者的存取。

與其他的圖形系統不同，GRAPE 將 T 和 ΔT 內嵌並作爲一個整體，將通訊規範限制在 PEval 的消息段中。使用者在編碼時不必類似「頂點」那樣思考。與以頂點爲中心和以塊爲中心的系統相反，GRAPE 在整個片段上運行串行演算法。此外，IncEval 採用增量評估來降低成本，這是 GRAPE 的獨特功能。要注意的是，無論它是否有界，IncEval 都透過最小化 $Q(F_i)$ 得無關重運算量來加速迭代運算。

⑤ GRAPE 程式設計介面　GRAPE 爲使用者提供了一個聲明的程式設計介面，以便像 UDF（使用者定義函數）那樣插入串行演算法。在接收（串行）演算法時，GRAPE 將它們作爲儲存過程在其 API 庫中註冊，並將它們對映到查詢類Q。

另外，GRAPE 可以模擬 MapReduce。更具體地說，GRAPE 支持兩種類型的消息：

a. 從一個工作者節點到另一個工作者節點的指派消息；

b. 模擬 MapReduce 的鍵值對（key,val）。

由 PEval 和 IncEval 生成的消息標記爲鍵值對型或指派型。我們目前看到的消息是指派的，GRAPE 自動在協調者 P_0 處標識它們的目的地。

如果消息被標記爲鍵值對型，則 GRAPE 透過解析 PEval 和 IncEval 中的消息聲明來自動識別鍵段落和值段落。在 MapReduce 之後，它透過協調器 P_0 處的金鑰對消息進行分組，並將這些消息分配給 m 個工作者節點，以平衡工作負載。

（3）GRAPE 應用示例：圖模式匹配

本部分介紹如何使用 GRAPE 來求解圖模式匹配問題。一個圖模式是一個圖 $Q=(V_Q,E_Q,L_Q)$，其中 V_Q 是一組查詢節點，E_Q 是一組查詢邊，V_Q 中的每個頂點 u 有一個標籤 $L_Q(u)$。我們研究圖模式匹配的兩種語義：圖模擬和子圖同構。

① 圖模擬　當存在一個二元關聯 $R \subseteq V_Q \times V$ 且滿足下列關聯時，認爲圖 G 透過模擬與模式 Q 相匹配：

•對於每個查詢節點 $u \in V_Q$，存在節點 $v \in V$，使得 $(u,v) \in R$，稱爲 u 的匹配；

•對於每個查詢邊 (u,u') 中的每一對 $(u,v) \in R$，$L_Q(u)=L(v)$，以及對於 E_q 中的每條邊存在一個邊 (u,u')，在圖 G 中存在一條邊 (u',v') 且 $(u',v') \in R$。

透過圖模擬的圖模式匹配遵照如下規則：

輸入：有向圖 G 和模式 Q；

輸出：唯一最大關聯 $Q(G)$。

已知如果 G 匹配 Q，則存在唯一的最大關聯[8]，我們稱它爲 $Q(G)$。如果 G 不匹配 Q，則 $Q(G)$ 爲空集。此外，$Q(G)$ 可以在 $O[(|V_Q|+|E_Q|)(|V|+|E|)]$ 時間複雜度上被運算出來。

GRAPE 對圖模擬的平行化運算如下[18]：

•PEval。GRAPE 採用文獻 [8] 中的串行仿真演算法作爲 PEval 平行運算 $Q(F_i)$。其消息前導爲 V_Q 中的每個查詢節點 u 和 F_i 中的每個節點 v 聲明布林

狀態變量 $x(u, v)$，指示 v 是否匹配 u，初始化爲真。$F_i.I$ 作爲候選集 C_i。對於每個節點 $u \in V_Q$，PEval 運算 F_i 中候選匹配 v 的集合 $sim(u)$，並從 $sim(u)$ 中迭代刪除違反模擬條件的節點（詳見文獻［8］）。在這個過程結束時，PEval 發送 $C_i.\overline{x} = \{x_{(u,v)} | u \in V_Q, v \in F_i.I\}$ 到協調者 P_0。

在協調者 P_0 處，GRAPE 維護所有 $v \in F.I$ 的 $x(u, v)$。在從所有工作者接收到消息時，如果其中一個消息中的 $x(u, v)$ 爲假，則將 $x(u, v)$ 更改爲假。這是由 min 爲 aggregateMsg 指定的，同時執行指令 false$<$true。GRAPE 標識那些已經是錯誤的變量，透過引用 G_P 和 $F.I = F.O$ 推斷它們的目的地，將它們分組成消息 M_j，並且將 M_j 發送到 P_j。

- IncEval 是文獻［9］的串行增量圖仿真演算法，用於處理邊刪除。如果透過消息 M_i 將 $x(u, v)$ 改變爲假，則將其視爲對 $v \in F_i.O$ 的「交叉邊」的刪除。它以 M_i 中更改的狀態變量開始，將更改傳播到受影響的區域，並從無效的 sim 匹配中移除（詳情參見文獻［9］）。部分結果現在是修改後的 sim 關聯。在這個過程結束時，IncEval 發送 $C_i.\overline{x}$ 中的狀態變量的更新值給協調者 P_0，如 PEval。

IncEval 是半有界的[9]，其成本是由「更新」$|M_i|$ 的大小決定的，並且必須透過所有增量演算法對 sim 進行更改，而不是透過 $|F_i|$ 對受影響區域進行更改。

- Assemble 函數爲 $Q(G) = \bigcup_{i \in [1,n]} Q(F_i)$，即所有部分匹配的並集（在每個 F_i 的 sim）。

② 子圖同構　這裡介紹如何使用基於 GRAPE 的子圖同構平行化演算法。圖 G 中的模式 Q 的匹配是與 Q 同構的 G 的子圖。給定輸入圖 G 和模式圖 Q，基於子圖同構的圖模式匹配演算法輸出在 G 中所有與 Q 匹配的子圖集合 $Q(G)$。基於子圖同構的圖模式匹配演算法是 NP 完全問題。

GRAPE 可以平行化文獻［10］給出的串行子圖同構演算法 VF2[18]。GRAPE 實現採用了一個默認的邊分片割策略 $\mathcal{P}$。它有兩個超級步，一個用於 PEval，另一個用於 IncEval，概述如下。

a. PEval 標識更新參數 $C_i.\overline{x}$。它聲明一個狀態變量 x_{id} 與每個節點和邊，來儲存它的 id。它指定了每個節點 $v \in F_i.I$ 的 d_Q 鄰居 $N_{dQ}(v)$，其中 d_Q 是 Q 的直徑，即 Q 中任意兩個節點之間最短路徑的長度，$N_d(v)$ 是由 v 的 d 跳內的節點引起的 G 的子圖。

在 P_0 中，對於每個片斷 F_i，$C_i.\overline{x}$ 被標識出來。消息 M_i 被組成並行送到 P_i，包括 $C_i.\overline{x}$ 中所有來自分段 F_j 且 $j = i$ 的節點和邊。$C_i.\overline{x}$ 中變量的值（id）不會改變，因此它們的值沒有定義偏序。

b. IncEval 是 VF2。它在每個工作者 P_i 上平行地運算 $Q(F_i \oplus M_i)$，在 $F_i.I$ 中的每個節點的 d_Q 鄰居擴展的分段 F_i 上。由於 $C_i.\overline{x}$ 中的變量值保持不

變，因此 IncEval 不發送消息。結果，IncEval 被執行一次，因此兩個超級步就足夠了。

c. IncEval 只需從所有工作者節點的 IncEval 運算所有部分匹配的並集。

d. 該過程的正確性由 VF2 和子圖同構的局部性確定：只有當 v 在 v' 的 d_Q 鄰居中時，G 中的節點對 (v,v') 才與 Q 匹配。

6.4 混合大數據處理技術

6.4.1 背景介紹

大數據的 3V 特性對傳統資料處理系統提出了嚴峻的挑戰，其原因在於這些系統不能在合理代價下有效擴展到大量資料集，同時它們無法對多樣化的資料進行處理。

儘管 MapReduce 程式模型能夠對一些非結構化資料（例如純文字資料）進行有效管理，但它不能較好地處理資料多樣化所帶來的問題，對於處理那些結構化的資料或是那些需要進行類似有向非循環圖運算與迭代運算的圖資料而言，此類程式模型的處理效果不佳。因此，當前出現了一些類似 Dryad[11] 及 Pregel[12] 的系統，以應對上述問題的大數據分析任務。

爲處理資料多樣性帶來的挑戰，當前最新研究方法側重於使用混合架構下的資料處理模式：採用混合系統來處理具有多結構特徵的資料集（即包含各種資料類型，如結構化資料、文字以及圖形的資料集）。首先，多結構資料集被儲存在多個不同類別的系統中（例如結構化資料被儲存在資料庫中，而非結構化資料則被儲存在 Hadoop 中）。之後，一項基於拆分的執行方案將會被運用到此資料的處理中：該方案將原資料分析任務整體劃分爲多個子任務，並根據不同子任務所需的資料類型，分別選擇對應合適的系統對其進行處理，例如：可能使用 MapReduce 來處理文字資料，使用資料庫系統來處理關聯型資料，使用 Pregel 來處理圖資料。最終，所有這些子任務的作業結果將以合適的資料格式被輸出載入到一個單一系統（Hadoop 或資料庫系統）中，並進行合併，從而產生最終結果。儘管此類混合處理方法能夠針對不同資料類型採用正確的系統對其進行處理，但是該方法將在同時維持幾類叢集（如 Hadoop 叢集、Pregel 叢集、資料庫叢集）中引入不可避免的高複雜性，同時在資料處理的過程中，頻繁的資料格式轉化以及各子任務作業資料的加載、結果的輸出、結果資料的合併等複雜且煩瑣的操作，也將導致嚴重的系統性能瓶頸。

爲解決大數據下的資料多樣性問題，本節介紹一種新型資料處理系統 epiC。epiC 的主要創新點在於，提出了一類新的系統架構設計，從而使得使用者能夠在單一系統下對多結構化資料進行處理。雖然不同的系統（Hadoop、Dryad、資料庫、Pregel）是專爲處理不同類型的資料而設計的，但它們彼此間依然有著相同的無共享體系架構，並且都嘗試將整個運算過程分解成幾個獨立的、可平行化的子步驟。而它們的本質區別則在於，不同的系統對總的運算任務有著不同步驟的劃分，同時系統協調各個獨立步驟的運算模式（中間資料傳輸模式）也各不相同。例如，MapReduce 只允許兩個獨立的子步驟（分別爲 map 和 reduce），且僅存在從 mapper 到 reducer 的單向資料轉換。有向非循環圖下的系統（如 Dryad）則允許將總體運算任務劃分爲任意個獨立的子操作，並且此類系統有著類似有向非循環圖的資料傳輸模式。圖處理系統（如 Pregel）則採用了迭代式的資料傳輸模式。因此，如果能夠搭建一個即時運行系統來運行各個獨立的子運算任務，並同時開發相關插件以實現特定的通訊模式，從而將各模式下的運算與通訊任務進行解耦分離，那麼就能夠在單一系統中運行所有類型下的運算任務。爲了實現這一目標，epic 採用了可擴展式的設計方案。epiC 的核心抽象是一種能夠執行任意個獨立子運算任務（我們稱之爲單位）的類並行程式模型。在此基礎上，epiC 提供了一組擴展，使得使用者能夠使用不同的資料處理模型（MapReduce、DAG 或圖）來處理不同類型的資料。在當前版本中，epiC 支持兩種資料處理模型，分別爲 MapReduce 模型以及關聯型資料庫模型。

epiC 的具體設計概述如下：首先該系統採用了無共享的設計模式，每個系統單位獨立地執行 I/O 操作以及使用者自定義的運算任務，單位間的協調工作透過消息傳遞實現，各個單位發送的消息對各控制資訊以及中間結果的元資料資訊進行編碼，因此系統的處理流程可被抽象爲一組消息流。epiC 程式模型並不強制此消息流必須爲一個有向非循環圖（directed acyclic graph，DAG）。這種靈活的設計使得使用者本身能夠自由地表徵各種類型的運算任務（例如 MapReduce、DAG、Pregel），並且爲使用者提供了更多最佳化運算任務的可能，在後續內容中我們將以連接操作爲例說明此點。

6.4.2　EPIC 框架概述

epiC 採用了類似 Actor 的程式模型，其中的運算任務由一組單位組成，各單位彼此獨立，且各自使用使用者定義的邏輯來獨立地進行資料處理，各單位間同時透過消息傳遞實現通訊。不同於 Dryad 以及 Pregel 系統，各單位間不能進行直接地通訊，它們中產生的所有資訊都將先被發送到一個主網路中，然後傳播給相應的接收者。該類網路傳播機制類似於郵件系統中的郵件伺服器。圖 6-22

展示了 epiC 的大體框架。

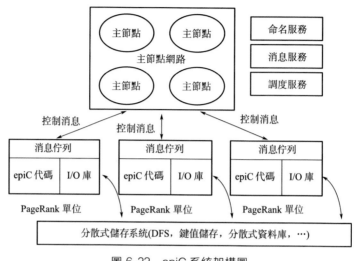

圖 6-22　epiC 系統架構圖

（1）程式模型

　　epiC 程式模型的基本抽象是單位，它的工作機理如下：一個單位在接收到一個來自主網路的消息時被啟動。根據消息內容，它自適應地從儲存系統加載資料並應用使用者指定的功能來處理資料。在處理完成後，單位將結果寫回儲存系統並將所有中間結果資訊總結成一條消息並將其轉發到主網路。在這之後，單位的狀態切換爲不活躍狀態並等待著下一條消息。類似 MapReduce，單位透過 reader 與 writer 介面存取儲存設備，因此系統對以任何儲存形式下的資料（例如文件系統、資料庫或是鍵值對儲存形式下的資料）進行處理。

　　主網路由幾個同步的主節點組成，它們主要負責三個方面的服務：命名服務、消息服務、調度服務。命名服務爲各單位分配一個唯一的命名空間。特別要強調的是，epiC 維持了兩級的命名空間：第一級命名空間指示一組單位運行相同的使用者代碼，例如在圖 6-22 中，所有單位在第一級命名空間下共享相同的 PageRank[13]。第二級命名空間則用於區分不同的單位。epiC 允許使用者自定義第二級命名空間，假設要運算具有 10000 個頂點的圖的 PageRank 值，可以使用頂點 ID 範圍作爲第二級命名空間。也就是將頂點 ID 均勻分割成小範圍，將每個範圍都分配給一個單位：一個完整命名空間可以是「[0,999] @PageRank」，其中@用於連接兩個命名空間。最後，主網路則維護了命名空間和相應單位進程的 IP 位址之間的對映關聯。

　　基於命名服務，主網路將收集消息並將其發送到不同的單位。各主節點間

被負載均衡化，我們保留消息的副本以進行容錯機制。需要注意的是，在 epiC 中，消息僅包含資料的元資訊，而單位則不會像 MapReduce 的 shuffle 階段那樣透過消息通道傳輸中間結果。因此，epiC 中的消息服務是輕量級、低開銷的服務。

主網路的調度服務負責監控各單位的運行狀態。如果檢測到故障單位，一個新的單位將被啟動以接管故障單位的工作。另外，調度服務在接收到新消息或者完成處理時也可以啟動或者掛起各處理單位。當所有處理單位都變爲非活躍狀態，並且主網路中沒有更多消息被維護時，調度程式終止作業進行。

在形式化表述下，epiC 的程式模型可被定義爲一個三元組 $\langle M, U, S \rangle$，其中 M 表示消息集，U 表示單位集，S 表示資料集。我們分別用符號 N 表示命名空間域，用符號 U 表示資料的統一資源標示符集（uniform resource identifier, URI）。對於集合 M 中的任意一個消息 m，m 的形式化描述如下：

$$m := \{(ns, uri) \mid ns \in N \land uri \in U\}$$

我們爲消息 m 定義一個投影函數 π，其中 π 的定義描述如下：

$$\pi(m, u) = \{(ns, uri) \mid (ns, uri) \in m \land ns = u.ns\}$$

也就是說，函數 π 可返回與單位 u 擁有相同命名空間的消息內容。π 可以運用在集合 M 中，並遞歸地執行投影操作。此後，epiC 中的某單位 u 的處理邏輯可表述爲如下函數 g：

$$g := \pi(M, u) \times u \times S \rightarrow m_{out} \times S'$$

在函數 g 中，S' 代表了輸出資料，m_{out} 表示主網路中的某一條消息，該消息滿足如下關聯：

$$\forall s \in S' \Rightarrow \exists (ns, uri) \in m_{out} \land \rho(uri) = s$$

其中 $\rho(uri)$ 將 URI 對映到資料文件。在處理後，S 被更新爲 $S \cup S'$。由於運行相同代碼單位的動作僅受收到消息的影響，(U, g) 用來表示運行相同代碼段 g 的一組單位集合。最後，epiC 中的作業 J 可表示爲：

$$J := (U, g)^+ \times S_{in} \Rightarrow S_{out}$$

其中，S_{in} 爲初始的輸入資料，S_{out} 爲結果資料。作業 J 並不指定不同單位的執行順序，這部分內容可由使用者在不同應用中進行控制。

（2）與其他系統的比較

爲闡釋 epiC 的工作原理，我們比較了 PageRank 演算法在 MapReduce（圖 6-23），Pregel（圖 6-24）和 epiC（圖 6-25）下的實現方式。爲簡單起見，我們假設圖資料和分數向量保存在 DFS 中，圖文件的每一行代表一個頂點及其鄰接點。分數向量的每一行記錄代表了頂點的最新 PageRank 值。由於分數向量的空間較小，因此它方便在內存中進行快取。

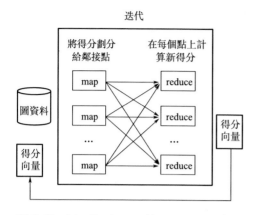

圖 6-23 MapReduce 下的 PageRank 處理

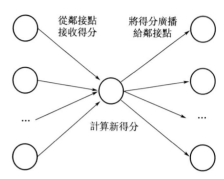

圖 6-24 Pregel 中的 PageRank 處理

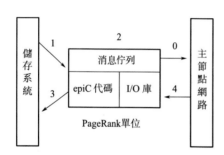

0.發送消息給單位以將其啟動
1.根據接收的消息載入圖資料和得分向量
2.計算節點的新得分向量
3.生成新的得分向量文件
4.發送消息給主節點網路

圖 6-25 epiC 中的 PageRank 處理

　　爲了運算 PageRank 值，MapReduce 需要一組作業的支持。在每組作業中，各對映器將分數向量加載到內存並從圖文件中讀取一個資料塊。對於每個頂點，對映器從得分向量中查找它對應的得分，然後將該分數分配給它的鄰接點。所有中間結果爲一組鍵值對形式下的資料，其中鍵（key）是鄰接點的 ID，值（value）爲分配給該鄰接點的得分。在 reduce 階段，我們聚合相同頂點的分數，並應用 PageRank 演算法生成新的分數，將其作爲新的分數向量寫入 DFS。在當前作業完成後，新的作業將重新啟動上述處理過程，直到 PageRank 值收斂。

　　與 MapReduce 相比，Pregel 在進行迭代處理方面更爲有效。圖文件在初始化過程中被預加載，並且各頂點也將根據它們間對應的鄰邊資訊建立相應的連接關聯。在每個超級步中，頂點從其進入的鄰居獲得分數，並應用 PageRank 演算法來生成新的分數，該分數被廣播發送到某條出邊所指向的鄰接點處。如果頂點的分數收斂，則系統停止廣播。最終當所有頂點都停止發送消息時，可終止處理過程。

epiC 的處理流程與 Pregel 類似。主網路將消息發送到處理單位處，並將其啟動。該消息中包含圖文件的分區資訊以及由其他單位生成的分數向量。該單位根據其名稱空間讀取圖文件中的相應分區，並運算 PageRank 值。此外，它需要加載分數向量，並根據頂點 ID 對其進行合併。如其命名空間所表示的那樣，在運算過程中只需保留一部分得分向量。頂點的新分數作爲新的分數向量寫回到 DFS，並且該單位將該新生成的向量以消息的方式發送到主網路。（消息的）接收者被指定爲「＊＠ PageRank」，即該單位告知主網路將消息廣播到所有位於 PageRank 命名空間下的單位處。然後主網路即可安排其他單位這些處理消息。雖然 epiC 允許單位異步運行，但爲了保證 PageRank 值的正確性，使用者可以刻意地要求主網路阻止消息，直到所有單位完成處理。以這種方式，可以將 BSP（bulk synchronous parallel model）模擬爲 Pregel。

我們用上面的例子來展示 epiC 的設計理念，並解釋爲何它能夠表現得比其他兩類系統更好。

① 靈活性　MapReduce 模型最初並不是針對這樣的迭代作業而設計的。使用者必須將其代碼分成 map() 與 reduce() 兩個函數。但是另一方面，Pregel 和 epiC 可以以更自然的方式表達上述操作的邏輯。epiC 中的單位類似於 Pregel 中的 worker 節點，每個單位處理一組頂點的運算。Pregel 需要明確地構建和維護圖，而 epiC 則透過命名空間和消息傳遞來隱藏圖的結構。我們注意到，維護圖的結構實際上消耗了許多系統資源，而在 epiC 中，這部分消耗則完全可以避免。

② 最佳化性　MapReduce 和 epiC 都允許自定義下的最佳化操作。例如，HaLoop 系統[14] 緩衝中間文件以降低 I/O 開銷，而 epiC 中的單位可以維護其圖的分區，以避免對資料的重複掃描讀取。這種自定義下最佳化方法難以在 Pregel 中實現。

③ 可拓展性　在 MapReduce 和 Pregel 中，使用者必須遵循預定義的程式模型（例如 map-reduce 模型和以頂點爲中心的模型），而在 epiC 中，使用者可以設計其定製的程式模型。我們將展示如何在 epiC 中實現 MapReduce 模型和關聯模型。因此，epiC 爲處理平行作業提供了更爲通用的平臺。

6.4.3　模型抽象

epiC 抽象了兩種特徵下的模型，分別爲並行程式模型與資料處理模型。並行程式模型定義了一組抽象（即介面），用於使用者指定由獨立運算單位和這些運算單位間的依賴關聯所組成的平行運算任務。資料處理模型定義了一組用於指定資料處理操作的抽象。圖 6-26 顯示了 epiC 的程式堆疊。使用者使用擴展名編

寫資料處理程式。epiC 的每個擴展提供了一個具體的資料處理模型（例如，MapReduce 擴展提供了 MapReduce 程式設計介面）和輔助代碼（在圖 6-26 中顯示爲橋），用於在 epiC 的公共平行即時運行系統中寫入的程式。

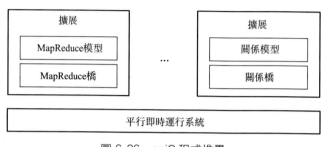

圖 6-26　epiC 程式堆疊

資料處理模型的選擇是某個特定領域中的問題。例如，MapReduce 模型最適合處理非結構化資料，關聯模型最適合於結構化資料，圖模型最適合圖資料。常見的需求是基於這些模型編寫的程式需要被平行化。由於大數據本質上是多結構的，需要爲常見的運行框架構建一個類似 Actor 的並行程式模型，並爲使用者提供 epiC 擴展，以便爲每種資料類型指定特定於該模型域的資料操作。在上一小節中，我們介紹了 epiC 的基本程式模型，而在本小節中，我們將重點介紹兩種自定義的資料處理模型——MapReduce 模型和關聯模型，以及如何在 epiC 上實現它們。

（1）MapReduce 模型擴展

首先考慮 MapReduce 框架，並將其擴展到使用 epiC 的運行時框架。MapReduce 資料處理模型由兩個介面組成：

$$map(k1,v1) \rightarrow list(k2,v2)$$
$$reduce(k2,list(v2)) \rightarrow list(v2)$$

MapReduce 擴展重用了 Hadoop 中的類似介面和其他重要的功能函數（如分區）的實現。本小節僅介紹在 epiC 上運行的 MapReduce 程式以及最佳化方法下的輔助功能支持，顯然這些功能在 Hadoop 中是不被支持的。

① 一般抽象類型　在 epiC 上運行 MapReduce 非常簡單。首先將 map() 函數置於 map 單位中，在 reduce 單位中放置 reduce() 函數。然後，實例化 M 個 map 單位和 R 個 reduce 單位。主網路爲每個 map 和 reduce 單位分配一個唯一的命名空間。在最簡單的情況下，單位的命名的位址內容類似「x@MapUnit」和「y@ReduceUnit」，其中 $0 < x < M$、$0 < y < R$。

基於命名空間，MapUnit 加載一個輸入資料的分區，並採用自定義的 map

函數來處理它。處理結果是一組鍵值對。在這裡，需要一個分區函數來將鍵值對
分割成多個 HDFS 文件。根據應用程式的要求，分區函數可以選擇按鍵對資料
進行排序。默認情況下，分區只是應用雜湊函數生成 R 文件，並爲每個文件分
配命名空間。HDFS 文件的元資料構成一個發送到主網路的消息，而消息的收件
者則被指定爲所有的 ReduceUnit。

之後，主網路從所有 MapUnit 處收集消息，並將其廣播到 ReduceUnit。當
ReduceUnit 啟動時，它加載與它共享相同命名空間的 HDFS 文件。如果結果需
要排序，則需要進行合並排序。此後調用自定義的 reduce() 函數來生成最終
結果。

```
class Map implements Mapper {
void map(){
}
}
class Reduce implements Reducer {
void reduce(){
}
}
class MapUnit implements Unit {
void run(LocalRuntime r,Input i,Output o){
Message m＝i.getMessage();
InputSplit s＝m[r.getNameAddress()];
Reader reader＝new HdfsReader(s);
MapRunner map＝new MapRunner(reader,Map());
map.run();
o.sendMessage("＊@ ReduceUnit",map.getOutputMessage());
}
}
class ReduceUnit implements Unit {
void run(LocalRuntime r,Input i,Output o){
Message m＝i.getMessage();
InputSplit s＝m[r.getNameAddress()];
Reader in＝new MapOutputReader(s);
ReduceRunner red＝new ReduceRunner(in,Reduce());
red.run();
}
}
```

需要強調的是，epiC 的設計決策在解耦資料處理模型和並行程式模型時具

有優勢。假設想要將 MapReduce 程式模型擴展到 Map-Reduce-Merge 程式模型[3]，需要做的僅僅是添加一個新的單位 mergeUnit，並修改 ReduceUnit 中的代碼，將消息發送到主網路以聲明其輸出文件。與這種非侵入型方案相比，Hadoop 需要對其運行時系統進行巨大改變，以支持相同的功能[3]，因為 Hadoop 將資料處理模型與並行程式模型做了綁定。

② MapReduce 的最佳化　除了類似於 Hadoop 的基本 MapReduce 實現之外，還可以為 map 單位添加一個用於資料處理的最佳化。map 單位上的運算是 CPU 密集型而非 I/O 密集型的，較高的 CPU 開銷來自於最終的排序階段。

由於 MapReduce 需要 reduce() 函數來按照遞增的順序處理鍵值對，所以 map 單位需要對中間鍵值對進行排序。MapReduce 中的排序的代價是較大的，原因在於：排序演算法（即快速排序）本身是 CPU 密集型的；資料反序列化成本是不可忽略的。採用兩種技術能夠改進 map 單位的排序性能：順序保留序列化；高性能的字串排序（如突發排序）。

定義 6.4：對於資料類型 T，順序保留序列化是將變量 $x \in T$ 串行化為字串 s_x 的編碼方案，其中，對於任何兩個變量 $x \in T$ 和 $y \in T$，如果 $x < y$，則 $s_x < s_y$ 在字串字典順序中成立。

換言之，順序保留序列化方案序列化鍵，以便可以透過直接排序其序列化字串（字串字典順序）來排序鍵，而無需反序列化。需要注意的是，順序保留序列策略在所有 Java 內建資料類型都存在。

可以採用 burst 排序演算法對序列化字串進行排序，它專門用於排序大型字串集合，並且比其他方法有更快的運行速度。burst 排序技術透過兩次遍歷進行字串集合的排序。在第一次遍歷中，演算法處理每個輸入字串，並將每個字串的指針儲存在 burst 字典樹中的葉節點（桶）中。Burst 字典樹有一個非常好的屬性特點，即所有的葉節點（桶）都是有序的。因此，在第二次遍歷中，演算法按順序處理每個桶，此時可應用標準排序技術，例如對字串進行快速排序，進而產生最終結果。原始的 burst 排序需要大量額外的內存來保存字典樹結構，因此不能很好地擴展到非常大的字串集合。可以採用一種內存高效的 burst 排序實現，對每個鍵的輸入只需要兩位的額外空間。還可使用多鍵快速排序演算法對駐留在同一個桶中的字串進行排序。

結合了兩種技術（即順序保留序列化和 burst 排序技術）的排序方案相比 Hadoop 系統中的快速排序方案，實現了 3～4 倍的性能提升。

（2）關聯模型拓展

如前所述，對於結構化資料，關聯資料處理模型是最為適合的。像 MapReduce 擴展一樣，我們可以在 epiC 之上實現關聯模型。

① 一般抽象　目前，關聯模型中定義了三個核心單位（分別為 SingleTable-

Unit、JoinUnit 和 AggregateUnit）。它們能夠處理非巢套的 SQL 查詢。SingleTableUnit 處理僅涉及單個表分區下的查詢。JoinUnit 從兩個表中讀取分區，並將它們合併到連接表的一個分區中。最後，AggregateUnit 收集不同組的分區，並運算每個組的聚合結果。這些單位的抽象如下所示。

```
class SingleTableQuery implements DBQuery {
    void getQuery(){
    }
}
class JoinQuery implements DBQuery{
    void getQuery(){
    }
}
class AggregateQuery implements DBQuery{
    void getQuery(){
    }
}
class SingleTableUnit implements Unit{
    void run(LocalRuntime r,Input i,Output o){
        Message m=i.getMessage();
        InputSplit s=m[r.getNameAddress()];
        Reader reader=new TableReader(s);
        EmbededDBEngine e=
            new EmbededDBEngine(reader,getQuery());
        e.process();
        o.sendMessage(r.getRecipient(),
                e.getOutputMessage());
    }
}
class JoinUnit implements Unit {
    void run(LocalRuntime r,Input i,Output o){
        Message m=i.getMessage();
        InputSplit s1=m[r.getNameAddress(LEFT\_TABLE)];
        InputSplit s2=m[r.getNameAddress(RIGHT\_TABLE)];
        Reader in1=new MapOutputReader(s1);
        Reader in2=new MapOutputReader(s2);
        EmbededDBEngine e=
            new EmbededDBEngine(in1,in2,getQuery());
        e.process();
```

```
            o.sendMessage(r.getRecipient(),
                    e.getOutputMessage());
        }
    }
    class AggregateUnit implements Unit{
        void run(LocalRuntime r,Input i,Output o) {
            Message m=i.getMessage();
            InputSplit s=m[r.getNameAddress()];
            Reader in=new MapOutputReader(s);
            EmbededDBEngine e=
                new EmbededDBEngine(in,getQuery());
            e.process();
        }
    }
```

　　在每個單位中，都嵌入了一個自定義查詢引擎，它可以處理單表查詢、連接查詢和聚合查詢。在單位抽象中並沒有指定每個消息的接收者，必須由使用者根據不同的查詢而實現，但是提供一個能夠自動填充（消息）接收者的查詢最佳化器。為了說明使用者如何採用上述關聯模型來處理查詢，考慮以下查詢（TPC-H Q3 的變體）：

```
SELECT l_orderkey,sum(l_extendedprice * (1-l_discount))
    as revenue,o_orderdate,o_shippriority
FROM customer,orders,lineitem
WHERE c_mktsegment=':1'and c_custkey=o_custkey
    and l_orderkey=o_orderkey and o_orderdate
    <date':2'and l_shipdate>date':2'
Group By o_orderdate,o_shippriority
```

　　圖 6-27～圖 6-31 展示了 epiC 中 Q3 的處理過程。在步驟 1（圖 6-27）中，三種 SingleTableUnits 分別開始處理 Lineitem、Orders 和 Customer 的 select/project 操作。需要注意的是，這些 SingleTableUnits 運行相同的代碼，唯一的區別是它們的名字位址和所處理的查詢。運行的結果將被寫回儲存系統（HDFS 或分散式資料庫）。相應文件的元資料被轉發給 JoinUnits。

　　步驟 2 和步驟 3（圖 6-28 和圖 6-29）應用散列連接方法處理資料。在以前的 SingleTableUnits 中，輸出資料由連接鍵分隔，所以 JoinUnit 可以有選擇地加載配對的分區來執行連接。

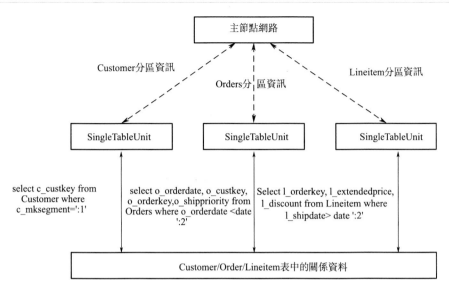

圖 6-27　Q3 中的步驟 1

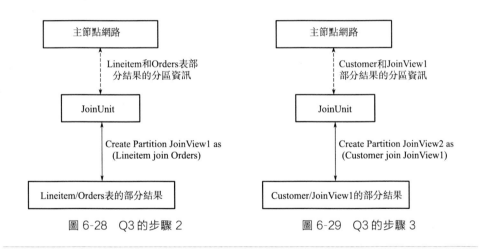

圖 6-28　Q3 的步驟 2　　　　　　圖 6-29　Q3 的步驟 3

　　最後，步驟 4（圖 6-30）對兩個屬性執行組操作。由於連接結果被劃分爲多個塊，一個 SingleTableUnit 只能爲自己的塊生成分組結果。爲了產生完整的分組結果，需要合併不同的 SingleTableUnits 生成的組。因此，在步驟 5（圖 6-31）中，一個 AggregateUnit 需要加載由同一組的所有 SingleTableUnits 生成的分區，以運算最終的聚合結果。

　　上述關聯模型簡化了查詢處理，因爲使用者只需考慮如何透過三個單位對表進行分區。此外，它還提供了靈活的自定義最佳化方法。

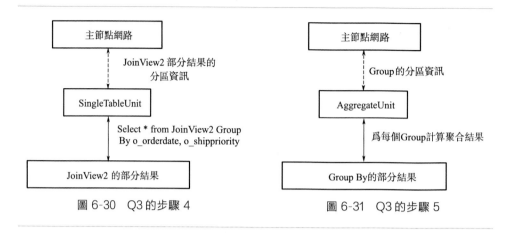

圖 6-30　Q3 的步驟 4　　　　　　圖 6-31　Q3 的步驟 5

②　關聯模型的最佳化　epiC 上的關聯模型可以在單位層和作業層兩層上進行最佳化。

在單位層中，使用者可以自適應地組合單位來實現不同的資料庫操作，甚至可以編寫自己的單位（如 ThetaJoinUnit）來擴展模型功能。在本節中，我們以 euqi-join 爲例來說明此模型的靈活性。圖 6-32 展示了 epiC 中如何實現基本的平等連接操作（$S \bowtie T$）。首先使用 SingleTableUnit 來掃描相應的表，並透過連接鍵對表進行分區，然後 JoinUnit 加載相應的分區以生成結果。事實上，同樣的方法也用於處理 Q3。透過使用步驟 1 中的鍵對表進行分區（圖 6-27）。故以下 JoinUnits 可以正確地執行連接操作。

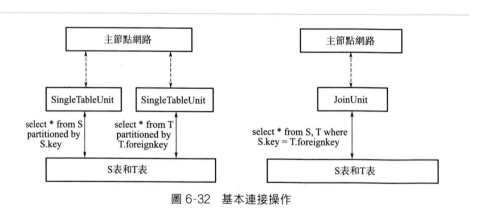

圖 6-32　基本連接操作

然而，如果 S 中的大多數元組與 T 的元組不匹配，則半連接是一種更好的能夠減少開銷的方法。圖 6-33 說明了這個觀點，第一個 SingleTableUnit 掃描表 S，並且只輸出鍵作爲結果，鍵在下一個 SingleTableUnit 中用於過濾 T 中不能與 S 連接的元組。中間結果與最後一個 JoinUnit 中的 S 連接以產生最終結果。

如示例所示，在使用了該關聯模型後，可以高效地實現半連接操作。

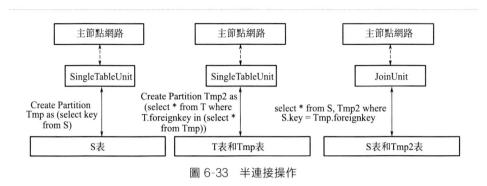

圖 6-33 半連接操作

在作業層中，查詢最佳化器可以將 SQL 查詢轉換爲 epiC 作業。使用者可以利用最佳化器來處理查詢，而不是自己編寫關聯模型的代碼。最佳化器作爲傳統的資料庫最佳化器，它首先爲 SQL 查詢生成運算符表達式樹，然後將運算符分組到不同的單位。單位之間的消息流也基於表達式樹生成。爲了避免錯誤的查詢計畫，最佳化器根據直方圖估計單位的開銷（目前只考慮 I/O 開銷）。最佳化器將遍歷表達式樹的所有變量，並選擇具有最小估計成本的變量。相應的 epiC 作業被提交給處理引擎執行。圖 6-34 顯示了表達式樹如何劃分爲 Q3 的單位。

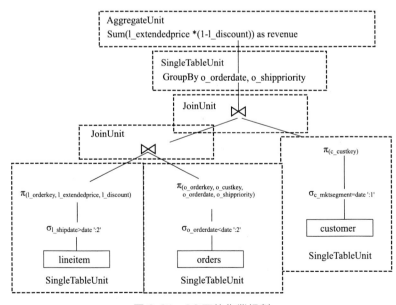

圖 6-34 Q3 下的作業規劃

查詢最佳化器作爲 MapReduce 或 Nephele 中 PACTs 編譯器的 AQUA。但在 epiC 中，單位之間的有向非循環圖並不適用於 Nephele 中的資料洗牌。相反，單位之間的所有關聯都透過消息傳遞和命名空間來維護。而所有單位直接從儲存系統中取出資料。此設計遵循 Actor 模型的核心概念，其優點羅列爲三項：a. 減少維護有向非循環圖的開銷；b. 簡化模型，使每個單位以孤立的方式運行；c. 該模型更靈活地支持複雜的資料操作作業（同步或異步）。

6.4.4 實現方案與技術細節

儘管 epiC 重用了一些 Hadoop 代碼來實現 MapReduce 擴展，但它依然是從頭使用 Java 語言進行編寫的。下面介紹 epiC 的內部構造。

類似 Hadoop、epiC 被部署在與交換式以太網連接的商用機器所組成的無共享叢集中。它旨在處理儲存在任何資料源（如資料庫或分散式文件系統）中的資料。epiC 軟體主要由三個組成部分組成：master 進程、worker tracker 進程以及 worker 進程。epiC 的架構如圖 6-35 所示。epiC 採用單主機（該主機與主網路中的伺服器不同，主要負責路由消息和命名空間的維護工作）多從機架構。epiC 叢集中只有一個主節點，運行主守護進程。master 的主要功能是指令 worker tracker 執行作業工作。主機還負責管理和監控叢集的運行狀況。Master 運行一個 HTTP 伺服器，它承載人類消費的狀態資訊。它透過遠端過程調用（remote procedure call，RPC）與 worker tracker 進程和 worker 進程進行通訊。

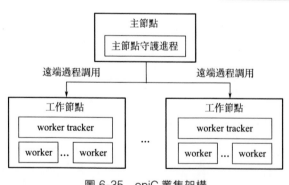

圖 6-35　epiC 叢集架構

epiC 叢集中的每個從節點都會運行一個 worker tracker 守護進程。worker tracker 管理一個 worker 進程池，這是一個擁有固定工作數的進程，用於運行單位。每個單位都運行在單個 worker 進程中。我們採用這種「池」過程型的模型，而不是根據需求開啟工作流程的按需過程模型，其中的原因有兩點：第一，預先

啟動一個 worker 進程池減少了作業執行的啟動延遲，這是因爲啟動一個全新的 Java 進程將引入非常高的啟動成本（通常爲 2～3s）；第二，最新的 HotSpot Java 虛擬機（JVM）採用即時（just-in-time，JIT）編譯技術，將 Java 位元組代碼逐步編譯成本機代碼，以獲得更好的性能。爲了充分釋放 HotSpot JVM 的強大功能，必須長時間運行 Java 程式，以便程式中的每個焦點代碼段（一段執行高代價運算任務的代碼段）都可以由 JIT 編譯器進行編譯。因此，一個始終運作的 worker 進程是最適合此目的的。

在這裡，我們將重點介紹兩個最重要部分的實現，分別爲 TTL RPC 以及容錯機制。

（1）TTL RPC

標準 RPC 方案採用裝置-伺服器、請求-應答模式來處理 RPC 調用。在此方案中，裝置向伺服器發送 RPC 請求。伺服器處理此請求並向其裝置返回求得的結果。例如，當一項任務完成時，worker tracker 將向主機執行一個 RPC 請求 taskComplete（taskId），報告完成的任務標識。master 將執行請求，更新其狀態，並向 worker tracker 作出響應。

這類請求-應答的模式對於裝置向伺服器進行連續資訊查詢而言是較爲低效的。考慮任務分配的例子，因爲主機託管所有任務資訊，而且 worker tracker 進程並不知道是否有掛起的任務，因此爲了獲得一個新的執行任務，worker tracker 必須定期對主機執行 getTask 下的 RPC 調用。由於使用者可以在任意時間點提交作業，而任務僅在固定時間點進行分配，因此這種定期拉動式的策略對作業啟動所引入的延遲可忽略不計。假設 worker tracker 在 t_0 時刻進行了一項查詢新任務，且查詢的間隔爲 T，那麼所有在 $t_1 > t_0$ 時刻提交的作業任務將延遲到 $t_0 + T$ 時刻方才進行任務分配。

由於連續查詢伺服器端資訊是 epiC 中的常見通訊模式，因此 epiC 開發了一種新的 RPC 方案，以消除爲進行低延遲資料處理而進行的連續 RPC 呼叫中的延遲時間。

該方法稱爲 TTL RPC，透過將每個 RPC 調用與使用者指定的生存時間（time to live，TTL）參數 T 相關聯，它是標準 RPC 方案的擴展。TTL 參數 T 記錄了沒有結果從伺服器返回的情況下 RPC 可以在伺服器上生存的時間；當 TTL 到期時，RPC 被認爲已被服務。例如，假設我們調用 getTask()，設定 $T = 10s$，當沒有任務分配時，master 將最多持續 10s 的呼叫請求，而不是立即返回一個空任務。在此期間，master 如果發現任何待處理的任務（如由於新作業的提交），就會對提出呼叫請求的 worker tracker 返回一項新任務。否則，如果 10s 過後仍然沒有新任務的分配，master 將向 worker tracker 返回一個空任務。標準的請求回覆 RPC 可以透過設置 $T = 0$ 來實現，此時即爲不活躍（狀態）。

epiC 使用雙重評估方案來處理 TTL-RPC 調用。當伺服器收到一個 TTL-RPC 請求 C 時，它透過將其作爲標準 RPC 調用來對 C 進行一次初始評估。如果此初始評估不返回任何內容，則伺服器將 C 放入掛起的列表中。TTL-RPC 呼叫將在待處理列表中最多保留 T 時間。伺服器對 C 進行二次評估，如果 C 查詢中的資訊有所更改，或是 T 時間已過，二次評估的結果作爲最終結果返回給裝置。使用 TTL-RPC，裝置可以連續地在一個循環中對伺服器進行 RPC 調用而不需要間隔時間，從而即時地接收伺服器端資訊。我們發現 TTL-RPC 顯著提高了輕負載任務的性能，並減小了啟動的成本。

儘管 TTL-RPC 方案是對標準 RPC 方案的簡單擴展，但 TTL-RPC 的實現對於經典 Java 網路程式中所採用的線程模型提出了一定的挑戰。一個典型的 Java 網路程式採用單線程對應單請求的線程模型。當網路建立連接時，伺服器首先從線程池拾取線程，然後從網路插槽中讀取資料，最後執行適當的運算，並將結果寫回給網路插槽。在裝置被服務之後，服務線程返回到線程池。此種單線程對應單請求的線程模型能夠與標準 RPC 有較好的通訊工作。但是，由於 TTL RPC 請求在伺服器上將保持很長時間（通常我們設定 $T = 20 \sim 30s$），因此它相對於 TTL RPC 方案而言並不合適。當多個 worker tracker 向 master 發出 TTL RPC 調用請求時，單線程對應單請求的線程模型會產生大量掛起的線程，從而迅速耗盡線程池中資源，從而使 master 無法及時響應。

epiC 使用了一個流水線線程模型來解決上述問題。流水線線程模型使用一個專用的線程來執行網路 I/O（即從網路插槽讀取請求並向其寫入結果），使用一個線程池來執行 RPC 調用。當網路 I/O 線程接收 TTL RPC 請求時，它通知伺服器並確保已建立的連接被打開。然後，伺服器從線程池中擷取服務線程並執行初始評估。在初始評估後，服務線程將返回到線程池，無論初始評估是否生成了結果。如果可能，伺服器將從線程池重新擷取線程以便進行二次評估，並且透過發送二次評估的結果來通知網路 I/O 線程去完成裝置請求。使用流水線線程模型，沒有線程（服務線程或網路 I/O 線程）將在處理 TTL RPC 調用期間被掛起，因此，該線程模型可擴展到上千個並行下的 TTL RPC 調用。

（2）容錯機制

像所有單主節點的叢集架構一樣，epiC 在設計中具有對大規模從機故障的彈性容錯機制。epiC 將從機的故障視爲該從機與主機間的一種網路分隔。爲了檢測到這種故障，master 進程與各個運行在從機上的 worker tracker 進程間透過心跳 RPC 進行通訊，如果 master 進程多次無法從 worker tracker 進程處接收到心跳資訊，則它（master）會將該 worker tracker 進程標記爲死亡狀態，並將運行該 worker tracker 進程的機器標記爲「失敗」狀態。

當一個 worker tracker 進程被標記爲死亡狀態時，master 將確定是否需要恢

復該 worker tracker 進程所處理的任務。假設使用者將 epiC 作業的輸出保存在可靠的儲存系統（如 HDFS 或資料庫）中。而所有已經完成的終端任務（即終端組中的任務託管單位）不需要被再度恢復，只需恢復正在進行的終端任務以及所有非終端任務（無論它是否已完成或正在被執行）。

epiC 使用任務再執行策略來實現任務的恢復，並且採用異步輸出備份方案來加快恢復過程。任務再執行的策略在概念上非常簡單，但是爲了能夠使它奏效，需要在基本設計上進行一些精巧的設計。而這其中存在的問題是：在某些情況下，系統可能無法找到能夠重新運行故障任務的空閒 worker 進程。

例如，我們可以考慮一個由三個單位組（一個 map 單位組 M，和兩個 reduce 組 R_1、R_2）所組成的使用者作業。M 的輸出被 R_1 處理，R_1 的輸出則進一步被 R_2 處理，而終端單位組用於產生最終輸出。epiC 透過分別將 M、R_1 和 R_2 這三個單位組各自置於 S_1、S_2 和 S_3 三個階段中來評估此項作業。系統首先啟動 S_1 和 S_2 中的任務。當 S_1 完成任務時，系統將在 S_3 中啟動任務，同時將對從 S_1 到 S_2 的資料進行洗牌。

假設此時，某一 worker tracker 的當機引起了任務 $m(m \in M)$ 輸出的丟失，主機將無法找到空閒的工作進程來重啟該失敗任務。這是因爲，所有 worker 進程都運行著 S_2 和 S_3 中的任務，並且 m 所造成的資料缺失將導致 S_2 中所有任務被停止，因而沒有 worker 進程可以完成並返回到空閒狀態。

epiC 引入一種搶佔調度方案來解決上述死鎖問題。如果任務 A 無法擷取任務 B 生成的資料，則任務 A 將通知主機，並將其狀態更新爲：in-stick（狀態）。如果主機不能在給定的時間內找到重新恢復失敗任務的空閒 worker 進程，則它會透過向相應 worker tracker 發送 killTask() RPC 請求的方式，來終止那些處於 in-stick 狀態的任務。worker tracker 在接到任務終止請求後，隨即終止那些 in-stick 狀態下的任務，並釋放相應的工作進程。最後，master 將那些已被終止的 in-stick 進程標記爲失敗，並將它們添加到失敗的任務列表中進行調度。因爲 epiC 基於階段順序來執行任務，因此搶佔調度方案解決了死鎖的問題。被發佈的 worker 進程將首先執行之前失敗的任務，再執行那些已被終止的 in-stick 狀態的任務。

重新執行操作是恢復那些執行中任務的唯一方法。對於完成的任務，還可採用任務輸出備份策略進行恢復。該方案的工作原理如下：master 定期地通知 worker tracker 將完成的任務輸出上傳到 HDFS。當主機檢測到 worker tracker W_i 失敗時，它首先指令另一個活躍的 worker trackerW_j 下載 W_i 完成的任務輸出，然後通知所有正在進行的任務，W_j 將對 W_i 的任務輸出進行服務處理。

將資料備份到 HDFS 將會消耗網路頻寬。因此，只有當輸出備份可以比任務再執行恢復機制有著更好的性能時，master 才會決定將完整的任務輸出進行

備份。爲了做出這樣的決定，對於完成的任務，master 預估了兩個期望的執行時間：E_R 和 E_B，其中 E_R 爲採用任務再執行方案下所期望的執行時間，E_B 爲當選擇輸出備份策略時所期望的執行時間。E_R 和 E_B 可由下面兩式求得：

$$E_R = T_t P + 2T(1-P) \tag{6-1}$$

$$E_B = (T_t + T_u)P + T_d(1-P) \tag{6-2}$$

上式中，P 表示在作業執行期間 worker tracker 處於有效狀態的機率；T_t 是任務 t 的執行時間；T_u 是將輸出上傳到 HDFS 的時延；T_d 是從 HDFS 下載輸出的時延。T_t、T_u 和 T_d 這三個參數比較容易收集與估計。而參數 P 則根據 worker tracker 在某天內有效的機率進行估算。

演算法 6.1：生成要備份的已完成任務列表

```
Input:包含 worker tracker 的列表 W
Output:需要備份的任務列表 L
1:for each worker tracker w ∈ W do
2:     T←執行完畢的任務列表 w
3:     for 已完成的任務 t∈ T do
4:       if EB(t)< ER(t)then
5:          L←L∪{t}
6:       end if
7:     end for
8:end for
```

master 採用演算法 6.1 來確定哪些已被完成的任務需要被備份。master 遍歷每個 worker tracker（第 1 行），對於各 worker tracker，master 擷取它的完成任務的列表（第 2 行），然後對於完成任務列表中的每個任務，master 運算 E_B 和 E_R，並在 $E_B < E_R$ 時將任務 t 添加到結果列表 L 中（第 4 行到第 5 行）。

6.4.5 實驗

下面對 epiC 在進行不同類型資料處理任務時的性能進行評估，其中包括非結構化資料處理、關聯資料處理和圖資料處理。將 epiC 與 Hadoop 進行基準測試，前者是 MapReduce 的開源實現，用於處理非結構化資料（即文字資料）和關聯資料以及 GPS[15]，後者是用於圖處理的 Pregel[12] 的開源實現。同時還對關聯資料進行了額外的實驗，用兩個新的內存資料處理系統（即 Shark 和 Impala）對 epiC 進行基準測試。所有的實驗結果爲 6 次測試運行所得的平均結果。

（1）基準測試環境

本實驗在室內叢集中進行，該叢集由兩個機架上所包含的 72 個節點組成。

在同一機架上的節點透過 1Gb/s 交換機連接，機架間則透過 10Gb/s 叢集交換機進行連接。每個叢集節點配備了四核 Intel Xeon 2.4GHz CPU、8GB 內存和兩個 500GB SCSI 磁碟。Hdparm utility 顯示磁碟的緩衝讀取吞吐量大約為 110MB/s。但是由於 JVM 的運行代價，Java 測試程式讀取本地文件的速度只能達到 70～80MB/s。

72 個節點中的 65 個點用於基準測試。在這個 65 節點的叢集中，其中一個節點作為主節點，用於控制運行 Hadoop 的 NameNode 程式、JobTracker 守護程式、GPS 伺服器節點以及 epiC 的主控後臺程式。在可擴展性的基準測試上，我們嘗試將節點（slave node）的數量從 1、4、16 逐漸增大到 64。

（2）系統設置

在實驗中，三個系統的配置如下。

① Hadoop 的設置由兩部分組成：HDFS 設置和 MapReduce 設置。在 HDFS 設置中，塊大小設置為 512MB。此設置可以顯著降低 Hadoop 調度 MapReduce 任務的成本。同時我們將 I/O 緩衝區大小設置為 128KB，將 HDFS 的複製因子設置為一個（即無複製）。在 MapReduce 設置中，每個從站（slave）都配置為運行兩個並行對映（concurrent map）和 reduce 任務。JVM 以伺服器模式運行，堆內存最大設置為 1.5GB。map 任務排序緩衝區的大小為 512MB。將合併（merge）因子設置為 500，並關閉投機調度。最後，將 JVM 重用次數設置為一1。

② 對於 epiC 中的每個 worker tracker，將 worker 進程池的大小設置為 4。在 worker 進程池中，有兩個是當前進程（運行當前單位的進程），其餘兩個進程為附加的 worker 進程。與 Hadoop 的設置類似，每個進程都有 1.5GB 內存。對於 MapReduce 擴展，我們將突發排序（burst sort）的桶（bucket）大小設置為 8192 個鍵。

③ 對於 GPS，我們採用默認的系統設置，因此無需進一步調整。

（3）基準測試任務和資料集

① 基準測試任務　基準測試由四個任務組成：Grep、TeraSort、TPC-H Q3 和 PageRank。Grep 任務和 TeraSort 任務在原始 MapReduce 論文中提供，用於演示使用 MapReduce 處理非結構化資料（即純文字資料）的可擴展性和效率。Grep 任務要求我們檢查輸入資料集的每個記錄（即一行文字字串）和輸出包含特定模式字串的所有記錄。TeraSort 任務需要系統按升序排列輸入記錄。TPC-H Q3 任務是 TPC-H 基準測試中的標準基準查詢。PageRank 演算法[13] 是迭代圖處理演算法。建議讀者查閱文獻 [13]，了解演算法的細節。

② 資料集　根據 Google 的 MapReduce 論文生成了 Grep 和 TeraSort 資料

集。生成的資料集由 N 個固定長度的記錄組成。每個記錄是一個字串，佔用輸入文件中的一行，前 10 個位元組作爲一個鍵，剩餘的 90 個位元組作爲一個值。在 Grep 任務中，需要在值部分和 TeraSort 任務中搜索模式，同時需要根據其金鑰對輸入記錄進行排序。Google 使用每個節點設置 512MB 資料生成資料集。然而，由於 HDFS 塊大小爲 512MB，因此採用每節點設置 1GB 的資料。因此，對於 1、4、16、64 節點叢集，對於每個任務（Grep 和 TeraSort），生成四個資料集：1GB、4GB、16GB 和 64GB，且每個資料集對應一個叢集的設置情況。

使用 TPC-H 基準測試附帶的 dbgen 工具生成 TPC-H 資料集。遵循 Hive 下的基準測試，Hive 是建立在 Hadoop 之上的 SQL 引擎，並且每個節點生成 10GB 資料。關於 PageRank 任務，使用來自 Twitter 的真實資料集。使用者配置文件從 2009 年 7 月 6 日至 7 月 31 日收集。實驗中選擇 800 萬個頂點及其邊緣來構建圖表。

（4）Grep 任務

圖 6-36 和圖 6-37 顯示了使用 epiC 和 Hadoop 分別執行冷（cold）文件系統快取和熱（warm）文件系統快取設置的 Grep 任務的性能。

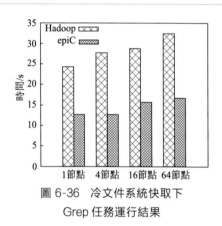

圖 6-36 冷文件系統快取下
Grep 任務運行結果

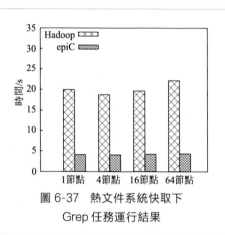

圖 6-37 熱文件系統快取下
Grep 任務運行結果

在冷文件系統快取設置（圖 6-36）中，epiC 在所有叢集設置中運行速度比 Hadoop 快兩倍。epiC 和 Hadoop 之間的性能差距主要是由於啟動成本。Hadoop 的大量啟動成本來自兩個因素：第一，對於每個新的 MapReduce 工作，Hadoop 必須啟動全新的 Java 進程來運行 map 任務和 reduce 任務；第二，也是最重要的因素，Hadoop 採用 RPC 引入的低效率的拉動機制。在 64 節點叢集中，拉動 RPC 大約需要 10～15s，Hadoop 將任務分配給所有的空間 map 插槽。然而，epiC 使用進程池技術來避免啟動用於執行新作業的 Java 進程，並採用 TTL RPC 方案進行即時分配任務。Google 最近還採用了進程池技術來減少 MapReduce 的

啟動延遲。然而從這個任務測試分析看來，除了匯總技術之外，高效的 RPC 也很重要。

在 warm 文件系統快取設置（圖 6-37）中，epiC 和 Hadoop 之間的性能差距甚至更大，達 4.5 倍。Hadoop 的性能並不會受益於 warm 文件系統快取，即使在 warm 快取設置中，資料也是從快速快取中讀取，而不是慢磁碟，Hadoop 的性能僅提高了 10％。這個問題的原因是 RPC 引起的低效任務分配。另一方面，epiC 在這個設置中完成 Grep 任務只需要 4s，比在 cold 快取設置中執行相同的 Grep 任務快三倍。這是因爲 epiC 在執行 Grep 任務時的瓶頸是 I/O。在 warm 快取設置中，epiC Grep 作業可以從内存而不是磁碟中讀取資料，因此其性能逐漸趨於最佳。

（5）TeraSort 任務

圖 6-38 和圖 6-39 展示了兩個系統（epiC 和 Hadoop）在兩個設置（即 warm 和 cold 快取）下執行 TeraSort 任務的性能。epiC 在兩個因素方面下的性能完勝 Hadoop。這種性能差異有兩個原因：①Hadoop 的 map 任務是 CPU 綁定。平均來說，map 任務大約需要 7s 從磁碟讀取資料，然後大約需要 10s 來分類中間資料。最後，需要另外 8s 將中間資料寫入本地磁碟。排序約占 map 執行時間的 50％。②由於拉式 RPC 性能不佳，map 任務的通知不能及時傳播到 reduce 任務。因此，map 完成和 reduce 洗牌（shuffling）之間存在明顯的差距。

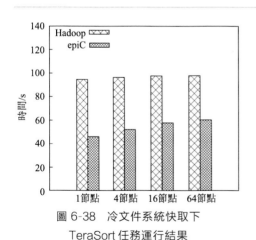

圖 6-38　冷文件系統快取下
TeraSort 任務運行結果

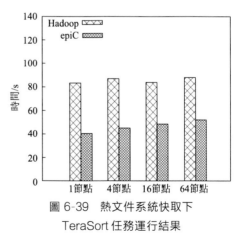

圖 6-39　熱文件系統快取下
TeraSort 任務運行結果

然而，epiC 沒有這樣的瓶頸。配備了 order-preserving 編碼和突發排序技術，epiC 可以在平均 2.1s 的時間內分類中間資料，大概比 Hadoop 快 5 倍。此外，epiC 的 TTL RPC 方案可以啟動 reduce 單位接收 map 完成通知。epiC 能夠比 Hadoop 早 5～8s 啟動洗牌操作（shuffling）。

與在 cold 快取設置中的性能（圖 6-38）相比，epiC 和 Hadoop 在 warm 快取設置中的運行速度並沒有快很多（圖 6-39），最多有 10％的提高。這是因爲由磁碟掃描資料並不是 TeraSort 任務執行的瓶頸。對於 Hadoop，性能的瓶頸在於 map-side sorting 和資料 shuffling。對於 epiC，map 單位的瓶頸是將中間資料存留於磁碟，而 reduce 單位的性能瓶頸則集中於 shuffling。我們計畫透過構建用於保存和 shuffling 中間資料的內存中文件系統來消除 map 單位中的資料存留成本。

（6）TPC-H Q3 任務

圖 6-40 中呈現了 epiC 和 Hadoop 在冷文件系統快取下執行 TPC-H Q3 的運行結果。對於 Hadoop，我們首先使用 Hive 生成查詢計畫。然後，根據生成的查詢計畫，手動編寫 MapReduce 程式來執行此任務。評估方案顯示手動編碼的 MapReduce 程式的運行速度比 Hive 的本地解釋快 30％。MapReduce 程式由五部分作業組成：第一項作業將 customer 和 orders 進行連接操作並生成連接操作的結果 I_1。第二項作業在聚合、排序和限制其餘三個作業執行的前 10 個結果後，將 I_1 與 lineitem 相加。epiC 的查詢計畫和單位實現已在前文中介紹過。

根據圖 6-40，epiC 的運行速度比 Hadoop 快約 2～2.5 倍。這是因爲 epiC 相比 Hadoop 使用更少的操作來進行查詢評估（5 個單位對 5 個 maps 和 5 個 reduces），並採用異步機制運行單位。在 Hadoop 中 5 項作業順序運行。因此，下行流（down stream）mappers 必須等待所有上行流（up stream）reducers 完成後才能開始工作。然而，在 epiC 中，down stream 單位不用等待上行流（up stream）單位完成就可以開始。

（7）PageRank 任務

本實驗對三個系統在執行 PageRank 任務下的性能進行了比較。PageRank 演算法的 GPS 實現與文獻［12］相同。PageRank 演算法的 epiC 實現由單個單位組成。Hadoop 實現包括一系列迭代作業。每個作業讀取上一個作業的輸出以運算新的 PageRank 值。類似於 epiC 的單位，Hadoop 中的每個 mapper 和 reducer 將處理一批頂點。在所有實驗中，PageRank 演算法在 20 次迭代後終止。圖 6-41 給出了實驗結果。我們發現所有系統都具有可擴展性。然而，在這三個系統中，epiC 有更好的加速最佳化。這是因爲 epiC 採用基於消息傳遞的異步通訊模式，而 GPS 需要同步處理節點，同時 Hadoop 會爲每個作業重複創建新的 mapper 和 reducer。

（8）容錯

最後的實驗部分研究了 epiC 處理機器故障的能力。在這部分實驗中，epiC

和 Hadoop 都用於執行 TeraSort 任務。在資料處理過程中，透過「終止」在這些機器上運行的所有守護進程（TaskTracker、DataNode 和 worker tracker）來模擬從機故障。HDFS 的複製因子設置爲 3，因此 DataNode 岩機不會丟失資料。兩個系統（epiC 和 Hadoop）都採用心跳進行故障檢測。故障超時閾值設置爲 1min。epiC 配置爲採用任務重新執行方案進行恢復。該實驗於 16 個節點叢集啓動。在工作完成進度達到 50％時模擬 4 臺機器故障。

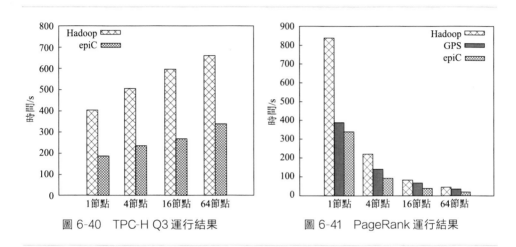

圖 6-40　TPC-H Q3 運行結果　　　　　圖 6-41　PageRank 運行結果

　　圖 6-42 展示了該部分的實驗結果。可以看出，機器故障減慢了資料處理速度。當 25％的節點出現故障時，epic 和 Hadoop 都會經歷 2 倍的衰減（HNormal 和 E-Normal 分別表示 Hadoop 和 epiC 的正常執行時間，H-Failure 和 E-Failure 分別表示其發生機器故障時的執行時間）。

（9）與內存系統的比較

　　實驗還使用兩個新的內存資料庫系統來評估 epiC：Shark 和 Impala。由於 epiC 是設計爲基於磁碟的系統，而 Shark 和 Impala 是基於內存的系統，因此性能比較僅用於表示 epiC 的效率。

　　在實驗中，由於 Shark 和 Impala 採用內存資料處理策略，並要求整個工作集（在資料處理期間生成的原始輸入和中間資料）都位於內存中，因此無法在每節點 10GB 設置的系統中運行 Q3 系統。因此，實驗將資料集減少到每個節點 1GB。Shark 使用 Spark 作爲其底層資料處理引擎。實驗根據手冊將 Spark 的工作記憶設置爲 6GB。由於 Impala 可以自動檢測可用內存來使用，所以不會進一步調整。Hadoop 和 epiC 的設置與其他實驗中相同。

　　圖 6-43 給出了該實驗的結果。在單節點設置中，Shark 和 Impala 都勝過 epiC，這是因爲前兩個系統將所有資料保存在內存中，而 epiC 需將中間資料寫

入磁碟。然而，在多節點設置中，這種性能差距便消失了。這是因爲在這些設置中，所有系統都需要在節點間 shuffle 資料，從而網路成爲瓶頸。資料洗牌（shuffling）的成本抵消了 Shark 和 Impala 帶來的內存處理的優勢。

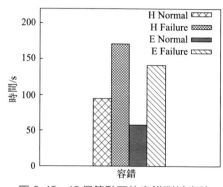

圖 6-42　16 個節點下的容錯測試實驗

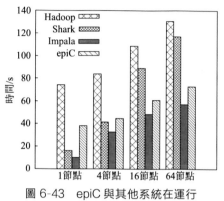

圖 6-43　epiC 與其他系統在運行 TPC-H Q3 下的比較

6.5　群組查詢處理技術

6.5.1　簡介

　　網際網路應用通常會產生巨量的活動資料，對這些資料加以分析，有助於深入理解使用者行爲，從而幫助商家增加銷售額或是保留使用者量。舉個例子來說明，表 6-2 是某手機遊戲的使用者活動資料的部分樣本，表中的每一行代表了一次使用者行爲和相關資料，例如 t_1 就表示的是 001 號玩家於 2013 年 5 月 19 日在澳洲使用 dwarf 角色開始了遊戲。

　　爲了對表中的使用者行爲加以分析，通常的做法是使用 SQL 查詢語言中的聚合函數 GROUP BY。例如，如果想知道玩家在遊戲中使用 gold（虛擬遊戲貨幣）進行購物的趨勢，可以用如下的 SQL 語句 Q_s 進行分析：

```
SELECT week,Avg(gold)as avgSpent
FROM GameActions
WHERE action=「shop」
GROUP BY Week(time)as week
```

　　在樣本資料集（表 6-2 所示的是該資料集的一部分）上運行上述的查詢語

句，就會得到表 6-3 的結果，其中的每一行代表所有使用者每一周的平均消費 gold 數量。從該結果來看，使用者消費水準有輕微的下降趨勢，之後又有略微的回升，除此之外，就不能得到更多有用的資訊了。

表 6-2　移動遊戲活動表

t	player	time	action	role	country	gold
t_1	001	2013/05/19:1000	launch	dwarf	Australia	0
t_2	001	2013/05/20:0800	shop	dwarf	Australia	50
t_3	001	2013/05/20:1400	shop	dwarf	Australia	100
t_4	001	2013/05/21:1400	shop	assassin	Australia	50
t_5	001	2013/05/22:0900	fight	assassin	Australia	0
t_6	002	2013/05/20:0900	launch	wizard	USA	0
t_7	002	2013/05/21:1500	shop	wizard	USA	30
t_8	002	2013/05/22:1700	shop	wizard	USA	40
t_9	003	2013/05/20:1000	launch	bandit	China	0
t_{10}	003	2013/05/21:1000	fight	bandit	China	0

表 6-3　Q_s 查詢結果

week	avgSpent
2013-05-19	50
2013-05-26	45
2013-06-02	43
2013-06-09	42
2013-06-16	45

然而，有兩個因素是會影響到人們的行為的：一是年齡，人們的行為模式會隨著年齡的成長而發生改變；二是社會環境，這也會影響人們的行為方式。在手機遊戲案例中，玩家傾向於在遊戲初期會買更多的武器裝備，這就是「遊戲年齡」對玩家行為的影響；在另一方面，當有新武器被開發並引進到遊戲中時，玩家也會開始大量消費來攞取新武器，這是社會環境改變所致的。在社會科學中，群組分析就是一種針對類似情況的資料分析方法，它能夠分析在不斷變化的社會環境中，年齡的成長對於人類行為的影響，從而得到一些有價值的結論。

社會學家使用群組分析來分析人類行為通常包含三個步驟：①將所有的使用者分成不同的群組；②為使用者行為確定年齡；③在每一個分組中進行聚合運算。與第一個步驟對應的是所謂的 cohort 操作，分組需要體現社會環境的變化。社會學家選取一個特定的使用者行為 e（被稱作 birth action），並根據每個使用

者第一次執行 e 行爲的時間（該時間被稱作 birth time）來將他們分到不同的群組中（每一個群組即一個 cohort）。這樣一來，每個群組可以用與該群組的 birth time 對應的時間區間（一周或一個月）來表示，當使用者所屬的群組被確定之後，該使用者的所有行爲資料都被分配到該群組中。在第二個步驟中，社會學家在同一群組內根據「年齡」指標來對使用者行爲進一步分組，其目的在於分析年齡對行爲的影響。某一使用者行爲 t 的「年齡」指的是該使用者的 birth time 與它執行 t 行爲之間的時間間隔。最後一步，就是對前兩個步驟中分組之後的資料進行聚合運算。

在上述手機遊戲的例子中，如果選取 launch 行爲作爲 birth action，使用一周的時間長度作爲分組間隔大小，那麼玩家 001 就被分配到 2013-05-19 群組中，因爲該玩家第一次執行 launch 行爲的時間落在該時間區間中。在每個組內按照年齡進一步分組，最後統計每個小的分組內的平均花費 gold 數量，得到表 6-4 的結果。

表 6-4　購物趨勢的群組分析結果

cohort	age/weeks				
	1	2	3	4	5
2013-05-19(145)	52	31	18	12	5
2013-05-26(130)	58	43	31	21	
2013-06-02(135)	68	58	50		
2013-06-09(140)	80	73			
2013-06-16(126)	86				

對表 6-4 的每一行資料進行橫向觀察，可以發現，使用者在遊戲初期比遊戲後期進行了更多的消費行爲，這就是年齡對於使用者行爲的影響。如果把不同行的資料進行縱向比較，會得到與表 6-3 中消費水準下降不同的結論，從表 6-4 的第一行到第二行，同一列的消費數量增加了，這說明遊戲的迭代開發成功地使其對使用者保持著吸引力。這些結論是從表 6-3 的 OLAP 分析中所得不到的。

上面的這個例子表明，經典的群組分析對於研究使用者保有量是十分有幫助的。透過比較不同群組中的使用者行爲，可以找到使用者行爲開始發生變化的時間點，再將其與該時間點發生的重大事件進行比對，就能推測出是哪些因素在影響著使用者的行爲。例如，網際網路創業公司可以使用這種方法來研究產品的新功能對於使用者擷取量和使用者保有量的影響；線上購物網站可以分析一個新的商品推薦演算法是否有助於增加銷售額。

然而，社會科學中使用的標準群組分析存在兩大局限性。其一，社會科學研究通常是要在整個資料集上進行分析。這是由於他們使用的資料集通常比較小，

並且是爲了某一個群組分析工作而專門搜集的。這樣，就沒有辦法提取一部分的
資料來進行群組分析。雖然對部分資料的提取工作並不複雜，但是如果方法不
當，可能會得到錯誤的分析結論。以表 6-2 的資料爲例，如果選取 launch 作爲
birth action，並且只想對時間在 2013 年 5 月 22 日之後的使用者行爲資料進行群
組分析，透過資料提取，得到資料集 $\{t_5, t_8\}$。然而，無法直接在該資料集上進
行群組分析，因爲代表 001 號玩家 birth action 的資料（即 t_1）被篩除掉了。其
二，社會學家僅僅使用時間屬性來對使用者進行分組，這是由於時間是決定社會
變化的主要指標。然而，在某些情況下，也需要使用其他屬性作爲分組依據，從
而能進行廣義上的群組分析。雖然這在功能上僅是一個小小的擴展，但它能大大
增加群組分析的應用場景。下面的例子說明了一些使用經典群組分析無法解決的
問題，但可以使用擴展的群組分析來解決。

【例 6.1】 研究不同條件的使用者（年齡、薪資和地理位置等）的保有率，
把使用者根據不同的屬性進行分組，並研究組間的使用者保有率差異，有助於企
業制訂適宜的方案用於提高使用者保有率。

【例 6.2】 醫生可能會想知道患者重複住院是否與他們首次住院時的身體狀
況有關，群組分析可以幫助醫生得到結論：把使用者根據不同的身體狀況指標進
行分組，再比較不同組在不同時期的平均重複住院次數，有助於分析住院次數與
身體狀況的聯繫。

【例 6.3】 風險投資想要知道哪種類型的創業公司具有投資價值，他們可以
根據許多方面的因素（產品、使用者攝取量、淨營業額、使用者保有率和公司結
構等）對這些創業公司進行分組，之後再找出哪些分組中有更多的公司在競爭中
生存了下來。

爲了讓群組分析能適用於上述的應用場景，需要對傳統的群組分析加以擴
展，使其支持複雜的分析任務。

6.5.2 群組查詢的非侵入式方法

使用現有的關聯資料庫和 SQL 查詢語句可以實現非侵入式方法進行群組分
析，使用如下的群組查詢任務爲例進行說明。

【例 6.4】 使用表 6-2 的資料爲例，選取 launch 爲 birth action，對於那些選
取 dwarf 職業的玩家，根據出生的國家作爲分組依據，給出每個國家分組下玩家
花費的 gold 總數。

圖 6-44 所示的是爲了完成該查詢工作所需的 SQL 查詢語句 Q_s。爲了節省
空間，用 p、a、t、c 分別表示表 6-2 中的 player，action，time 和 country。Q_s
使用了四個子查詢［即圖 6-44 中（a）～（d）］和一個總查詢［圖 6-44 中（e）］來

產生查詢結果。總的來說，這樣的查詢方法效率很低，原因有三：

① Q_s 語句十分冗長，很容易出現錯誤；

② Q_s 中包含很多的 join 操作，執行效率較低；

③ 需要手動調試。例如你可能注意到，如果將 Q_s 中第五個查詢語句中的條件選擇（即 birthRole＝「dwarf」）移到第三個子查詢中，就可以減小中間結果的大小。在理想情況下，這樣的最佳化工作可以透過最佳化器實現，但是在實驗過程中發現很少有資料庫系統能夠自動進行這樣的最佳化。

```
WITH birth AS(
  SELECT p,Min(t) as birthTime
  FROM D
  WHERE a="launch"
  GROUP BY p
),
        (a)
```

```
birthTuples AS(
  SELECT p,c as cohort,birthTime
       role as birthRole
  FROM D,birth
  WHERE D.p=birth.p AND
        D.t=birth.birthTime),
        (b)
```

```
cohortT AS(
  SELECT p,a,cohort,birthRole,gold
       TimeDiff(D.t,birthTime)as age
  FROM D,birthTuples
  WHERE D.p=birthTuples.p),
        (c)
```

```
cohortSize AS(
  SELECT cohort,Count(distinct p)as size
  FROM cohortT
  GROUP BY cohort
),
        (d)
```

```
SELECT cohort,size,age,Sum(gold)
FROM cohortT,cohortSize
WHERE cohortT.cohort=cohortSize.cohort
     birthRole="dwarf"AND a="shop"AND age>0
GROUP BY cohort,age
        (e)
```

圖 6-44　使用 SQL 語句的 Q_s 查詢

為了提高查詢效率，可以採用物化視圖的方法來保存中間結果。例如，可以將圖 6-44(c) 的中間結果 cohortT 表進行物化：

CREATE VIEW MATERIALIZED cohorts as cohortT

有了 cohorts 之後，可以把 Q_s 表達成更精簡的形式，只需要包含圖 6-44 中的 (d) 和 (e) 兩個語句。同時，查詢效率也可以得到提升，因為現在只需要執行一次 join 操作。然而物化視圖的方法也面臨一些問題。

① 產生物化視圖的過程本身也是一個耗時的操作，因為它包含了兩個 join 操作 [圖 6-44 中的 (b) 和 (c)]。

② 在一般的群組查詢處理中，物化視圖會佔據大量的儲存空間。圖 6-44(c) 中只包含了 birthRole 這一個屬性，這是由於該查詢中的 birth action 只對使用者創建角色進行篩選。然而，如果有其他的條件被加入到 birth action 的選擇條件中，這些相關的屬性也會出現在物化視圖中，在最糟糕的情況下，每一個屬性都

可能會被包含在物化視圖中，所需的儲存空間將會是原始活動記錄資料的兩倍。

③ 上面創建的物化視圖只能用於 birth action 被指定爲 launch 的群組查詢，一旦 birth action 變更了，物化視圖需要被重新創建。考慮到物化視圖本身的創建和維護成本，這樣的方法顯然有很大局限性。

④ 該查詢效率不是最佳的。根據查詢要求，如果一個玩家不是使用 dwarf 角色進行遊戲，那麼與此玩家相關的所有行爲記錄都需要被排除掉。理想情況下，就可以直接跳過這些玩家並且不需要進一步確認。然而，在圖 6-44(e) 中，使用物化視圖的方法就會不必要地對玩家的每一條行爲記錄進行排查（將 birthRole 屬性與 dwarf 進行比對）。即使在 birthRole 屬性上建立索引並不會有多大幫助，但因爲索引查詢會引入許多的隨機尋找，也會降低查詢效率。

6.5.3　群組查詢基礎

群組指的是具有相似特徵的一群人，該相似性表現在他們第一次執行某一特定動作時的某些屬性上的相似，每一個群組用該特定動作和相應屬性的值來標定。例如，在 2015 年 1 月第一次登入的使用者所構成的群組就被稱作「2015 年 1 月登入群組」。類似地，由那些在 USA 進行第一次購買動作的使用者組成的就是「USA 購買群組」。廣義上講，群組分析是一項對不同群組的使用者行爲進行縱向比較的資料分析技術。

（1）資料模型

活動關聯是一種特殊的關聯，它的每一行表示的是一次使用者活動記錄，而所有的活動記錄資料構成的集合可以看作是該關聯的實例。活動關聯也稱作活動表。

一個活動表 D 是由一系列屬性構成的關聯，這些屬性包括 A_u，A_t，A_e，A_1，$\cdots$，A_n（$n \geqslant 1$）。A_u 是標識使用者的字串；A_e 也是一個字串，代表了預先定義好的動作中的某一個特定動作；A_t 表示 A_u 使用者執行 A_e 動作的時間。活動表 D 中的其他屬性都是經典關聯模型中的屬性。活動表中的每一行都可以由（A_u, A_t, A_e）三個屬性唯一確定，它們構成了該關聯中的主鍵約束，也就是說，每一個使用者 i 只能在某一個時間點執行一次動作 e。以表 6-2 爲例，該表格中的第 2～4 列分別代表使用者（A_u）、時間戳（A_t）和動作（A_e）；Role 和 Country 兩個屬性分別表示玩家 A_u 在 A_t 時間執行 A_e 動作時使用的角色和所在的國家；gold 屬性代表了玩家 A_u 執行此動作時花費的虛擬貨幣數量。

（2）群組查詢中的基本概念

群組分析中有三個核心基本概念：birth action、birth time 和 age。給定一個動作 $e \in \text{Dom}(A_e)$，使用者 i 的 birth time 被定義爲他第一次執行 e 動作的時

間，如果他從未執行該動作，則 birth time 被定義爲－1，如定義 1 所示。如果動作 e 被用來定義使用者的 birth time，那麼它就是 birth action。

定義 6.5：給定一個關聯表 D，並指定動作 $e \in \text{Dom}(A_e)$ 爲 birth action，時間 $t^{i,e}$ 被稱作使用者 i 的 birth time 當且僅當

$$t^{i,e} = \begin{cases} \min\pi_{A_t}(\sigma_{A_u=i \wedge A_e=e}(D)), \sigma_{A_u=i \wedge A_e=e}(D) \neq \phi \\ -1, 其他 \end{cases}$$

其中 π 和 σ 分別是標準的投影算符和選擇算符。

定義 6.6：給定一個關聯表 D，並指定動作 $e \in \text{Dom}(A_e)$ 爲 birth action，元組 $d^{i,e} \in D$ 被稱作使用者 i 的 birth 活動元組當且僅當

$$d^{i,e}[A_u] = i \wedge d^{i,e}[A_t] = t^{i,e}$$

由於 (A_u, A_t, A_e) 構成了活動表 D 的主鍵，對於每一個使用者 i，當活動 e 被指定爲 birth action 之後，只存在唯一的 birth 活動元組。

定義 6.7：當確定了 birth time 爲 $t^{i,e}$ 之後，數值 g 被稱作使用者 i 在元組 $d \in D$ 中的 age 當且僅當

$$d[A_u] = i \wedge t^{i,e} \geqslant 0 \wedge g = d[A_u] - t^{i,e}$$

age 概念的引入是爲了能夠對群組中特定時間段的活動記錄進行聚合運算。在群組分析中，只需要對 age 值爲正數的元組進行運算，這些元組被稱爲 age 活動元組。並且在實際應用中，age 的值 g 要對某時間單位進行歸一化，例如一天、一周或是一個月。一般地，默認以一天作爲 g 的單位。

以表 6-2 的活動表爲例，假如指定 launch 爲 birth action，那麼元組 t_1 就是玩家 001 的 birth 活動元組，他的 birth time 爲 2013/05/19：1000。元組 t_2 是玩家 001 在 age 值爲 1 時的 age 活動元組。

(3) 群組查詢算符

接下來介紹新的群組查詢算符，它們都是作用在單個活動表上的，其中兩個算符用於根據篩選條件從表中提取一部分的活動記錄，另外一個算符用於對每個群組的資料進行聚合運算。這些算符的組合使得群組查詢的表達方式更加優美和簡潔。

① $\sigma_{C,e}^b$ 算符　$\sigma_{C,e}^b$ 被稱作 birth 選擇算符，用於從活動表中選出某一部分使用者的活動記錄元組，這些使用者的 birth 活動元組必須滿足某一特定條件 C。

定義 6.8：給定一個活動表 D，birth 選擇算符 $\sigma_{C,e}^b$ 被定義爲

$$\sigma_{C,e}^b(D) = \{d \in D \mid i \leftarrow d[A_u] \wedge C(d^{i,e}) = \text{true}\}$$

其中 C 是一個命題，e 是 birth action。

考慮表 6-2 中的活動關聯 D，假如想要從 D 中得到那些在澳洲開始遊戲的使用者的活動記錄，可以使用下面的表達式，得到的結果是集合 $\{t_1, t_2, t_3, t_4, t_5\}$

$$\sigma^{b}_{\text{country}=\text{Australia},\text{launch}}(D)$$

② $\sigma^{g}_{C,e}$ 算符　$\sigma^{g}_{C,e}$ 被稱作 age 選擇算符，用於從活動表中選出所有的 birth 活動元組和滿足條件 C 的部分 age 活動元組。

定義 6.9：給定一個活動表 D，age 選擇算符 $\sigma^{g}_{C,e}$ 被定義爲

$$\sigma^{g}_{C,e}(D)=\{d\in D\,|\,i\leftarrow d[A_u]\wedge$$

$$[(d[A_t]=t^{i,e})\vee(d[A_t]>t^{i,e}\wedge C(d)=\text{true})]\}$$

其中 C 是一個命題，e 是 birth action。

以表 6-2 爲例，如果以 shop 爲 birth action，想得到所有的 birth 活動記錄和一部分 age 活動記錄，這些 age 活動記錄表明了玩家在除了中國以外的其他國家進行了遊戲內的購買行爲，那麼使用下面的表達式可以得到想要的結果

$$\sigma^{g}_{\text{action}=\text{shop}\wedge\text{country}\neq\text{China},\text{shop}}(D)$$

使用了上面的選擇算符之後得到的結果是集合 $\{t_2,t_3,t_4,t_7,t_8\}$，其中 t_2 是 001 號玩家的 birth 活動元組，t_3 和 t_4 是 001 符合要求的 age 活動元組，t_7 和 t_8 分別是 002 號玩家的 birth 活動元組和符合條件的 age 活動元組。

在使用 $\sigma^{g}_{C,e}$ 算符的時候，通常需要在條件 C 中指定某些屬性的值與相應的 birth 活動元組相同。例如，以 shop 爲 birth action，想要得到某些 age 活動記錄，它們表明了該玩家在遊戲中發生了購買行爲，並且所在國家與他們出生的國家相同。爲了方便這種操作，引入 Birth() 函數。給定一個屬性 A，對於任何的活動元組 d，Birth(A) 返回 $d[A_u]$ 的 birth 活動元組中屬性 A 的值：

$$\text{Birth}(A)=d^{i,e}[A]$$

其中 $i=d[A_u]$，e 爲 birth action。

在上面的例子中，假定 shop 是 birth action，想要得到所有的 birth 活動記錄和一部分 age 活動記錄，這些 age 活動記錄表明了玩家使用他們出生時的角色發生了購買行爲，下面的表達式能夠產生想要的結果

$$\sigma^{g}_{\text{role}=\text{Birth(role)},\text{shop}}(D)$$

運算的結果得到集合 $\{t_2,t_3,t_7,t_8\}$，其中 t_2 和 t_7 分別是玩家 001 和 002 的 birth 活動元組，t_3 和 t_8 分別是符合要求的 age 活動元組。

③ $\gamma^{C}_{\mathcal{L},e,f_A}$ 算符　接下來介紹 $\gamma^{C}_{\mathcal{L},e,f_A}$ 算符，它透過兩個步驟產生群組聚合結果：將使用者分爲不同的群組；進行聚合運算。

在第一步中，給定一個活動表 D，它的屬性集合爲 $\mathcal{A}$，birth action 爲 e，選定屬性集合 $\mathcal{A}$ 的一個子集 $\mathcal{L}\subset\mathcal{A}$，使得 $\mathcal{L}\cap\{A_u,A_e\}=\phi$。根據 $d^{i,e}[\mathcal{L}]$ 的值的不同將每個使用者 i 分到對應的群組 c 中。本質上，是透過將使用者的 birth 活動元組對映到一個特定的屬性子集來將對使用者進行分組。

在例子中，假定 launch 爲 birth action，分組屬性集爲 $\mathcal{L}\in\{\text{country}\}$，表 6-2 中

的 001 號玩家被分到「澳洲 launch 群組」，002 號玩家被分到「USA launch 群組」，而 003 號玩家則是「中國 launch 群組」。

定義 6.10：給定一個活動表 D，群組聚合算符 $\gamma_{\mathcal{L},e,f_A}^C$ 被定義爲

$$\gamma_{\mathcal{L},e,f_A}^C(D) = \{(d_{\mathcal{L}}, g, s, m) \mid$$
$$D_g \leftarrow \{(d, l, g) \mid d \in D \wedge i \leftarrow d[A_u]$$
$$\wedge l = d^{i,e}[\mathcal{L}] \wedge g = d[A_t] - t^{i,e}$$
$$\wedge (d_{\mathcal{L}}, g) \in \pi_{l,g}(D_g)$$
$$\wedge s = \text{Count}(\pi_{A_u}\sigma_{d_g[l]=d_{\mathcal{L}}}(D_g))$$
$$\wedge m = f_A(\sigma_{d_g[l]=d_{\mathcal{L}} \wedge d_g[g]=g \wedge g>0}(D_g))\}$$

其中 $\mathcal{L}$ 是分組屬性集，e 是 birth action，f_A 是在屬性 A 上的標準聚合函數。

在第二步中，對於每個由群組和 age 的不同組合確定的分組，選定屬於該分組的使用者的 age 活動元組，並對元組進行聚合運算。

總而言之，群組聚合算符以活動表 D 作爲其輸入，並輸出一個標準的關聯 R，它的每一行由 $(d_{\mathcal{L}}, g, s, m)$ 四個部分組成。其中 $d_{\mathcal{L}}$ 是 birth 活動元組在分組屬性集 $\mathcal{L}$ 上的對映，它能夠唯一地標識一個分組；g 是 age，代表進行該聚合運算的時間點；s 是該分組的大小，即屬於該組的使用者的數量；m 是使用聚合函數 f_A 進行運算之後得到的值。注意 f_A 只對那些 $g>0$ 的活動元組進行運算。

④ 群組算符的性質　需要注意的是，在 birth action 相同的情況下，群組算符中的兩個選擇算符 $\sigma_{C,e}^b$ 和 $\sigma_{C,e}^g$ 是可以交換順序的。

$$\sigma_{C,e}^b\sigma_{C,e}^g(D) = \sigma_{C,e}^g\sigma_{C,e}^b(D) \tag{6-3}$$

可以利用這個性質將 birth 選擇算符放置到查詢計畫的最下層來進行最佳化。

a. 群組查詢。給定一個活動表 D 以及算符 $\sigma_{C,e}^b$、$\sigma_{C,e}^g$、$\pi_{\mathcal{L}}$ 和 $\gamma_{\mathcal{L},e,f_A}^C$，群組查詢 $Q: D \rightarrow R$ 可以表示爲由這些算符的組合，D 作爲輸入參數，R 爲輸出結果，需要滿足的約束是所有的算符都必須以相同的動作 e 作爲 birth action。爲了表達一個群組查詢，可以使用下面的 SQL 風格的 SELECT 語句。

```
SELECT…FROM D
BIRTH FROM action=e[ANDσ_{C,e}^b]
[AGE ACTIVITIES INσ_{C,e}^g]
COHORT BYℒ
```

在上面的語句中，e 是由資料分析師爲整個群組查詢指定的 birth action，BIRTH FROM 子句和 AGE ACTIVITIES IN 子句的順序是可以互換的，$\sigma_{C,e}^b$

和 $\sigma_{C,e}^{g}$ 算符是可選的。AGE 和 COHORTSIZE 兩個關鍵字可以放置在 SELECT 子句用於在 γ_{L,e,f_A}^{C} 運算的結果中顯示相應的列。在基本的群組查詢語句中，除了對映之外，是不允許出現其他關聯算符的，例如 σ（對應於 WHERE）和 γ（對應於 GROUP BY），以及二元運算符（如交集運算和連接運算）。

使用這些新的算符，可以把例 6-4 中的查詢表示成如下形式：

```
Q1:SELECT country,COHORTSIZE,AGE,Sum(gold)as spent
FROM D AGE ACTIVITIES IN action=「shop」
BIRTH FROM action=「launch」AND role=「dwarf」
COHORT BY country
```

b. 擴展。群組查詢可以進行多方面的擴展，以支持複雜度更高的深入分析。首先，可以在一個查詢語句中同時包含群組查詢與 SQL 語言，使用這樣的混合查詢來進行資料分析。例如，如果想使用 SQL 語句對群組查詢結果進一步分析，可以把群組查詢結果放在 WITH 子句中，外面再套一個標準 SQL 查詢語句，下面的例子展示了具體使用方法。

```
WITH cohorts AS(Q1)
SELECT cohort,AGE,spent FROM cohorts
WHERE cohort IN[「Australia」,「China」]
```

另一種擴展方式就是引入二元的群組查詢算符（例如連接運算、交集運算等）來對多個活動表進行分析。

c. 從群組查詢算符到 SQL 語句的對映。可以使用一個爲特定的 birth action 生成的物化視圖來將群組查詢算符表示爲 SQL 子查詢，這樣就能用非侵入式的方法解決群組查詢的問題。

物化視圖的方法會對每個使用者 i 和他的 birth action 的相關屬性進行儲存，因此，可以用 SQL 中包含 WHERE 子句的 SELECT 語句來實現 birth 選擇算符 $\sigma_{C,e}^{b}$。類似地，可以用同樣的方式來實現 age 選擇算符 $\sigma_{C,e}^{g}$，只需將 WHERE 子句中的條件改成相應的對 age 活動元組的篩選，並且包含所有的 birth 活動元組即可。至於群組聚合算符 γ_{L,e,f_A}^{C}，可以用 SQL 中的 GROUP BY 聚合函數來實現。

舉個例子，圖 6-45 所示的是 Q_1 群組查詢對應的 SQL 查詢語句，其中的物化視圖是以 launch 爲 birth action 生成的。與圖 6-44 相同，player、action 和 time 分別簡化爲 p、a 和 t。bc、br、bt 和 age 四個屬性是在原本的活動表上進一步物化的結果。前面三個屬性，bc、br 和 bt 分別表示 country、role 和 time。需要注意的是，圖 6-45 中的 SQL 語句都被拆分開以便於閱讀，實際上可以把圖（a）和圖（b）結合成一個 SQL 語句來進行最佳化。

```
WITH birthView AS(              ageView AS(
  SELECT p,a,t,gold,             SELECT *
    bc,bt,age                    FROM birthView
  FROM MV                        WHERE a="shop"OR
  WHERE br="dwarf"                 (t=bt AND a="launch")
),                             ),
```

(a) $\sigma^{b}_{role="dwarf",launch}$　　　　　　　(b) $\sigma^{g}_{action="shop",launch}$

```
cohortSize AS(                 SELECT cohort,size,age,
  SELECT bc as cohort,            Sum(gold)as spent
    Count(distinct p)          FROM ageView,cohortSize
      as size                  WHERE cohort=bc
  FROM birthView               GROUP BY cohort,age
  GROUP BY bc),
```

(c)　　　　　　　　　(d) $\gamma^{c}_{country,\ launch,\ Sum(gold)}$

圖 6-45　物化視圖方法與群組查詢算符對應關聯

6.5.4　群組查詢引擎 COHANA

　　爲了使其支持新的群組查詢算符，COHANA 系統對列式資料庫進行了以下四個方面的擴展：①設計了用於儲存活動表的分級儲存格式；②對表掃描算符進行修改，當遇到不合要求的使用者時，該演算法可以直接跳過他的所有 age 活動元組；③對群組算符進行了高效的實現；④可以利用群組查詢算符的性質［如公式(6-3)］對查詢進行最佳化。圖 6-46 展示了 COHANA 的系統架構，它包括四個模組──編譯器、元資料管理器、儲存管理器和查詢執行器。前面兩個組件並無特殊之處，主要介紹後面兩個組件。

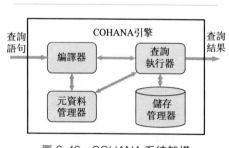

圖 6-46　COHANA 系統架構

（1）活動表儲存格式

　　在 COHANA 系統中，活動表 D 根據它的主鍵 (A_u,A_e,A_t) 的順序進行儲存，這樣的儲存方式有兩個性質：①同一個使用者的所有活動記錄是連續儲存的，稱爲聚合性；②每個使用者的活動元組按照時間順序儲存，稱爲時序性。有了這兩條性質，給定了 birth action 之後，就可以透過一次連續掃描快速地找到每個使用者的 birth 活動元組。假設使用者 i 的活動元組儲存在 d_j 和 d_k 之間，e 是 birth action，爲了找到該使用者的 birth 活動元組，只需順序掃描 d_j 和 d_k 之間的元組，並返回第一條滿足關聯 $d_b[A_e]=e$ 的元組。

　　COHANA 使用塊儲存方案和各種壓縮技術來加速查詢處理。首先，把活動

表分成多個資料塊，使得每個使用者的所有活動元組都被包含在一個資料塊中。然後，在每個資料塊中，活動元組按照列進行儲存，對於每一列，根據資料類型選擇相應的壓縮方法。

對於標識使用者名的列 A_u，採用行程長度壓縮演算法（Run-Length-Encoding，RLE）。A_u 的值用一個三元組 (u, f, n) 來表示，其中 u 是 A_u 中的使用者名，f 是該使用者名第一次出現的位置，n 是該使用者名出現的次數。修改後的表掃描演算法在處理這樣的三元組時，如果掃描到的使用者不能滿足 birth 選擇條件，那麼可以直接跳過該使用者處理下一使用者的活動元組。

對於活動列 A_e 和其他的字符型變量的列，採用兩級壓縮方案，該壓縮方法具體可見文獻［16］。對於這樣的列 A，首先建立一個全局的字典，它對 A 列的每個不同的值進行順序儲存，再為它們分配一個全局的 ID，標識了它們在全局字典中的位置。對於每個資料塊，該塊中所有 A 列的值都有一個全局 ID，再將它們的全局 ID 組成一個塊字典。在塊字典中，該資料塊中包含的 A 列的值可以由一個塊 ID 表示，代表了該值的全局 ID 在塊字典中的位置。這些塊 ID 通常緊接著塊字典進行儲存，並且它們的順序與其對應的值出現的順序相同。這樣的兩級編碼方式可以快速篩除掉那些沒有 birth 活動元組的塊。當指定 e 為 birth action，首先在全局索引中二分查找它的全局 ID g_i，然後對於每個資料塊，再使用二分查找在塊字典中尋找 g_i 的位置，如果 g_i 沒有被找到，可以直接跳過該資料塊，因為其中沒有使用者執行過 e 動作。

對於時間列 A_t 和其他的整數型變量的列，可以採用與字串變量類似的兩級差分編碼。對於這樣的列 A，首先儲存整個活動表中 A 的最大值和最小值，然後對於每個資料塊，該塊中 A 的最大值和最小值也被儲存下來。該列的所有值都被表示成該值與它所在資料塊的最小值的差值大小。與字串列的編碼方式類似，這樣的兩級差分編碼可以快速篩除那些值域不符合 birth 選擇條件或 age 選擇條件的塊。

有了上述兩種編碼方式，字串列和整數列都可以表示成小範圍內的整數陣列。在此基礎上，還可以進一步使用整數壓縮技術以節省儲存空間。對於整數陣列，運算出表示該陣列中最大值所需用的最少位元數 n，這樣一來，陣列中的每個值都可以用 n 個位元表示。然後把盡可能多的整數值放到一個電腦字元裡面，最後把這些字元儲存下來。這樣的定長編碼方式不是最節省儲存空間的，但是它可以在不用解壓縮的情況下隨機讀取。對於原始整數陣列中任意位置的值，就可以輕易運算出該值在壓縮後的字元中的位置並從相應的位元中提取值的大小。這樣的壓縮方式對於高效率處理群組查詢十分重要。

需要注意的是，該分級儲存格式雖然是為群組查詢高度定製的，在不對 (A_u, A_e, A_t) 主鍵順序進行約束的情況下，也同樣適用於資料庫的表和 OLAP 的資料立方。該儲存格式可以支持傳統資料庫和資料立方操作。

（2）群組查詢計畫

在介紹了如何使用壓縮技術來儲存活動表之後，接下來將探討如何在該活動表上建立查詢計畫。總體而言，查詢處理方案是這樣的：首先生成邏輯查詢計畫，然後透過把 birth 選擇算符下放來進行最佳化，之後在每個資料塊上執行最佳化後的查詢計畫，最後把上一步中得到的所有塊的結果進行歸併來產生最後的結果。最後一步沒有特殊之處，所以只詳細介紹前面三個步驟。

群組查詢計畫可以用一個樹來表示，該樹由四個算符組成：表掃描算符 TableScan、birth 選擇算符 $\sigma_{C,e}^b$、age 選擇算符 $\sigma_{C,e}^g$ 和群組聚合算符 γ_{L,e,f_A}^C。與其他的列式資料庫一樣，對映算符在預處理階段進行實現：在查詢準備階段搜集所有需要的列，並把這些列傳到 TableScan 算符中，該算符負責提取這些列的值。

γ^c country, launch, sum(Gold)

σ^g Action="shop" , launch

σ^b Role="dwarf" , launch

TableScan

圖 6-47　Q1 的查詢計畫

在查詢計畫中，根節點和唯一的葉節點分別是群組聚合算符 γ_{L,e,f_A}^C 和表掃描算符 TableScan，在它們中間的是一系列的 birth 選擇算符和 age 選擇算符。

之後，下放 birth 選擇算符，使其總是在 age 選擇算符的下面。公式（6-3）表明 $\sigma_{C,e}^b$ 和 $\sigma_{C,e}^g$ 算符是可以交換順序的，因此總是可以透過下放 $\sigma_{C,e}^b$ 算符來進行查詢最佳化。圖 6-47 展示了群組查詢 Q1 對應的查詢計畫。TableScan 算符可以高效地跳過那些 birth 活動元組不滿足 birth 選擇條件的使用者，因此在 age 選擇算符之前執行 birth 選擇算符總是可以帶來性能的提升。

在 birth 選擇算符下放之後，查詢計畫會在每個資料塊中被執行。在執行之前，會增加一個額外的篩除步驟——利用 A_e 列上的二級壓縮方案來跳過那些沒有使用者執行 birth action 的資料塊。如果 birth 選擇算符具有高度選擇性，那麼這個額外的篩除步驟是十分有用的。

（3）表掃描算符 TableScan

COHANA 對列式資料庫中的標準 TableScan 算符進行擴展使其能更有效地處理群組查詢，修改後的 TableScan 算符能夠對壓縮後的活動表進行掃描。該擴展主要對標準列式資料庫的 TableScan 增加了兩個函數：GetNextUser（）和 SkipCurUser（），其中 GetNextUser（）用於返回下一個使用者的活動元組所在的塊，SkipCurUser（）用於跳過當前使用者的活動元組。

修改後的 TableScan 實現如下：對於每個資料塊，在查詢初始化階段，TableScan 會搜集查詢中指定的所有列，並為每個列所在塊保存一個指向該資料塊開頭的指針，其中 GetNext（）函數的實現與標準 TableScan 算符中相同。

在 GetNextUser() 函數中，首先得到 A_u 列的下一個三元組 (u,f,n)，然後把指向其他列對應資料塊的指針向前移動直到到達使用者 u 在該列的值所在的列塊。SkipCurUser() 與之類似，首先運算當前使用者剩餘活動元組數量，再把所有列的指針往前移動相應的距離。

（4）群組查詢演算法

下面介紹群組查詢算符的具體實現，這些算符的操作對象是前面提到的使用者分級儲存格式的活動表。

演算法 6.2 爲 birth 選擇算符的實現，它使用了輔助函數 GetBirthTuple(d, e)（第 1 行到第 5 行）來尋找使用者 $i = d[A_u]$ 的 birth 活動元組，其中 d 是使用者 i 在該資料塊中的第一條活動元組，e 是 birth action。GetBirthTuple() 函數透過逐一檢查資料塊 D 中的元組 d，看其是否屬於使用者 i，以及 $d[A_e]$ 是否爲 birth action（第 3 行）。

演算法 6.2： $\sigma_{C,e}^{b}$ （D）算子實現

Input： A data chunk D and a birth action e

```
1:   GetBirthTuple(d,e)
2:      i←d[Au]
3:      while d[Au] = i ∧ d[Au] ≠ e do
4:         d←D.GetNext()
5:      return d
6:   Open()
7:      D.Open()
8:      u_c←∅
9:   GetNext()
10:     if u_c has more activity tuples then
11:        return D.GetNext()
12:     while there are more users in the data chunk do
13:        (u,f,n)←GetBirthTuple(d,e)
14:        u_c←u
15:        d←D.GetNext()
16:        d^b←GetBirthTuple(d,e)
17:        Found←C(d^b)
18:        if Found then
19:           return d
20:        D.SkipCurUser()
```

在演算法 6.2 所示的 $\sigma_{C,e}^{b}$ 實現中，首先打開資料塊 D，並初始化全局變量 u_c（第 7~8 行），該變量指向當前處理中的使用者。在 GetNext() 函數中，如

果 u_c 符合 birth 選擇條件，就返回 u_c 的下一條活動元組（第 11 行）。當 u_c 指向使用者的所有活動記錄遍歷完成後，就調用 GetNextUser() 函數得到下一個使用者（第 13 行）。之後，找到新使用者的 birth 活動元組並檢查它是否滿足 birth 選擇條件（第 16~17 行）。如果滿足，birth 活動元組就會被返回；否則，SkipCurUser() 函數就會被調用來處理下一個使用者。因此，可以連續調用 GetNext() 函數來得到滿足 birth 選擇條件的使用者的活動元組。

$\sigma_{C,e}^{g}$ 算符的實現與 $\sigma_{C,e}^{b}$ 類似，依然採用使用者塊處理策略。對於每一個使用者塊，首先找到 birth 活動元組，然後返回該 birth 活動元組和滿足 age 選擇條件的 age 活動元組。

演算法 6.3 所示的是 γ_{L,e,f_A}^{C} 算符的實現。核心的邏輯是在 Open() 函數中實現的。該函數首先初始化兩個雜湊表 H^c 和 H^g，它們分別代表分組大小和每個資料塊中對於每個分組的聚合結果（第 2~6 行）。之後，Open() 函數遍歷每個使用者資料塊，當遇到滿足要求的使用者（由 $\sigma_{C,e}^{b}$ 算符確定）時更新 H^c，當遇到滿足要求的 age 活動元組（由 $\sigma_{C,e}^{g}$ 算符確定）時更新 H^g（第 10~14 行）。爲了加速查詢處理，可以使用基於陣列的雜湊表來進行聚合運算。在內循環中使用基於陣列的雜湊表進行群組聚合運算能夠大大提升性能，這是由於現代的 CPU 能夠進行高度重疊流水線的陣列操作。

演算法 6.3：γ_{L,e,f_A} （D）算子實現

```
Input:A data chunk D,a birth action e,an attribute list
1:   Open()
2:      D.Open()
3:      Hᶜ←∅//群組大小雜湊表
4:      Hᵍ←∅//群組測度雜湊表
5:    while there are more users in D do
6:     (u,f,n)←GetBirthTuple(d,e)
7:     uc←u
8:     d←D.GetNext()
9:     dᵇ←GetBirthTuple(d,e)
10:     if uc is qualified then
11:      Hᶜ[dᵇ[𝓛]]++
12:       while uc has more qualified age activity tuples do
13:        g←d[At]−dᵇ[At]
14:        update Hᵍ[dᵇ[𝓛]][g]with fA(d)]
15:   GetNext()
16:     Retrieve next key(c,g) from Hᵍ
17:     return(c,g,Hᶜ[c],Hᵍ[c][g])
```

（5）針對使用者保留率分析的最佳化

群組分析的常見應用之一就是觀察使用者保留率的變化趨勢。這樣的群組查詢需要運算每一個分組中不同使用者的數量。在某些情況下該運算是十分耗費內存的。幸運的是，COHANA 的儲存格式的聚合性使得每個使用者的活動元組都只包含在一個資料塊中。因此實現了一個 UserCount() 聚合函數，用於高效率地運算每個塊中不同使用者的數量，並返回所有塊中使用者數的總和作爲最終結果。

（6）查詢性能分析

假設活動表 D 中有 n 個使用者，每個使用者有 m 條活動元組。爲了處理一條由 $\sigma^b_{C,e}$、$\sigma^g_{C,e}$ 和 γ^C_{L,e,f_A} 算符組成的查詢語句，查詢處理方案只需要一次掃描 $O(l \times m)$ 條活動元組，其中 l 是符合 birth 選擇條件的使用者數量。因此，查詢處理時間與 l 呈線性關聯，該處理方案能夠達到最佳性能。

6.5.5　性能分析

本節對 COHANA 查詢引擎進行性能分析，主要包含兩組實驗，一是研究 COHANA 的使用效果和最佳化技術，二是比較不同的查詢方案的性能差異。

（1）實驗環境

所有的實驗都是在一臺高性能工作站上進行的，該工作站搭載了四核 Intel Xoen E3-1220 v3 處理器，頻率爲 3.10GHz，配備了 8GB 內存。經 hdparm 測試磁碟性能結果顯示，高速快取讀取速度爲 14.8GB/s，buffer 快取讀取速度爲 138MB/s。

實驗資料集來源於一款真實的手機遊戲，它包含 2013 年 5 月 19 日到 2013 年 6 月 26 日期間由 57077 名使用者產生的總共 3000 萬條活動元組記錄，原始的 csv 格式資料佔據磁碟空間爲 3.6GB。除了必需的 user、action 和 time 屬性之外，還加上了 country、city 和 role 屬性，以及 session length 和 gold 作爲測量值。使用者在遊戲中總共有 16 種動作，實驗中選擇 launch、shop 和 achievement 作爲 birth action。在此基礎上，實驗對該資料集進行了擴展，並在不同大小的資料集上研究了三種不同的查詢方案的性能差異。給定一個擴展係數 X，能產生一個包含了 X 倍使用者數量的資料集，除了使用者名被改變以外，每個使用者與原始資料集具有相同的活動元組。

該實驗在最新的關聯資料庫 Postgres 和 MonetDB 上實現了基於 SQL 的查詢方案和物化視圖查詢方案。其中在基於 SQL 的查詢方案中，手動將群組查詢語句轉化爲 SQL 語句。在物化視圖的查詢方案中事先使用 CREATE TABLE AS 指令創建物化視圖。具體地，對於每個 birth action，將 age 屬性和一系列

birth 屬性集中的 time、role、country 和 city 屬性包含到物化視圖中。物化視圖方案透過 6 次 join 操作，在原始表的基礎上增加了 15 個額外的列。在有了物化視圖之後，把群組查詢表示成標準的 SQL 語句。爲了提高這兩種方法的效率，在主鍵上建立了群集索引，也在 birth 屬性上建立了相應的索引，並且允許這兩個資料庫在查詢過程中使用所有的空閒內存用於快取。COHANA 系統中塊的大小爲 256KB，也就是每一個塊可以容納 256KB 的使用者活動元組記錄。允許略微增加一個塊中能包含的元組數量，以使得同一使用者的所有活動元組能夠放置在同一個塊中。

(2) 基準測試

實驗設計了四個查詢（用 COHANA 的群組查詢語法表示）用於基準測試，這四個查詢中包含的群組查詢算符逐漸增加。第一條查詢 Q1 中只包含一個群組聚合算符；第二條查詢 Q2 中結合了 birth 選擇算符與群組聚合算符；第三條查詢 Q3 中結合了 age 選擇算符和群組聚合算符；第四條查詢中包含了所有的算符。對於每一條查詢，將五次運行結果的平均值作爲每個查詢方案的實驗結果。

Q1：對於每個「country launch 群組」，給出那些自從開始了遊戲之後至少進行了一次動作的使用者數量。

```
SELECT country,COHORTSIZE,AGE,UserCount()
FROM GameActions BIRTH FROM action=「launch」
COHORT BY country
```

Q2：對於每個在某個時間段內出生的「country launch 群組」，給出那些自從開始了遊戲之後至少進行了一次動作的使用者數量。

```
SELECT country,COHORTSIZE,AGE,UserCount()
FROM GameActions BIRTH FROM action=「launch」AND
time BETWEEN「2013-05-21」AND「2013-05-27」
COHORT BY country
```

Q3：對於每個「country shop 群組」，給出每個群組中玩家在第一次消費以來的平均花費 gold 數量。

```
SELECT country,COHORTSIZE,AGE,Avg(gold)
FROM GameActions BIRTH FROM action=「shop」
AGE ACTIVITIES IN action=「shop」
COHORT BY country
```

Q4：對於每個「country shop 群組」，給出那些在特定時間段內使用 dwarf 角色進行消費，並且所在城市與該使用者的出生城市相同的所有消費使用 gold 數量的平均值。

```
SELECT country,COHORTSIZE,AGE,Avg(gold)
FROM GameActions BIRTH FROM action=「shop」AND
time BETWEEN「2013-05-21」AND「2013-05-27」AND
role=「dwarf」AND
country IN[「China」,「Australia」,「USA」]
AGE ACTIVITIES IN action=「shop」AND country=Birth(country)
COHORT BY country
```

　　爲了研究 COHANA 中 birth 選擇算符和 age 選擇算符對於查詢效率的影響，還進一步設計了 Q1 和 Q3 的兩個變種，爲它們增加了 birth 選擇算符（Q5 和 Q6）或是 age 選擇算符（Q7 和 Q8），Q5～Q8 查詢如下所示。

　　Q5：對於每個「country launch 群組」，給出那些自從開始了遊戲之後在日期 [d1;d2] 之間至少進行了一次動作的使用者數量。

```
SELECT country,COHORTSIZE,AGE,UserCount()
FROM GameActions
BIRTH FROM action=「launch」AND time BETWEEN d1 AND d2
COHORT BY country
```

　　Q6：對於每個「country shop 群組」，給出玩家自從第一次消費之後在日期 [d1；d2] 之間進行消費的平均 gold 數量。

```
SELECT country,COHORTSIZE,AGE,Avg(gold)
FROM GameActions
BIRTH FROM action=「shop」AND time BETWEEN d1 AND d2
AGE ACTIVITIES IN action=「shop」
COHORT BY country
```

　　Q7：對於每個「country launch 群組」，給出在開始遊戲之後，至少進行了一次動作，並且 age 小於 g 的使用者數量。

```
SELECT country,COHORTSIZE,AGE,UserCount()
FROM GameActions BIRTH FROM action=「launch」
AGE ACTIVITIES IN AGE＜g
COHORT BY country
```

　　Q8：對於每個「country shop 群組」，給出玩家第一次消費以來所有消費活動中使用的 gold 平均值，並且 age 小於 g。

```
SELECT country,COHORTSIZE,AGE,Avg(gold)
FROM GameActions BIRTH FROM action=「shop」
AGE ACTIVITIES IN action=「shop」AND AGE＜g
```

```
COHORT BY country
```

(3) COHANA 的性能測試

下面透過調整塊的大小以及改變 birth 和 age 選擇條件設計一系列實驗，來研究 COHANA 的性能隨著這些參數的變化情況。

① 塊大小的影響　圖 6-48 和圖 6-49 分別表示了 COHANA 系統隨著塊大小發生改變時，查詢效率以及所需儲存空間的變化。從圖 6-49 可以看出，增加塊的大小同時也增加了儲存空間的大小，這是由於隨著塊的增大，每個塊中包含的使用者也會增多，其結果是，對於每一個列，一個塊中所包含的該列的不同的值的數量隨之增加，也就需要更多的位元來對這些值進行編碼。同時也可以觀察到，在塊更小的時候，群組查詢的效率會略微高一些，這是由於所需讀取的位元數量減少了。然而，當資料集很大的時候，使用更大的塊會是更好的選擇。例如，當資料集擴展倍數爲 64 的時候，使用 1MB 的塊大小，COHANA 處理 Q1 和 Q3 這兩個查詢的效率更高。這是由於在此時，Q1 和 Q3 的查詢處理操作幾乎全是磁碟讀取，其資料粒度通常是 4KB 的塊。與大的資料塊相比，小的資料塊在讀取保存在壓縮塊中的列的時候，通常會更多地讀取到相鄰的列，因此會引入更長的磁碟讀取時間，而把同一個資料塊中無用的列讀取到內存中也會引入它們與有用的資料的內存競爭，降低內存使用效率。

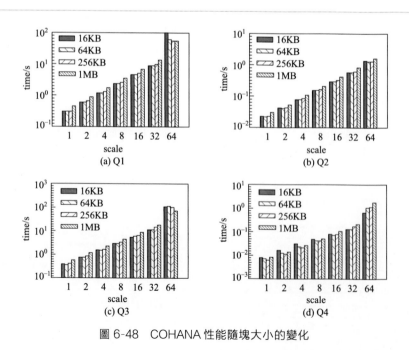

圖 6-48　COHANA 性能隨塊大小的變化

② birth 選擇算符的影響　下面的實驗主要研究 birth 選擇算符對於 COHANA 性能的影響。Q5 和 Q6 分別是 Q1 和 Q3 的變種，執行這兩條查詢，並固定 d_1 爲最早的 birth 日期，並以天爲單位逐漸增加 d_2。本實驗使用的資料集的擴展倍數爲 1。

圖 6-50 展示了在 Q1 和 Q3 基礎上進行了歸一化的 Q5 和 Q6 的處理時間，使用者 birth 的積累分散也在圖中表示出來。對兩種 birth action（launch 和 shop）的分散不加以區分，因爲它們呈現出相似的分散情況。從圖中可以清楚地觀察到，Q5 的處理時間與 birth 分散高度重合，這種結果可以歸因爲下放 birth 選擇算符進行的最佳化，該演算法能夠直接跳過不合格的使用者。然而 Q6 的處理時間對於 birth 分散就不那麼敏感了，這是由於在 Q6 中，使用者的 birth action 是 shop，在爲每個使用者尋找 birth 活動元組的時候有額外的開銷。在 Q5 中沒有這種開銷是因爲 launch 作爲 birth action，同時也是每個使用者的第一個活動元組。

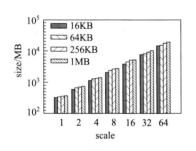

圖 6-49　儲存空間的變化

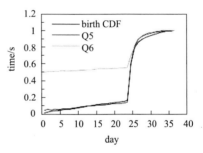

圖 6-50　歸一化後的 Q5 和 Q6 的處理時間

③ age 選擇算符的影響　下面的實驗中，執行了 Q7 和 Q8 兩個查詢，它們分別是 Q1 和 Q3 的另外一個變種，實驗資料集的擴展倍數爲 1，把 g 的值從 1 天增加到 14 天來研究在不同的 age 選擇條件下 COHANA 的性能變化情況。圖 6-51 展示了在 Q1 和 Q3 基礎上進行歸一化的 Q7 和 Q8 的處理時間。可以看到，Q7 和 Q8 的處理時間變化呈現出不同的趨勢。Q7 近似於線性成長而 Q8 則增加得十分緩慢。究其原因，是由於 Q7 的查詢效率是由給定 age 範圍內的不同使用者數量決定的，因此查詢時間會隨著 age 中的使用者數量線性增加；而 Q8 則不同，其處理時間主要依賴於找到 birth 活動元組的時間和進行聚合運算的時間，前者在 age 範圍變化的時候是固定的，後者也不會有明顯的改變，因爲 shop 活動元組的數量隨著 age 的成長十分緩慢。

④ 比較研究　圖 6-53 所示的是在資料集擴展倍數改變的時候，每個系統在執行前 4 條查詢語句時的處理時間變化。Postgres 和 MonetDB 資料庫的實驗結

果在圖中分別用標注為「PG-S/M」和「MONET-S/M」的線表示，其中「S」
代表 SQL 方法，「M」代表物化視圖方法。正如所預期的一樣，基於 SQL 的方
法效率是最低的，因為它需要許多的 join 操作來處理群組查詢，在去除了繁雜
的 join 操作之後的物化視圖方法可以將處理時間降低幾個量級。該圖也顯示了
列式資料庫在群組查詢處理方面的強大之處。最新的列式資料庫 MonetDB 比
Postgres 快了兩個數量級。

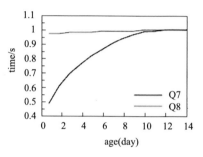

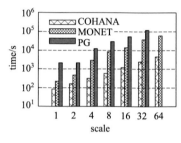

圖 6-51　歸一化後的 Q7 和 Q8 的處理時間　　圖 6-52　各系統的處理時間

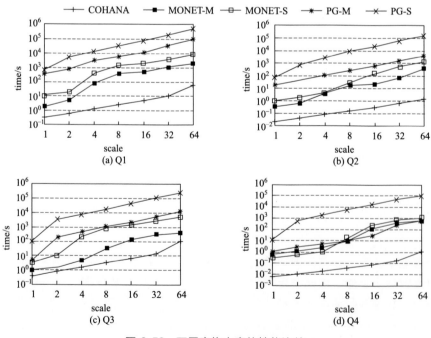

圖 6-53　不同查詢方案的性能比較

　　儘管使用物化視圖和列式資料庫組合可以在小的資料集上進行有效的群組查

詢分析，卻不能處理大的資料集。例如，當資料集擴展倍數爲 64 的時候，它需要用半個小時來執行 Q1 查詢。而 COHANA 系統不僅可以處理小的資料集，也能夠應付大量的資料。不僅如此，對於每一個查詢，在任何大小的資料集上，COHANA 的性能都勝過使用了物化視圖方案的 MonetDB 資料庫，其中的性能差異在大多數情況下都有 1～2 個數量級，甚至能夠達到 3 個數量級（Q4，32倍）。同時也能觀察到，兩個使用者保留率查詢（Q1 和 Q2）相比 Q3 而言享受到了更多的性能提升。最後，物化視圖的生成需要的開銷遠比 COHANA 大得多，如圖 6-52 所示，在擴展倍數爲 64 時，MonetDB 需要超過 60000s（16.7h）來從原始活動表中生成物化視圖。該時間消耗在 Postgres 中更爲嚴重，在倍數爲 32 的時候需要 100000s（27.8h）。當擴展倍數爲 64 的時候，Postgres 在完成物化視圖的生成之前就耗盡了所有的可用磁碟空間，這意味著物化視圖的生成過程中會消耗大量的磁碟資源。與之相比，COHANA 僅需 1.25h 就能對 64 倍資料集中的活動表完成壓縮。

6.5.6 總結

群組分析是一個強大的工具，用於在大量的活動記錄中尋找異常的使用者行爲變化趨勢。COHANA 系統主要對資料庫系統進行了群組查詢的擴展，在 SQL 基礎上擴展了三個新的算符來支持群組查詢，並實現了一個基於列的查詢引擎來進行高效率的群組查詢處理。實現結果表明，與使用傳統資料庫系統進行 SQL 查詢相比，COHANA 的執行效率高了兩個數量級，這也說明，對資料庫系統進行擴展遠比在它上面運行群組查詢語句能帶來更大的收益。

參考文獻

［1］ Dean J, Ghemawat S. Mapreduce: Simplified data processing on large clusters. In OSDI, 137-150, 2004.

［2］ Pike R, Dorward S, Griesemer R, et al. 「Interpreting the Data: Parallel Analysis with Sawzall,」 Scientific Programming, vol. 13, no. 4, 277-298, 2005.

［3］ Yang H, Dasdan A, Hsiao R, et al. Map-Reduce-Merge: simplified relational data processing on large clusters. In SIGMOD, 2007.

［4］ Pavlo A, Paulson E, Rasin A, et al. A comparison of approaches to large-scale data analysis. In SIGMOD, 165-

178. ACM, 2009.

[5]　Google. Protocol buffers. http: //code. google. com/p/protobuf/, 2012.

[6]　Chang F, Dean J, Ghemawat S, et al. Bigtable: A distributed storage system for structured data. ACM Trans. Comput. Syst. , 26: 4: 1-4: 26, June 2008.

[7]　Ramalingam G. Reps T. On the computational complexity of dynamic graph problems. TCS, 158 (1-2), 1996.

[8]　Henzinger M R, Henzinger T, Kopke P. Computing simulations on finite and infinite graphs. In FOCS, 1995.

[9]　Fan W, Wang X, Wu Y. Incremental graph pattern matching. TODS, 38 (3), 2013.

[10]　Cordella L P, Foggia P, Sansone C, et al. A (sub) graph isomorphism algorithm for matching large graphs. TPAMI, 26 (10): 1367-1372, 2004.

[11]　Isard M, Budiu M, Yu Y, et al. Dryad: distributed data-parallel programs from sequential building blocks. SIGOPS O-per. Syst. Rev. , 41 (3), Mar. 2007.

[12]　Malewicz G, Austern M H, Bik A J C, et al. Pregel: a system for large-scale graph processing. In SIGMOD, 2010.

[13]　Page L, Brin S, Motwani R, et al. The pagerank citation ranking: Bringing order to the web. Technical report, Stanford InfoLab, November 1999.

[14]　Bu Y, Howe B, Balazinska M, et al. HaLoop: efficient iterative data processing on large clusters. VLDB, 3 (1-2), Sept. 2010.

[15]　Salihoglu S, Widom J. GPS: A graph processing system. In SSDBM (Technical Report), 2013.

[16]　Hall A, Bachmann O, Bussow R, et al. Processing a trillion cells per mouse click. PVLDB, 5 (11): 1436-1446, 2012.

[17]　Akidau T. et al. MillWheel: Fault-Tolerant Stream Processing at Internet Scale. In VLDB, 2013.

[18]　Fan W. et al. Parallelizing Sequential Graph Computations. In SIGMOD, 2017.

第7章

大數據事務處理技術

本書第 5 章介紹了大數據儲存技術。雖然大數據儲存系統利用資料分片技術有效地解決了大數據體積大帶來的挑戰，實現了水平擴展，但是第 5 章中介紹的大數據儲存系統或者完全不支持交易或者只支持單條記錄級別的交易。交易是資料管理系統中的重要概念。交易能夠保證資料免受任何類型的軟體、硬體故障的影響，並且可以正確地被應用程式並行存取。本章介紹大數據管理系統處理通用交易的技術。一般而言，大數據管理系統將交易系統建立在儲存系統之上，爲儲存系統中儲存的資料提供交易保護。雖然資料分片技術能夠有效地解決大數據儲存系統中水平擴展的問題，但是該技術並不能有效地解決大數據交易對系統伸縮性的需求。大數據管理系統需要新技術來處理交易。本章著重介紹四種典型的大數據交易技術。

7.1 基於鍵組的交易技術

本節介紹 G-Store 提出的基於鍵組的交易技術。G-Store 是一個建立在類 BigTable 鍵值大數據儲存系統之上的交易系統[2]。以 BigTable 爲代表的鍵值大數據儲存系統僅支持單條記錄下的交易。爲解決這個缺陷，G-Store 引入鍵組的概念將交易需要存取的所有記錄記爲一個鍵組，以鍵組爲單位進行交易管理。本節介紹鍵組的概念以及基於鍵組的交易。

7.1.1 鍵組

鍵組爲多鍵存取提供一個強大且靈活的途徑。在 G-Store 中，鍵組是交易的基本存取單位。一個交易只能存取一個鍵組。G-Store 允許應用從任何鍵中挑選成員加入鍵組，也允許底層的大數據儲存系統對鍵組提供經過最佳化的高效、可伸縮和交易性的存取。在任何時候，一個鍵只能加入一個鍵組。但是在它的生命週期裡，一個鍵可以加入多個區組。以多人在線遊戲爲例：在任何時候，遊戲者可以參與一個單一遊戲，但是隨著時間推移，遊戲者可以與其他不同遊戲者和不同遊戲一起成爲多重遊戲的一部分。由於鍵組是交易存取的基本單位，因此鍵只

有加入鍵組後才能被存取。如果應用只需要存取單個鍵，那麼可以單獨爲該鍵建立一個鍵組。

G-Store 規定每個鍵組必須有且僅有一個領導者鍵。領導者鍵從鍵組的成員中挑選出來，鍵組中剩下的成員稱爲被領導者鍵。G-Store 使用領導者鍵唯一標識一個鍵組。鍵組中的鍵沒有任何順序限制。因此，鍵組中的成員可以位於不同的儲存節點。鍵組一旦建立，G-Store 就會將鍵組所有鍵的讀寫權（稱爲所有權）分配給一個單一節點。該節點將負責該鍵組的交易性存取。每個鍵組有個關聯的領導者，擁有領導者的節點被指定爲這組的所有者，同時和被領導者 s 對應的節點將服從領導者的領導。例如，擁有領導者鍵的節點會得到對所有被領導者 s 的獨有的讀寫存取。一旦所有權的傳遞完成，對一個鍵組成員的所有讀寫存取由領導者承擔，領導者可以保證對鍵的一致性存取不需要任何分散式同步。鍵組成形期間服從領導者所有權，區組被解散後收回所有權，這些步驟可以在出錯時或底層系統產生其他動態變化時完成。圖 7-1 給出了鍵組示意圖。

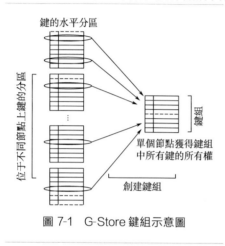

鍵的水平分區

位于不同節點上鍵的分區

單個節點獲得鍵組中所有鍵的所有權

鍵組

創建鍵組

圖 7-1　G-Store 鍵組示意圖

7.1.2　鍵值分組協議

G-Store 透過鍵值分組協議來創建鍵組。在鍵組創建階段，鍵值分組協議將鍵的所有權從被領導者轉移給領導者。在區組解散期間，鍵值分組協議將鍵的所有權從領導者返還給被領導者。鍵值分組協議保證如下兩項正確性：①任意鍵的所有權只會歸屬一個節點；②如果發生故障，任何鍵的所有權都不會永遠丟失。

鍵組的創建由裝置發起。裝置發送一個生成鍵組的請求，該請求包括鍵組的表示和成員。G-Store 允許兩種鍵組創建方式：①原子型創建，即或者鍵組創建成功（全部鍵加入鍵組）或者創建失敗（沒有鍵加入鍵組）；②最大努力型創建，即只要至少有一個鍵加入鍵組就算創建成功。

鍵值分組協議涉及領導者和被領導者。在鍵組中，領導者作爲協調者，被領導者是鍵的實際擁有者。領導者鍵由裝置指定，或者由系統自動選擇。領導者記錄成員名單，向所有被領導者（例如每個擁有被領導者的節點）發送一個加入請求〈J〉。一旦區組生成階段成功完成，裝置可以對這個區組進行操作。當裝置想

解散鍵組時，它發出刪除鍵組的請求來開始刪除鍵組。G-Store 的鍵值分組協議非常類似資料庫系統中的兩階段加鎖協議。被領導者向領導者轉移鍵的所有權類似加鎖，領導者向被領導者轉移所有權類似解鎖。因此，鍵值分組協議可以看作是兩階段加鎖協議在分散式環境下的推廣。

G-Store 給出了鍵值分組協議在 TCP 和 UDP 兩種環境下的實現。本節介紹鍵值分組協議在 TCP 環境下的實現。感興趣的讀者可以在文獻〔2〕中找到 UDP 的版本。

在 TCP 網路中，消息傳輸是可靠的，因此鍵值分組協議的實現比較簡單。領導者從被領導者那裡要求鍵所有權（加入請求〈J〉），如果能提供，則所有權傳遞到領導者，沒有則請求被拒絕（加入確認〈JA〉）。〈JA〉資訊表明被領導者鍵是否加入區組中。依據應用的請求，當有成員加入鍵組時，或者當所有成員加入而且鍵組生成階段已經終止時，領導者可以通知應用。刪除鍵組時，領導者用刪除請求〈D〉來通告被領導者。圖 7-2 顯示了一個在失效自由情境下協議的示意圖。如果裝置要求區組自動形成，然後〈JA〉資訊到達時被領導者沒有加入這個鍵組，則領導者啟動鍵組的刪除。

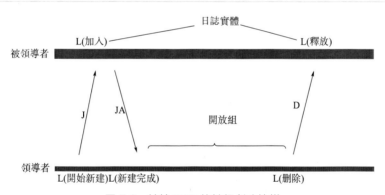

圖 7-2　基於 TCP 的鍵組創建協議

7.1.3　系統實現

本節介紹 G-Store 的系統實現[2]。G-Store 既可以實現爲鍵值儲存系統的裝置，爲鍵值儲存系統提供多鍵交易，也可以實現爲鍵值儲存系統的中間件。由於篇幅所限，本節僅介紹基於裝置的實現。G-Store 支持的操作是從底層鍵值儲存的操作所支持的操作中衍生出來的，這些操作通常相當於對單個資料行進行讀取/掃描、寫入或讀/修改/更新。除了這些操作之外，G-Store 還引入了涉及一個或多個操作的交易的概念。任何對區組鍵的讀、寫或讀/修改/更新操作的組合都

可以包含在一個交易中，而同時 G-store 可以確保 ACID 屬性。

在裝置模型中，G-Store 實現爲一個駐留在鍵值儲存系統之外的裝置層，透過使用底層鍵值儲存系統提供的單鍵存取功能來提供多個鍵存取。圖 7-3 顯示了基於裝置模型的 G-Store 系統架構。應用程式裝置與分組層互動，後者提供了支持交易多鍵存取的資料儲存的視圖。分組層將鍵值儲存視爲一個黑盒，並使用基於儲存的裝置介面實現互動。對於每個分組，中間件只需要維護少量狀態資訊。因此，中間件只需要少量工作就可以恢復故障分組。由於裝置介面一般基於 TCP 協議，因此這個關鍵分組協議的變體能夠利用可靠的消息傳遞來實現設計。

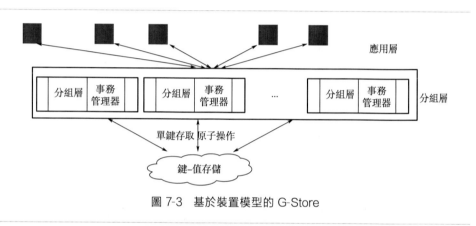

圖 7-3　基於裝置模型的 G-Store

爲了實現系統伸縮性，分組層部署在一個電腦叢集上。因此，分組層必須執行鍵值分組協議，以便鍵的所有者位於同一個節點上。在分散式的分組層中，鍵空間是水平分片的。G-Store 的實現採用範圍分片，但也可以採用其他分片方案，比如散列分片。在收到來自應用程式客戶機的鍵組創建請求之後，請求被轉發到分組層中的節點，該節點負責區組中的領導者的鍵。該節點執行鍵值分組協議，並且作爲該組的所有者具有對該組的存取權。在這個設計中，被領導者是儲存在鍵值儲存中的實際鍵值，而〈J〉請求等同於請求對鍵「上鎖」。透過在儲存鎖定資訊的表中引入一個新列對鍵上鎖，〈J〉請求可以說是一種測試和設置操作，用來測試在獲得鎖時鎖定屬性可用性並儲存該組的 id。因爲測試和設置操作是在單一鍵上的操作，因此支持全部的鍵值儲存。連接請求被發送給區組中的所有鍵時，鍵組創建階段就完成了。

鍵分組協議確保每個分組成員的所有者在同一節點上，因此，在一個鍵組上實現交易管理不需要做任何分散式的同步工作，而類似於在單一節點的關聯型資料庫上實現交易管理。這樣能確保交易被限制在單一節點上，遵循可擴展系統設計的原理，使得 G-Store 能夠在鍵組內提供高效可擴展的交易管理。

G-Store 使用樂觀並行控制（OCC）來保證交易隔離性，OCC 避免了使用

鎖，在資源不足的情況下依據優先級分配。但是如前所述，在 G-Store 下的交易管理和 RDBMS 是一致的，其他技術諸如兩段鎖和它的變種，或者快照隔離都能實現。交易的原子性和持久性由提前寫日誌來實現。由於領導者節點能夠擷取組內成員的狀態，故組內的更新也能同步地進行鍵值儲存。注意到由於鍵組抽象沒有定義鍵組間的關聯，每個組相互獨立，因此只在鍵組保持交易的一致性。

7.2 　基於時間戳的交易技術

本書在 5.1.3 節介紹了 Google 開發的 BigTable 列族大數據儲存系統。Big-Table 的一個缺陷是僅支持單一行鍵下的交易。爲解決 BigTable 中不能處理跨行交易的缺點，Google 開發了 Spanner 系統[3]。Spanner 是一個支持模式化半關聯資料模型、類 SQL 查詢語言和通用交易的全球分散式資料庫系統[3]。本節著重介紹 Spanner 提出的基於時間戳的交易技術。

7.2.1　Spanner 交易簡介

Spanner 實現交易的思路非常簡單。爲保障交易中並行控制的正確性：在 t 時刻，讀交易讀取到的資料庫狀態完全反映了 t 時刻之前已完成的寫交易提交的資料庫狀態。我們只需要爲每一個資料庫交易指派一個全局唯一的時間戳。當寫交易提交時，我們爲該寫交易提交的所有資料打上指派給該寫交易的時間戳 t_w。那麼當讀交易提交時，系統只需比較讀交易的時間戳 t_r 與資料庫中已提交資料的時間戳 t_w 就可以進行交易。該思想雖然簡單，但存在實現上的挑戰。大數據管理系統通常運行在地理上分散的電腦叢集中。由於節點之間在時間硬體、時區等方面存在差異，技術上無法實現爲每一個交易指派一個以絕對時間爲度量的全局時間戳。爲解決這個問題，Spanner 開發了一套以 GPS 硬體爲支撐的 TrueTime 應用介面[3]，該介面採用爲每一個交易分配一個時間區間而非一個具體的時間點的方法解決全局時間戳的問題。

7.2.2　TrueTime 應用介面

本節簡要介紹 TrueTime 介面的使用方法和大致的實現過程。感興趣的讀者可以在文獻 [3] 中找到全部實現細節。表格 7-1 列出了 TrueTime 介面的方法。TrueTime 將時間描述爲一個 TT 區間 (TTinterval)，這是一個具有邊界時間點的區間，意在明確地表述時間的不確定性。TT 區間的端點是 TTstamp 類型。TT.now() 方法返回一個時間區間，包含該函數被調用時的絕對時間。這個時

間戳類似於 UNIX 時間，包含閏秒（leap-second smearing）。定義一個瞬時誤差邊界 ε，取二分之一區間寬度，則平均誤差邊界爲 $\bar{\varepsilon}$。TT. after（ ） 和 TT. before() 方法是基於 TT. now() 實現的包裝器。

表 7-1　TrueTime 介面（參數 t 的類型是 TTstamp）

方法	轉回值
TT. now()	TTinterval：〔earliest，latest〕
TT. after(t)	若 t 肯定過去，爲 true
TT. before(t)	若 t 肯定還未發生，爲 true

Spanner 使用函數 $t_{abs}(e)$ 表示一個事件 e 發生的絕對時間。該事件與 TrueTime 函數的關聯如下：

$$\text{tt}=\text{TT. now()}, \text{tt. earliest} \leqslant t_{abs}(e) \leqslant \text{tt. latest}$$

Spanner 利用 GPS 和原子鐘來實現 TrueTime。使用兩種時間基準的原因是兩者失敗模式不同。GPS 對照源的缺陷在於容易受到發射接收失敗、局部電磁干擾、關聯失效（例如不正確的閏秒處理和電子欺騙等設計錯誤）和 GPS 系統斷供等。原子鐘失效的原因和 GPS 完全不同，也不會同時失效，往往是經過很長時間而因頻率錯誤引起的顯著錯誤。

7.2.3　基於時間戳的交易

Spanner 支持讀寫交易、只讀交易（預先定義的快照隔離交易）和快照讀。單獨的寫操作由讀寫交易來實現，非快照的單獨的讀操作由只讀交易來實現。

Spanner 定義只讀交易是一種能夠透過快照隔離來獲得性能提升的交易[6]。一個只讀交易必須被預先聲明不含有任何寫操作。因爲讀操作在只讀交易中基於系統提供的未上鎖的時間戳執行，所以如果含有寫操作也不會被阻塞。讀操作在只讀交易中執行時可以存取任何副本。

快照讀是對歷史資料的讀操作，也不會上鎖。在一次快照讀中，使用者既可以指定一個時間戳，也可以給出一個想要的過去的時間戳的範圍，讓 Spanner 自己選擇一個時間戳。不管選擇哪種，快照讀執行時都能存取任何副本。在 Spanner 中，不管是只讀交易還是快照讀，一旦時間戳被選定，交易一定會被執行並得到確定結果。

（1）讀寫交易

Spanner 採用經典的兩段鎖協議處理讀寫交易。給定一個讀寫交易，Spanner 會分配給它一個代表交易提交時間的時間戳（由 Paxos 寫協議實現）。Spanner 實現了下述外部一致性：如果交易 T_2 在交易 T_1 提交之後開始，則 T_2 執行的時間戳

必須要比 T_1 的時間戳大。對於一個交易序列，定義每個交易 T_i 的提交時間戳爲 s_i，定義交易的開始事件和提交事件分別爲 e_i^{start} 和 e_i^{commit}，則具有下列性質：$T_{\text{abs}}(e_1^{\text{commit}}) < T_{\text{abs}}(e_2^{\text{start}}) \Rightarrow s_1 < s_2$。執行交易和分配時間戳的模型遵循上述的兩個規則，從而保證這種性質。如果交易 T_i 是一個寫操作，Paxos 會將提交請求的事件定義爲 e_i^{server}。

開始：Paxos 會爲寫操作 T_i 分配一個不小於 TT. now( ) 的提交時間戳 s_i，這個時間戳會在每個 e_i^{server} 之後運算。

提交等待：Paxos 確保使用者在 TT. after(s_i) 值變爲真之前，使用者看不到任何被交易 T_i 提交的資料。提交等待確保了對於 T_i，每個 s_i 是小於絕對提交時間戳的，即 $s_i < T_{\text{abs}}(e_i^{\text{commit}})$。讀寫交易提交正確性的證明見文獻 [3]。

(2) 基於時間戳的讀交易

利用交易時間戳，Spanner 能夠正確地判斷一個副本的最新狀態是否滿足讀操作的條件。其原理和正確性簡述如下：Spanner 用一個稱爲安全時間 t_{safe} 的值來追蹤每個副本的最新狀態。易見，只需要向讀交易返回時間戳 $t \le t_{\text{safe}}$ 的副本。

Spanner 定義 $t_{\text{safe}} = \min(t_{\text{safe}}^{\text{Paxox}}, t_{\text{safe}}^{\text{TM}})$，其中，$t_{\text{safe}}^{\text{Paxox}}$ 是每個 Paxos 狀態機的安全時間，$t_{\text{safe}}^{\text{TM}}$ 是每個交易機制的安全時間。由於在 Spanner 中，寫操作是有序的，所以下一個寫操作不會發生在 $t_{\text{safe}}^{\text{Paxox}}$ 給出的間隔時間之前，這保證了 Spanner 處理讀交易的正確性。

7.3 確定性分散式交易技術

傳統的分散式資料庫系統（如 R^*）採用兩階段提交協議進行分散式交易。爲保證交易中的隔離性，兩階段提交協議要求交易參與節點在運行提交協議的過程中保持所有資料鎖。當參與交易的節點數目不多時，這種在交易提交過程中保持所有資料鎖的做法是可行的。然而，隨著參與交易的節點數增多，節點故障不可避免。由於兩階段提交協議要求全部參與交易的節點都保持資料鎖，因此故障節點會顯著地拖慢交易的處理速度。本節介紹 Calvin 系統提出的確定性分散式交易技術[4]。與兩階段提交協議相比，確定性分散式交易技術能夠顯著地提高大數據管理系統處理分散式交易的性能。

確定性分散式交易技術的基本思想如下：當有多個節點參與交易，並需要就如何提交交易達成共識時，交易參與節點在執行交易之前達成共識，而非在執行交易之後達成共識。一旦在交易開始執行之前，所有交易參與節點就資料鎖和交易執行計畫達成共識，該共識在整個交易執行期間不會更改。由於共識的不可變

更性，當參與交易的某個節點發生故障時，交易管理系統只需要指派一個副本節點運行故障節點的交易執行計畫，而參與交易的健康節點可以無需等待故障節點進行故障恢復，照常運行共識中指派給自身的交易執行計畫，並提交交易。如此一來，便不再需要將交易提交過程分成兩個階段，提升了交易性能。在具體實現時，Calvin 透過同步複製交易請求的批處理任務資訊，並修改資料庫的並行控制層來實現讓交易參與節點在交易開始執行之前達成共識[3]。透過提前達成共識的方法，確定性資料庫使得分散式交易能夠在存在非確定性故障（可能在進行交易時發生）的情況下提交交易。

Calvin 設計爲在任何儲存系統之上都可用的可伸縮交易層，實現了基本 CRUD 介面（創建/插入，讀取，更新和刪除）[4]。圖 7-4 展示了 Calvin 的高層架構。Calvin 的本質在於將系統分爲三個獨立的處理層。

① 佇列層（或「佇列發生器」）：攔截交易輸入並將其置於全局交易輸入佇列中。這個佇列的順序和所有副本的交易提交的順序一致，以確保在執行期間能夠等價串行。

② 調度層（或「調度程式」）：使用確定性鎖的方案編排交易執行，以保證交易的執行過程與佇列層指定的串行順序等價，同時允許交易由交易執行線程池並行執行。雖然它們顯示在圖 7-4 中的調度程式組件的下面，但這些執行線程在概念上屬於調度層。

③ 儲存層：處理所有的物理資料布局。Calvin 交易時存取資料使用簡單的 CRUD 介面；任何支持類似介面的儲存引擎都可以作爲插件加到 Calvin 中。

上述三層都是可以水平擴展的，它們的功能是透過一個非共享的節點叢集實現分配的。Calvin 部署中，每個節點通常運行每個層的一個分配（圖 7-4 中的高灰色框表示叢集中的物理機器）。

Calvin 的設計與傳統的資料庫設計的區別在於將副本機制、交易以及並行控制模組從儲存系統中分離出來。Calvin 的這種設計反映了大數據管理系統模組獨立的思想[5]。

Calvin 將調度層中的排序模組實現爲一個簡單的回響伺服器——每個單點接受交易請求後，將它們記錄到磁碟，並按時間順序將它們轉發到該副本中相應的資料庫節點。單節點排序器存在的問題是：①存在潛在的單點故障；②隨著系統的成長，單節點排序器的恒定吞吐量限制使整個系統的可擴展性迅速停止。而 Calvin 排序層分散在所有系統副本中，因而也會在每個副本內的每臺機器上進行分配。

Calvin 系統把每臺設備的排序器收集來自裝置的交易請求的週期設爲 10ms，每個週期結束時，所有到達排序器節點的請求都被統一編譯成一個批處理。這也是創建交易輸入副本（下面討論）的發生點。

　　在排序器的批處理任務被成功複製之後，在其副本會向每個分配的調度器發送消息，該消息包含排序器的唯一節點 ID、曆元號（整個系統同步地每 10ms 遞增一次）和所有收集到的交易輸入。這允許每個調度器透過交叉收發（以確定性的、循環的方式）拼湊出它自己的全局交易順序的視圖。

　　Calvin 支持兩種交易輸入複製技術：異步複製和基於 Paxos 的同步複製。在這兩種模式下，節點都組織成複製組，每個複製組都包含特定分配的所有副本。例如，在圖 7-4 的部署中，副本 A 中的分區 1 和副本 B 中的分區 1 將一起形成一個複製組。

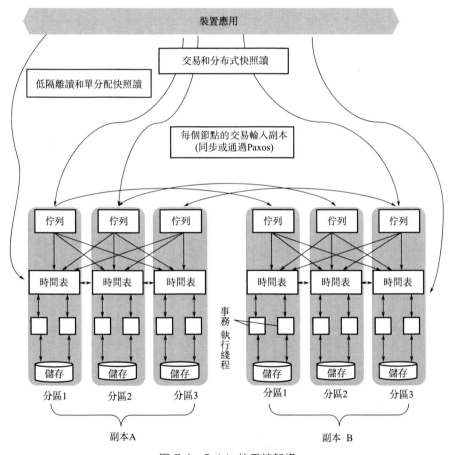

圖 7-4　Calvin 的系統架構

　　在異步複製模式下，一個副本被指定為主副本，並且所有交易請求都立即轉發到位於此副本節點的排序器。在編譯每個批處理之後，每個主節點上的排序器組件將批處理轉發到其複製組中的所有其他（從）排序器。雖然這樣做會造成很

複雜的故障轉移，但其優點是交易開始在主副本上執行之前有非常低的等待時間。在主排序器發生故障時，必須保證在同一副本中的所有節點和故障節點的複製組的所有成員之間在以下結果上保持一致：①哪一個批處理任務是失敗的排序器發出的最後一個有效結果；②到底該批處理交易包含哪些交易（因爲每個調度程式只發送它實際需要執行的每個批處理的部分視圖）。

在基於 Paxos 的同步交易輸入複製模式下，同一個複製組中的所有排序器使用 Paxos 使同一個週期內的交易請求達成一致。具體實現上，Calvin 使用 Zoo-Keeper[6] 來複製交易輸入。把資料庫系統的交易性組件和儲存部件分解開來，就不能再做出任何關於透過物理層來實現資料層的假設，既不能引用頁面和索引等物理資料結構，也不能意識到交易對資料庫中資料物理布局的副作用。日誌記錄和並行協議都必須完全合乎邏輯，而且要只涉及記錄鍵而不是物理資料結構。

但是，只存取邏輯記錄對於並行控制來說稍微有些問題，因爲確定加鎖的範圍和滿足對幽靈指針更新的魯棒性通常需要存取物理資料。爲了處理這種情況，Calvin 使用最近提出的一個非捆綁資料庫系統的方法，即創建虛擬資源從而在邏輯上鎖定交易層[7]。

Calvin 的確定性鎖管理器分散在調度層中的所有節點上，每個節點的調度器只負責鎖定儲存在該節點的儲存組件上的記錄，即使是存取儲存在其他節點上的記錄的交易時也嚴格遵循。鎖定協議類似嚴格的兩階段鎖定，但有下面兩個不變量。

① 在任何時候一旦交易 A 和交易 B 都想要對同一些本地記錄 R 加排他鎖，如果在順序層提供的串行順序中交易 A 出現在 B 之前，那麼 A 必須在 B 之前請求對 R 的鎖定。實際上，Calvin 透過在單個線程中序列化所有的鎖請求來實現這一點。線程掃描序列層發送的串行交易順序；對於每個條目，它都會請求該交易在生命週期中需要的所有鎖。

② 鎖管理器必須嚴格按照這些交易請求鎖的順序爲每個鎖授予請求交易。所以在上面的例子中，直到 A 獲得了 R 上的鎖定，執行完成並釋放鎖定，B 都不能被授予對 R 的鎖定。

在這種協議下，一旦交易已經獲得了所有的鎖（因而可以完全安全地執行），它就被交給一個工作線程來執行。工作線程的每個實際交易執行分下面五個階段進行。

① 讀/寫設置分析。交易執行線程在處理交易請求時所做的第一件事是分析交易的讀寫集，包括本地儲存的（例如正在執行線程的節點）讀取和寫入集的元組，以及參與儲存寫入集的參與節點集，這些節點被稱爲交易中的積極參與者。只有讀取組的元素被儲存的參與節點被稱爲被動參與者。

② 執行本地讀取。接下來，工作線程查找本地儲存的讀取集中所有記錄的

值。根據儲存介面的不同，將記錄複製到本地緩衝區，或者只是將指針保存到內存中可找到記錄的位置。

③ 服務遠端讀取。本地讀取階段的結果被轉發到每個主動參與節點的對應工作線程上。由於被動參與者不修改任何資料，因此它們不需要執行實際的交易代碼，也不需要收集任何遠端讀取結果。被動參與的節點上的工作線程則在讀取階段之後完成。

④ 收集遠端讀取結果。如果工作線程正在主動參與的節點上執行，那麼它必須執行交易代碼，因此它必須首先擷取所有讀取結果——即本地讀取的結果（在第二階段擷取）和遠端讀取的結果（第三階段由各參與節點轉發得到）。在這個階段，工作線程要做的是收集後一組結果。

⑤ 交易邏輯執行和執行寫入。一旦工作線程已經收集了所有的讀取結果，它就繼續執行所有的交易邏輯，執行全部的本地寫入操作。局部寫入被對應的節點處的對應交易執行線程視爲本地寫入，並在那些節點執行，非局部寫入會被忽略。

如果使用確定性鎖定協議，爲了確認所有的讀/寫集是否支持在 Calvin 上處理，交易必須先執行讀操作，因爲 Calvin 的確定性鎖定協議要求在交易執行開始之前事先知道所有交易的讀/寫集。不過，Calvin 支持一種稱爲樂觀鎖定位置預測（OLLP）的方案，它可以只用修改裝置交易代碼從而以非常低的開銷實現[8]。這個想法是，透過一個低開銷、低隔離、不重複、只讀的偵測查詢來預測依賴交易，即執行所有必要的讀操作來發現交易的完整的讀/寫集。根據查詢到的結果，將實際交易發送到全局序列而後執行。由於偵測查詢所讀取的記錄（由於實際交易的讀/寫集合）有可能被改變，所以在偵測查詢和實際交易之間必須重新檢查讀取的結果，並且如果「偵測」的讀/寫集合不再有效的話，進程必須可以（確定性地）重新啟動。

在這類交易中，爲了區分全部的讀/寫集合，使用二級索引查找是特別常見的。因爲二級索引代價很高，所以很少用於保存更新頻繁的資料。例如，「庫存物品名稱」或「紐約證券交易所股票代碼」的二級指標中是常見的，而在「庫存物品數量」或「紐約證券交易所股票價錢」中就一般不使用。TPC-C 基準的「支付」交易就是這個交易子類的一個例子。由於 TPC-C 基準工作負載從不修改支付交易的讀/寫集合可能依賴的索引，因此在使用 OLTP 時，支付交易永遠不必重新啟動。

確定性執行只能對完全駐留在主存中的資料庫起作用。原因在於確定性資料庫系統相對於傳統的非確定性系統的一個主要缺點是非確定性系統需要保證與任何連續順序的等價性，並且可以任意地重新排序交易，而像 Calvin 這樣的系統受限於順序器選擇。

　　例如，如果一個交易（我們稱之爲 A）等待磁碟存取，那麼傳統的系統將能夠運行其他交易（比如 B 和 C），這些交易不會與 A 已經擁有的鎖相衝突。B 和 C 的寫入集與 A 還沒有鎖定的鍵上的 A 重疊，則可以按照與串行順序 B—C—A 而不是以 A—B—C 方式執行。然而，在確定性系統中，B 和 C 將不得不阻塞，直到 A 完成。更糟糕的是，其他與 B 和 C 相衝突的交易（但不是 A）也會被卡住。因此，在這個系統中，交易執行期間磁碟停頓時間高達 10ms，因此對於最大化資源利用率，即時重新排序是非常有效的。

　　遵循這一指導性設計原則，Calvin 避免了在基於磁碟的資料庫環境中的確定性的缺點：在擷取鎖之前，盡可能地將繁重的工作移到交易流水線的較早階段。

　　當排序器組件接收到可能引起磁碟停頓的交易的請求時，在將該交易請求轉發到調度層之前，會引入一個人工延遲，同時向所有相關儲存組件發送「交易即將存取記錄，請預熱磁碟」的請求。如果人工延遲大於或等於將所有磁碟駐留記錄放入內存所需的時間，那麼當交易實際執行時，它將只存取內存駐留資料。請注意，採用這種方案，交易的整體延遲不應該大於在執行期間執行磁碟 I/O 的傳統系統中的延遲（因爲在任一情況下都可能發生完全相同的一組磁碟操作）——但此時不應該增加交易的爭用的磁碟延遲。

　　爲了清楚地展示這種技術的適用性，Calvin 實現了一個簡單的基於磁碟的儲存系統，其中「冷」記錄被寫到本地文件系統，並且在交易需要時鍵值表以只讀的方式存入 Calvin 主存。文獻［4］顯示當每臺電腦每秒執行 10000 次微基準交易時，只要基於磁碟儲存的交易不超過 0.9％的交易（90 次），Calvin 的總交易吞吐量將不受儲存基於磁碟儲存的交易的影響。

7.4　基於資料遷移的交易技術

　　在非共享的資料庫裡，交易被分成兩類：只在單一節點執行的本地交易和跨多個節點的分散式交易。由於使用 2PC 協議確保原子性的開銷很大，分散式交易比本地交易更低效。

　　圖 7-5 展示了一個基於 2PC 的交易的例子。這個例子也將用於說明在下一節中我們推薦的策略。在圖 7-5 中，資料庫被分成節點 S_1 和 S_2 兩個部分，交易 T 在 S_1 被提交，產生了資料記錄 r_1，類似地，r_2 被存在第二部分。因此，（T 提交的節點）S_1 作爲協調者而 S_2 作爲參與者，然後使用兩步的策略來執行交易 T。

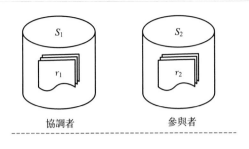

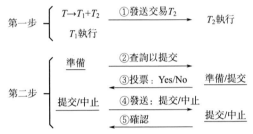

圖 7-5　分散式交易在 2PC 上的處理（帶下畫線的操作需要相關的
日誌條目下執行向穩態儲存的強制寫）

　　第一步：任務分散。協調者首先將交易分成多個子交易，每個子交易被發到
不同的參與者執行。在我們的例子裡，T 被分成 T_1 和 T_2，T_1 在協調者節點執行，T_2 在參與者節點執行。在這一步中，協調者將包含子交易的消息發給參與
者來執行。

　　第二步：原子提交。當交易準備好提交時，進入提交步驟。提交步驟由投票
環節和完成環節組成。在投票環節，協調者匯總所有參與者準備提交的資料
（圖 7-5 中的第 2 條資訊），等待應答。與此同時，在投票開始之前，參與者要一
直將資料改變存在穩態內存裡，否則參與者會立即中止。在提交環節，協調者會
收集所有的投票，如果投票結果為「Yes」，協調者會決定提交並行送一個全局
提交消息給所有的參與者，否則會發送中止資訊給參與者（圖 7-5 中的第 4 條消
息）。每個參與者基於收到這個決定來採取行動，並把結果回饋給協調者。

　　2PC 協議簡單但是引入了很高的延遲，由於通訊的代價和不確定性，在執
行時，所有的協調者與參與者之間的通訊透過節點內部消息來實現，在我們執行
的例子中，每個參與者至少通訊了 4 條消息。注意到協議還要確保發送消息的程
式正確性（圖 7-5 中的第 5 條消息）來確保伺服器能夠刪除協調者的過期資訊。
進一步地，參與者可能會因為失敗而長時間阻塞。這導致協調者或至少一個參與
者的失敗都會導致全部的投票失敗。此時，全局決定的投票過程是決定提交（如
果節點都投了「Yes」還是失敗了）還是決定中止（如果節點們沒有投票或投了
「No」）也無跡可尋。進一步地，對於一個更為複雜的多步驟交易，基於 2PC 處

理會在協調者和參與者商討時出現多個結果，導致額外的節點間消息丟失。

7.4.1　LEAP

LEAP 的主要目標是減少 2PC 協議的開銷，因此，LEAP 完全擯棄了 2PC，將所有的分散式交易都轉換成本地交易來處理[9]。LEAP 透過將分散式交易運行時需要的全部資料轉移到單一節點的方法，達到上述分散式交易本地化的目地。換句話說，當交易需要某些資料時，系統動態地將這些資料移動到某些節點上。

定義 7.1（所有者）：給定一條資料記錄 r，r 的所有者是 r 所存位置的單一的伺服器節點 S，並且 S 被授予對 r 的獨佔存取權。

根據定義，除了所有者，其他的伺服器都不能獲得這條資料記錄，並且在任何時間，每條記錄都存在一個獨一無二的所有者。因此，當節點 S_1 想要擷取一條屬於 S_2 的記錄 r 時，必須對 S_2 發送請求來更換所有者。當 S_2 交出 r 的所有權時，會把記錄 r 發送給 S_1，隨後 S_1 獲得 r 的記錄，採用的是本地擷取。

使用 LEAP 時，分散式交易會進行以下處理：協調者（當交易被提交時）搶奪式地向參與者發送擷取資料移動到自己的位置的請求，一旦資料被移動到協調者的節點上，就會在本地執行交易。爲了說明這個想法，我們建議讀者再看以下的例子。在圖 7-5 中，資料被分成兩部分，分別放置在節點 S_1 和 S_2。兩個節點分別擁有記錄 r_1、r_2。爲了執行同時擷取 r_1 和 r_2 的交易 T，像圖 7-6 示意的那樣，協調者 S_1 向 S_2 發送一個獲得 r_2 的所有權的請求消息（爲圖 7-6 中的消息 1）。一旦 S_2 獲得了這個消息，就決定交易是否可以進行，如果同意移交給 S_1，將觸發遷移過程，即發送給 S_1 一個帶有請求資料（爲圖中 r_2）的所有者轉換的消息（爲圖 7-6 中消息 2）將 r_2 的所有權交給 S_1。此時，S_1 獲得了執行交易所需要的所有資料請求，然後在本地執行交易 T。當 T 被提交時，提交的是不含任何分散式節點的本地交易。與 2PC 相比，LEAP 使用更少的（圖例中爲 2）節點間的消息來執行交易，從而減少處理時延。

乍一看，LEAP 的動態爭搶資料存放位置的方法很費時，然而，這種策略確實是高效而靈活的。有以下三

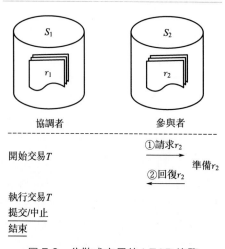

圖 7-6　分散式交易的 LEAP 總覽

個原因。第一，OTLP 查詢只需要涉及少量的資料記錄。因此，傳送資料的開銷是遠低於 2PC 協議的，後者我們需要把子交易的結果即時傳送。第二，這個傳輸開銷的增加小於持續在網路傳輸資料縮短的時間，比如 10GB 的以太網。第三，在相同節點執行的交易序列可以擷取相同的記錄而避免了再次遠端擷取。因此，很值得透過增加一點資料傳送的開銷來減少節點間的消息數量。

LEAP 的設計和分析模型假定當前網路結果能夠提供足夠的頻寬和低延遲的通訊。這種快速網路廣泛應用於絕大多數的局部網路（如 LANs）。

實現 LEAP 首要的難點是確保資料位置和所有者可以被高效管理。例如，當資料頻繁移動時，我們該如何得知資料的位置？為此，我們將具有管理者的元資料解耦，將資料放在兩張表裡儲存：一張所有者表來維護所有者資訊，一張資料表來儲存即時的資料記錄。每條記錄由一個鍵值對來表示，$r = \langle k, v \rangle$，我們把兩條記錄分別存在上述兩張表裡：①在所有者表裡，資料所有者記錄 $r_o = \langle k, o \rangle$，$o$ 代表 r 的透過地域區分（比如 IP 位址）的所有者。②在資料表裡，資料記錄為 $r_d = \langle k, d \rangle$。所有者表透過某個標準的資料分類技術使 k 分散在全部的節點上（例如雜湊或者範圍）。資料表也根據節點分類。資料記錄 r_d 被存在它的所有者的局部資料表裡。

一條記錄 r 的初始狀態被儲存在存放所有者資訊 r_o 的節點上，隨後，每發生一次所有者轉換，r_d 表示的資料記錄會被移動到新的所有者的本地資料表中，所有者資訊 r_o 的位置則永遠不會改變，一直在初始位置。所有者記錄用於追蹤 r 的當前所有者。

圖 7-7(a) 展示了一簇資料的初始存放布局。資料和其所有者資訊儲存於相同的節點 S_1 和 S_2，圖 7-7(b) 示意了當記錄 $\langle k_3, v_3 \rangle$ 從 S_1 被移動到 S_2 時，所有者資訊仍存於 S_1，但所有者資訊被更新了，類似地，將資料記錄 $\langle k_6, v_6 \rangle$ 移動到 S_2 也使得所有者資訊更新。

為了減小儲存空間，不需要在每個所有者節點上存放記錄的所有者資訊，只有一條記錄需要移動到其他節點時，它當時的索引在才會將該記錄的所有者資訊記錄到自己的表中。換句話說，默認一條記錄的所有者是具有它自己所有者資訊的節點。例如，在最佳化模式中，如圖 7-7(a) 所示，所有在 S_1 和 S_2 所有者表中的條目，在圖 7-7(b) 中，只有條目 $\langle k_3, S_2 \rangle$ 和 $\langle k_6, S_1 \rangle$ 仍各自儲存在 S_1 和 S_2 中。進一步地，好的鍵的分配策略可以減小所有者表的大小，一般來說，大多數記錄存放在初始位置上。

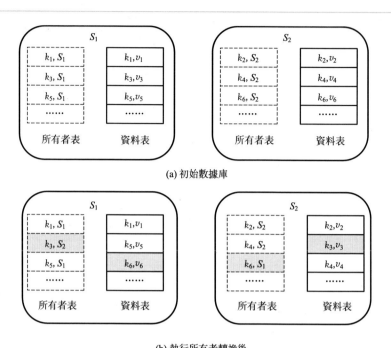

(a) 初始數據庫

(b) 執行所有者轉換後

圖 7-7　所有者轉換舉例

我們提到的 LEAP 模式基於所有者轉換協議。爲了介紹所有者轉換協議，我們引入如下定義。

定義 7.2（請求者）：當節點從其他所有者節點請求資料時，被稱爲請求者。

定義 7.3（分配者）：如果節點持有 r 的所有權資訊，則將節點稱爲記錄 r 的分配者。

回想一下，給定一個交易 T，如果節點是 T 所需要的所有資料的所有者，那麼該交易可以由節點直接執行，而不需要進行任何所有權轉移。只有當節點需要請求其他節點擁有的資料時，所有權轉移才會發生。爲了從其他節點轉移所有權，請求者運行一個所有權轉移協議，該協議在概念上由以下 4 個步驟組成。

① 所有者請求：分配者透過在所有者表上執行一個標準的鍵值查找來確定請求記錄的當前所有者是誰。

② 轉移請求：在找到記錄的當前所有者之後，請求者向所有者發送所有權轉移請求，請求所有者將記錄的所有權轉移給請求者。

③ 響應：一旦所有者收到所有權轉移請求，它將檢查請求資料的狀態。當所有者無法將所有權授予請求者（例如，多個請求者同時競爭所有權）時，所有者會向請求者發送一個拒絕消息。否則，所有者將向請求者發送一條響應消息和

請求的資料。一旦資料被發送給請求者，它就會自動失效，在舊的所有者的節點上，將來會被垃圾收集程式清理。

④ 通知：在接收到資料之後，請求方通知分配方對所有權轉移進行更新。注意，在上面的三個步驟中，所有權在分配中沒有更新。只有當所有權轉移成功，並接收到通知消息時，分配者才會相應地更新所有權。這保證了在所有權轉移期間節點故障時的所有權一致性。此外，如果所有者請求或轉移請求被拒絕（例如，由於並行控制），請求者也會告知記錄所有者關於所有權轉移的失敗。而原所有者將保留所有權。因此，資料的所有權保持在一個一致的狀態。

在發送消息之前，它會在發送方站點上保留本地記錄。當故障發生時，任何消息丟失都是透過在預定的超時時間後重新發送消息來處理的。請注意，響應步驟是唯一可能導致資料丟失的步驟。為了解決這個問題，我們允許原始所有者在刪除之前保留失效資料的備份。因此，當響應消息丟失時，原始所有者可以恢復資料。

上述四個步驟組成了處理一個所有權轉移請求的一般處理過程。對於所有權轉移，有三種不同的情況取決於請求者、分配者和所有者。圖 7-8 說明了這三種情況，即 RP-O、R-PO 和 R-P-O。對於生成的遠端消息的數量，它們可能會產生不同的開銷。RP-O 是請求者與分配者相同的時候，在這種情況下，所有者請求步驟和通知步驟在請求者本身中有效地進行，而另外兩個步驟可以透過使用兩個節點間的消息來實現。當分配者和所有者保持相同的時候，R-PO 就出現了，但是與請求者不同。在這種情況下，每個所有者請求、響應和通知步驟都需要一個節點內的消息。在 R-P-O 中，當請求者、分配者和所有者是三個不同的節點時，每個步驟都使用了一個節點間的消息。

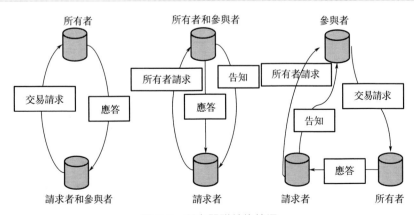

圖 7-8　所有關聯轉換情況

回想一下，一旦請求者獲得資料的所有權，它就會自動成爲資料的所有者。只要所有權沒有轉移到其他地方，所有者就可以在本地擁有和保存資料。這確保資料可以在所有者節點上服務多個相同交易的實例，並避免頻繁的資料傳輸。

爲了便於討論，我們考慮透過主鍵存取資料。

得益於現代高速網路技術，網路傳輸的延遲對於傳輸小資料（例如元組或 SQL 語句）來說幾乎是無法區分的。由於網路輸入/輸出仍然比主內存操作慢很多，因此傳遞的順序消息的數量主要決定了分散式內存交易的開銷。從圖 7-5 和圖 7-8 中可以看出，LEAP 透過傳遞的順序消息的數量顯示了它優於 2PC 的優勢。

爲了更好地理解基於 LEAP 的交易，我們進一步提供了對每個交易的延遲預期的理論分析，以評估這兩種不同技術的交易效率。在這裡，延遲由兩個組件組成：交易和交易提交。我們忽略了在初始階段發送查詢語句的開銷，因爲它的開銷對於 LEAP 和 2PC 都是相同的。

爲了簡化分析，並將重點放在 LEAP 和 2PC 之間的比較上，我們做出以下假設：

① 與分散式資料通訊相比，本地處理時間可以忽略不計。換句話說，分散式資料通訊的開銷決定了整個性能。

② 發送一個 SQL 查詢的開銷與發送一個元組的開銷相同。由於現代網路基礎設施的快速聯網，這種假設通常是成立的。

③ 每個 OLTP 交易只存取整個資料庫的一個小子集，並且不執行完整的表掃描或大的分散式連接。具體地說，我們假設每個交易執行 n 個資料存取，它們的足跡（例如元組的鍵）在交易語句中給出。特別地，對於 LEAP 交易，所有的資料存取都可以平行處理，因爲所有需要的元組都是預先知道的，因此，一個資料存取的預期延遲反映了交易中所有 n 個資料存取的預期延遲。

而基於分配的資料庫，如果存取的資料最初被分配給當前正在運行的節點，那麼我們定義資料存取是本地的。否則，資料存取被定義爲遠端。注意，儘管 LEAP 會在交易期間遷移資料，但是上面的定義總是引用資料庫分配的初始狀態。此外，我們還將進一步定義遠端資料存取是否具有本地性。假設節點 S_1 從節點 S_2 請求資料 r，如果在不久的將來僅透過 S_1 的交易存取 r，那麼這種遠端資料存取將被稱爲區域性存取。相反，如果 r 經常被除 S_1 以外的節點所請求，那麼它就被認爲是非區域性的。

首先，我們考慮基於 leap 的交易。設 $P(R)$ 爲遠端資料存取的總機率，則 $P(L|R)$ 是每個節點遠端資料存取的機率。不同類型資料存取的機率運算如下：

• $P_1 = 1 - P(R)$：局部資料存取機率。

• $P_{rl} = P(R) \times P(L|R)$：單個節點遠端存取資料的機率。

- $P_{rnl} = P(R) \times [1 - P(L|R)]$：非單個節點的遠端存取資料的機率。

因此，我們分析每種類型的資料存取的開銷估算。對於本地資料存取，基於假設①，開銷只包括存取以前透過遠端資料存取而非本地傳輸到其他節點的資料。因此，本地資料存取的開銷可以運算爲

$$t_l = \alpha X \times P(R) \times [1 - P(L|R)]$$

其中 α 是在協議往返中傳遞的消息佇列的平均數量，X 是基於假設 2 的用於傳送所有類型消息的一次網路傳輸時間。在 LEAP 中，根據圖 7-8 中所有者轉換的例子，α 的值可以是 2、3、4。

簡單來說，本地遠端資料傳輸可以用用相同的估計式，如下：

$$t_{rl} = \alpha X P(R) \times [1 - P(L|R)]$$

這是因爲只要遷移到請求節點，存取的資料就會在本地可用。

最後，對於非局部的遠端資料存取，預計資料將位於遠端節點。儘管有可能透過一些以前的資料存取將存取的資料轉移到請求節點，但是我們忽略這種可能，因爲它很少見。因此，這種類型的資料存取的成本如下：

$$t_{rnl} = \alpha X$$

由於 LEAP 將每個分散式交易轉換爲本地交易，因此交易提交可以在本地執行，成本也可以忽略不計。因此，在假設③的情況下，我們可以根據不同類型的資料存取和相應的機率，推導出基於 leap 的交易的預計延遲如下：

$$T_{LEAP} = t_l P_l + t_{rl} P_{rl} + t_{rnl} P_{rnl} = \alpha X \times P(R) \times \overline{P(L|R)} \times [2 - P(R) \cdot \overline{P(L|R)}]$$

$$(7\text{-}1)$$

其中 $\overline{P(L|R)} = 1 - P(L|R)$ 代表沒有結點進行遠端存取的機率。

接下來，我們將考慮基於 2PC 的交易。回想一下，只有當一個交易涉及多個節點的資料存取時，才需要 2PC。假設①，我們只需要處理交易涉及多個節點的情況。有 n 個資料存取，交易被分配的機率是

$$P_{dt} = 1 - [1 - P(R)]^n$$

此外，由於基於 2PC 的分散式交易可能涉及多個線程駐留在不同的節點中，因此一個多步驟交易可能需要在分散式線程之間交換中間結果。假設在一個需要中間結果傳輸的多步驟交易中採取步驟，其中每一個都涉及至少一個消息傳遞。此時，我們可以推導出基於 2PC 的交易的預計延遲爲

$$T_{2PC} = \beta X P_{dt} + i X P_{dt} = (\beta + i) X \{1 - [1 - P(R)]^n\} \qquad (7\text{-}2)$$

其中，β 是在 2PC 處理過程中消息佇列的數量，如圖 7-5 所示，β 在一個標準的 2PC 協議中等於 5。

以上關於延遲預期的分析提供了基於 LEAP/2PC 的交易的三點看法。第一，不考慮遠端資料存取的位置 [不妨設 $P(L|R) = 0$]，T_{LEAP} 隨著 $P(R) \times [2 - P(R)]$ 的成長而成長，T_{2PC} 隨著 $1 - [1 - P(R)]^n$ 的成長而成長。這意味著當遠

端資料存取增加時，LEAP 超過 2PC 的優勢將變得顯著。第二，使用本地的遠端資料存取將有利於 T_{LEAP}，而不會影響 T_{2PC}。第三，當交易涉及中間結果傳輸時，基於 2PC 的處理變得更加昂貴，而基於 LEAP 的處理則不受此類問題的影響。

7.4.2 L-Store

在本節中，我們將介紹 L-Store 的設計，這是一個基於 LEAP 的 OLTP 引擎。圖 7-9 顯示了 L-Store 的體系結構，包含 N 個節點和一個分散式的內存儲存。在每個節點中有如下四個主要的功能組件。

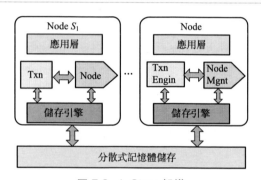

圖 7-9　L-Store 架構

① 應用層：該層提供了與裝置應用程式互動的介面。

② 儲存引擎：L-Store 使用內存中的儲存。爲了方便有效地進行資料存取，輕量級索引（例如雜湊索引）被用來實現資料表、所有者表和鎖的快速檢索。

③ 交易引擎：該引擎處理交易執行。採用多線程處理交易，以提高平行度。與儲存引擎進行互動，來讀/寫資料，同時是節點管理組件，負責檢測資料鎖和發送所有權轉移請求。

④ 節點管理：該模組管理和維護運行 LEAP 所需的資料結構，包括記錄鎖表格等。

基於以上架構，我們進一步介紹並行控制、交易隔離和容錯的關鍵設計。

並行控制確保在不破壞資料完整性的情況下同時執行資料庫交易。在本節中，我們將在系統中引入基於鎖的分散式並行控制方案。

在 L-Store 的每個節點中，並行控制是透過維護兩個資料結構來實現的：資料鎖和所有者調度程式。資料鎖的設計是爲了控制正在進行的資料存取。考慮到每個 OLTP 交易通常只存取幾個元組，不太可能與其他並行交易發生衝突，因此將鎖粒度定到元組。資料鎖定方案使用讀-寫鎖機制。所有者分配器用來處理

來自不同節點對相同元組所有權轉移的並行請求。當這些並行請求被發送到分配器時，分配器所有者調度程式將根據死鎖策略決定首先處理哪一個。所有者調度程式的主要屬性是保證只有一個請求被轉發給資料所有者以完成資料傳輸。

現在，我們將在 L-Store 中引入交易執行的生命週期。爲了保證串行等價和高水平的交易隔離，我們採用了嚴格的兩階段鎖定方案（S2PL），它保證了交易的可序列化性和可恢復性。在 S2PL 中，所有被授予的鎖會一直保留，直到交易提交或中止。交易執行在以下階段進行。

① 開始：在初始階段，交易執行程式線程將初始化交易並分析執行計畫（例如本地／分散式交易、中間步驟的數量、第一步所需的資料等等）。

② 資料準備：接下來，交易執行器將檢查所需的資料是否在本地可用。這是透過檢查本地內存儲存來執行的。如果資料儲存在本地內存中，則表明當前節點是所有者，並且交易可以用本地資料執行。然後，執行程式將把資料請求發送給鎖管理器，以鎖定資料以供使用。但是，如果請求資料在本地不可用，執行程式線程將把所有權轉移請求發送給相應的分配，以便遠端擷取資料。

在此階段，如果執行程式透過所有權轉移協議或死鎖預防機制收到一個中斷訊號，則交易將直接進入中止階段。

③ 執行：在此階段，交易可以從本地儲存存取或更新任何資料項。在交易開始時，有時無法預測對象將被使用。這通常是互動式應用程式中的情況。因此，在這樣的場景下，交易可能會重新進入前一個階段，以便在交易執行過程中擷取資料。當這個階段結束時，它將進入提交階段。

④ 結束

a. 提交。當整個交易成功完成時，交易進入提交階段。所有的資料更新都應用在本地內存中。此外，還應用 write-ahead 日誌記錄技術將交易日誌寫入分散式持久儲存中。一旦成功地寫入日誌，就認爲交易完成，提交標誌被設置爲交易結束。與此同時，釋放所有被鎖定的資料。

b. 中止。在衝突中，交易被回滾以取消交易執行期間的所有更新。同時，所有鎖定的資料都被釋放。提交和中止策略提供了原子交易執行，即交易中的所有操作都被提交或中止。

當兩個或多個競爭過程相互等待對方完成，導致兩個都無法完成時，死鎖發生（例如，在 L-Store 中，交易或所有權轉移請求正在等待對方完成）。爲了解決這個問題，我們採用了基於時間戳的死鎖預防技術來管理對資源的請求，這樣至少一個進程總是能夠獲得所需的所有資源。根據它到達執行節點的時間，每個交易被分配到一個全局唯一的時間戳。根據交易時間戳，使用 Wait-Die 策略來處理衝突，以實現死鎖預防。直觀的想法是對交易設置優先級。與較新的時間戳相比，具有更小的時間戳的舊交易具有更高的優先級。在 Wait-Die 策略中，高

優先級交易等待由低優先級交易持有的資料，而低優先級交易則在資料由高優先級交易持有的情況下立即中止。爲了簡化演示，我們定義了一個基於等待的衝突處理操作，該操作將在本節的其餘部分中使用。

假設交易 T_1 獲得了對記錄 K 的加鎖，同時交易 T_2 想要擷取 K，根據 Wait-Die 策略，T_1 和 T_2 之間衝突的處理函數 CH 可以被定義爲：

$$CH(T_1, T_2) = \begin{cases} T_1 \text{ waits if} & T_1.t < T_2.t \\ T_2 \text{ aborts if} & T_1.t > T_2.t \end{cases} \tag{7-3}$$

其中 t 是交易的時間戳。

此外，每一個被終止的交易都以初始時間戳重新啟動，從而避免了飢餓。

在 L-Store 中，並行請求可能在兩種情況下出現。第一種是節點內的交易並行地存取本地資料。第二種是交易並行存取資料，請求所有權轉移。後者包括多個節點並行對相同資料請求所有權的情況。

第一類並行請求可以透過傳統的、集中的、基於鎖的並行控制機制來處理，例如 Wait-Die 策略。處理第二類並行請求時，L-Store 與其他基於鎖的分散式系統不同。

爲了便於演示，我們首先假設請求者中有一個需要遠端記錄的交易。在我們的例子中，節點上的多個交易可能稍後請求遠端記錄。我們將使用下面的例子來進行討論。

① 請求端：假設在節點 S_1 上的交易 T_1 需要對記錄 K 進行存取，該記錄儲存在節點 S_3，如圖 7-10 所示。在 S_1 發送所有者轉換請求之前，它首先在資料鎖中構建一個新的「請求」鎖項，表示來自 S_1 的 K 的所有權轉移請求已經發送了。這個請求鎖和其他資料鎖的不同之處在於，這個鎖定的鍵在本地儲存中沒有資料。爲了防止死鎖，請求交易的時間戳也被附在消息中 [例如 $S_1(T_1.t)$]。

② 分配者端：在分配者端，同時可能有來自多個節點的多條所有權轉移請求 [例如來自 S_1 的 $S_1(T_1.t)$ 和來自 S_i 的 $S_i(T_i.t)$]。主要設計原則之一是按順序處理請求。換句話說，在任何時候，只有一個請求被發送給所有者，而其他的請求必須等到上一個完成，並將通知消息發送給分配者。這是爲了避免重新發送請求的開銷：如果多個請求都被發送給所有者，那麼只有其中一個會被授予所有權，而其餘的則需要重新發送（因爲有一個新的所有者）。

爲了防止死鎖，還在這裡應用 Wait-Die 策略，使用等式(7-3) 來處理不同請求之間的衝突。爲了降低中止率，另一個設計原則是優先處理最大的時間戳關聯的請求。假設 $T_1.t > T_x.t$，則 $S_1(T_1.t)$ 會被優先處理。在這裡，正在處理的這個程式類似於持有一個進程「鎖」。所有其他的 [例如 $S_i(T_i.t)$]都必須在等待佇列中等待。

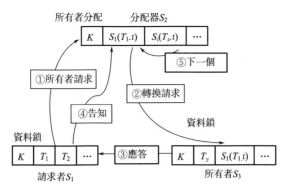

圖 7-10　有爭搶的所有者轉換

　　另外，在分配者 S_2 接收到通知消息確認 $S_1(T_1.t)$ 完成之前，所有新出現的相同 K 的請求都會應用 Wait-Die 策略與 T_1 的比較來處理。t 決定它是否可以在佇列中等待，或者中止。接收到通知消息後，所有者調度程式將從等待佇列中選取最老的時間戳來處理，直到所有的請求都被處理。

　　③ 所有者端：在接收到 K 的所有權轉移請求後，S_3 處理請求的方式類似於本地交易，使用一個獨佔鎖。首先，它檢查 K 是否被另一個本地交易鎖定。如果沒有，則透過向 S_1 發送一個響應消息，將資料直接發送給 S_1。否則，它將進入下一個步驟，以確定請求是否可以等待或終止。假定當請求 $S_1(T_1.t)$ 到達時，記錄 K 正被 T_y 鎖住，該步驟將使用衝突處理函數 $CH(T_y, S_1(T_1.t))$ 來比較持有鎖的時間戳和請求交易的時間戳。如果決定中止，則所有者節點不再讓 $S_1(T_1.t)$ 等待而是透過發送一個中止響應消息給 S_1 來拒絕這一請求。

　　④ 一般處理：現在，我們做好準備來了解如何處理多個請求者並行多個交易請求存取相同的遠端資料。例如，當交易 T_1 和 T_2 同時請求擷取 S_1 中的記錄 K，一個直接的辦法是向分配者發送多個所有者轉換請求。然而，這會導致很高的所有者轉換開銷，因為系統要處理兩個來自相同節點的請求。為了處理這個麻煩，我們的解決辦法是對多個交易只發送一個請求，該方法類似於在所有者調度程式中使用的方法，其中使用最老的時間戳的交易被選擇來處理請求，而其餘的則必須在等待佇列中等待。例如，如果 $T_1.t > T_2.t$，會選擇 T_1 的請求發送而令 T_2 等待。類似地，如果新的交易（如 T_z）在 S_1 中產生也要擷取記錄 K，使用函數 $CH(T_1, T_z)$ 來決定 T_2 應該等待還是中止，從而避免死鎖。

　　基於從 S_3 發回的消息，S_1 會相應地執行合適的操作。當發來一個中止消息時，S_1 會中止交易 T_1 並從等待佇列中選擇等候時間最久的交易（比如 T_2）再次發送所有者轉移請求。否則，「請求」鎖將轉換成一個普通的交易鎖來執行本地交易。在這種情況下，資料已經被授予，並且可以服務於佇列中的所有等待

交易。

L-Store 被設計運行在大型叢集上，並提供容錯功能。當 L-Store 使用內存儲存，資料節點崩潰時，儲存在內存中的資料可能丟失。爲了應對這一挑戰，我們採用資料日誌和檢查點技術來實現資料持久性。從概念上講，L-Store 只有「本地」交易執行，因爲所有交易都在同一位置保存所有資料。這使交易能夠有效地被寫入日誌。與其他非共享的資料庫不同，2PC 協議在執行時需要寫入多個日誌。如圖 7-5 所示，L-Store 只在每個交易的提交階段寫入更新資料日誌。兩個重要的因素確保了這個日誌機制的正確性。第一，在提交階段不需要分散式同步，因爲所有的資料和更新都在本地儲存中。第二，在任何節點崩潰期間，交易的部分更新對於其他節點的交易是不可見的，這確保在故障恢復期間不需要回滾操作。

至於檢查點，由於在 L-Store 中採用分散式儲存，可以簡化該機制。系統對分散式儲存進行定期檢查點。當節點崩潰發生時，檢查點和資料日誌的最新版本將被用於執行恢復。

L-Store 使用 Zookeeper 來檢測節點崩潰並協調恢復。我們介紹了處理另外兩種類型資料的恢復機制。第一種是當前 S_i 擁有的資料。另一種是 S_i 所維護的所有者表。

① 恢復持有資料。當 S_i 崩潰時，S_i 中的資料會從易失性儲存器中丟失。此時可以使用最新的檢查點和交易日誌來恢復這些資料。從最新的檢查點重新播放日誌，以重新創建在崩潰之前節點的狀態。

② 恢復所有者表。當 S_i 崩潰時，所有者表也會丟失。爲了恢復所有者表，Zookeeper 向每個節點發送了一個請求，將屬於 S_i 的資料寫入分散式儲存中。當一個新的節點準備好替換失敗的 S_i 時，它將根據需要從分散式儲存中檢索所有這些資料，在這種情況下，新節點將成爲這些資料的所有者，並開始重新構建自己的所有者表。

參考文獻

[1] Eswaran K P, Gray J N, Lorie R A, et al. The notions of consistency and predicate locks in a database system. Readings in Artificial Intelligence Databases, 19(11): 523-532, 1989.

[2] Das S, Agrawal D, Abbadi A E. G-store:

a scalable data store fortransactional multi key access in the cloud. In ACM Symposium on Cloud Computing, 163-174, 2010.

[3] Corbett J C, Dean J, Epstein M, et al. Spanner: Google's globally-distributed database. In Usenix Conference on Operating Systems Design and Implementation, 251-264, 2012.

[4] Thomson, Diamond T, Weng S C, et al. Calvin: Fast distributed transactions for partitioned database systems. In Proceedings of the 2012 ACM SIGMOD International Conference on Management of Data, SIGMOD'12, 1-12, New York, NY, USA, 2012. ACM.

[5] Lomet D, Fekete A, Weikum G, et al. Unbundling transaction services in the cloud. 2009.

[6] Hunt P, Konar M, Junqueira F P, et al. Zookeeper: Wait-free coordination for internet-scale systems. In Proceedings of the 2010 USENIX Conference on USENIX Annual Technical Conference, USENIXATC'10, 11-11, Berkeley, CA, USA, 2010. USENIX Association.

[7] Lomet D, Mokbel M F. Locking key ranges with unbundled transaction services. 2: 265-276, 2009.

[8] Thomson, Abadi D J. The case for determinism in database systems. Proceedings of the Vldb Endowment, 3 (1): 70-80, 2010.

[9] Lin Q, Chang P, Chen G, et al. Towards a non-2pc transaction management in distributed database systems. In SIGMOD 1659-1674, 2016.

[10] Mohan C, Lindsay B G, Obermarck R. Transaction management in the R∗ distributed database management system. ACM Transactions on Database System, 1986.

第8章

大數據匯流排技術

8.1 爲什麼需要大數據匯流排

大數據匯流排使一個組織中的所有服務和系統都能獲得組織中的所有資料，它是資料整合的一個泛化，以涵蓋即時系統和資料流。

資料的有效使用遵循了馬斯洛需求金字塔結構。金字塔的基礎包括抓取所有相關資料，並能將其放到一個適用的處理環境中（可以是一個花俏的即時查詢系統，或者只是文字文件和 Python 處理腳本），這些資料需要被統一建模，以便易於閱讀和處理。一旦滿足這種以統一方式抓取資料的基本需求，就可以在此基礎上以各種合理方式處理這些資料，例如 MapReduce、即時查詢等。

8.1.1 兩個複雜性問題

之所以需要大數據匯流排，是因爲在資料整合中存在兩個複雜性問題，這兩個複雜性趨勢使得資料整合變得更加困難。

第一個趨勢是事件資料的增多。事件資料記錄事情的發生而不是事情本身，在 Web 系統中就表現爲使用者的活動日誌，也包括了機器級別的事件和統計資料，用來可靠地操作和監視資料中心的機器價值。人們往往把這種資料稱爲「日誌資料」，因爲它常常被寫入到應用程式日誌中，但是這把形式與功能混淆了起來。這些資料是現代網路的核心，畢竟，Google 的主要收入來自使用者點擊搜索結果頁面中的廣告。我們稱使用者的一次廣告點擊爲一個事件。事件資料不僅限於網際網路公司，只是網際網路公司已經完全數位化，所以更方便去使用而已。其他行業中，財務資料一直以事件爲中心，RFID 則將這種追蹤添加到實物上，這種趨勢將伴隨著傳統企業和活動的數位化而一直持續下去。這種類型的事件資料記錄發生了什麼，並且往往比傳統資料大幾個數量級，如何處理這些資料是一個巨大的挑戰。

第二個挑戰來自於專業資料系統的爆炸式成長，這些系統在過去的 5 年已經變得非常流行，而且通常是免費的。對 OLAP、搜索、簡單的線上儲存、批處理、圖像分析等等都有專門的系統。更多資料種類，以及把這些資料導入到更多

的系統中的需求，兩者共同導致了嚴重的資料整合問題。

8.1.2　從 N-to-N 到 N-to-One

使用大數據匯流排可以大大簡化系統中資料管道的數量。這裡以 LinkedIn 為例，LinkedIn 有數十個資料庫系統（如 Espresso、Voldemort 等）、資料倉儲系統（如 Oracle）以及定製的資料儲存系統（如使用者追蹤系統、可用日誌系統），如果以傳統 ETL 的方式把這些連接起來的話，則要在每兩個系統之間建立管道，如圖 8-1 所示。

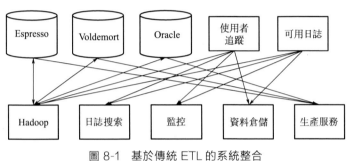

圖 8-1　基於傳統 ETL 的系統整合

注意到資料往往在兩個方向上流動，像許多系統（如資料庫，Hadoop）會同時作為傳輸的源和目標，因此需要為每個系統構建兩條管道，一條用於資料流入，一條用於資料流出。顯然這樣做是不現實的，假如有 N 個系統的話，那麼把它們完全連接起來的話需要的管道數量就會達到 $O(N^2)$。

在使用大數據匯流排後，系統整合會簡化成如圖 8-2 所示。

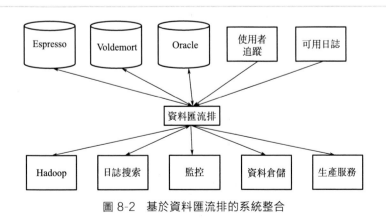

圖 8-2　基於資料匯流排的系統整合

可見所有資料的流入和流出都會經過資料匯流排，因此只需要在每個系統和資料匯流排之間建立管道，管道數量減少爲 $O(N)$，大大降低了複雜度。

8.2 基於日誌的資料匯流排

日誌（Log）可能是最簡單的儲存抽象，它是一個僅可附加的、按時間排序的完全有序記錄序列。圖 8-3 顯示了日誌資料結構。

圖 8-3　日誌資料結構

記錄被附加到日誌的末尾，然後從左到右讀取，每個條目分配一個順序日誌條目號。記錄的順序定義了一個「時間」的概念，因爲左側的條目被定義爲比右側的條目早，日誌條目號可以認爲是條目的「時間戳」，將這種順序描述爲時間概念，乍一看有些奇怪，但它具有與任何特定物理時鐘分離的便利性，在涉及分散式系統時，這種屬性將變得至關重要。

記錄的內容和格式在這裡並不重要，同時也不能只是將記錄添加到日誌中，這樣最終會耗盡所有空間，這點會在下文提及。所以日誌與文件或者表格並不完全相同，一個文件是一組位元組，一個表是一組記錄，而日誌實際上只是一個其記錄按時間排序的文件。

之所以使用日誌，而不是任何和資料系統相關聯的僅可附加式記錄序列，是因爲日誌有一個特定的目的，它們記錄了發生了什麼、在什麼時候發生，對於分散式系統來說，在很多方面這是問題的核心。

在講得更深入之前，這裡先澄清一些容易混淆的東西。每個工程師都熟悉日誌的另一個定義：應用程式使用 syslog 或者 log4j 寫入本地文件的非結構化錯誤資訊或者追蹤資訊。爲了清楚起見，在這裡稱之爲「應用程式日誌」，應用程式日誌是之前描述的日誌概念的退化形式，文字日誌主要是爲了人們閱讀，而之前描述的「日誌」或者「資料日誌」是爲了程式化存取而構建的。

實際上，在單個機器上閱讀日誌的想法有點過時了，當涉及許多服務和伺服器時，這個策略將會變得難以管理，同時，日誌也越來越多地作爲查詢的輸入，

以及作爲理解機器互動行爲的途徑，因此文字日誌在這裡並不像結構化日誌那樣合適。

8.2.1 資料庫中的日誌

日誌的概念早在 IBM 的 System R[1] 中就出現了，它在資料庫中的用途與在發生崩潰時保持各種資料結構和索引的同步有關，爲了確保這種原子性和一致性，資料庫使用日誌來記錄它要修改的記錄的資訊，然後讓修改在它維護的所有資料結構上生效。日誌記錄了所發生的事情，由於日誌會立即被保存，因此在發生崩潰時，其將會作爲恢復其他持續性結構的權威依據。

隨著時間的推移，日誌從作爲 ACID 的實現細節發展到一種在資料庫間複製資料的方法。事實證明，資料庫中產生的變更序列正是保持遠端資料庫副本的同步所需要的，Oracle、MySQL 和 PostgreSQL 使用日誌傳輸協議，以將部分日誌傳輸到作爲伺服器的副本資料庫上。Oracle 已經透過它們的 XStreams 和 GoldenGate 把日誌產品化成一種面向非 Oracle 資料訂閱者的一般化資料訂閱機制，在 MySQL 和 PostgreSQL 中也有類似的機制，這已經成爲許多資料架構的關鍵組成部分。

由於這個原因，機器可讀日誌已經在很大程度上局限於資料庫內部，使用日誌作爲一種資料訂閱機制幾乎是偶然出現的，但是這種非常抽象的方法不失爲一種支持各種消息傳遞、資料流以及即時資料處理的理想選擇。

8.2.2 分散式系統中的日誌

日誌解決的兩個問題——排序變更和分發資料——在分散式資料系統中尤爲重要，同意對更新的排序，或者不同意並且應對其帶來的副作用，是這些系統的核心設計問題。

分散式系統以邏輯爲中心的方法來自於一個簡單的觀察，這裡將其稱爲狀態機複製原則：如果兩個相同的且確定的進程開始於同一狀態，並且以相同的順序獲得相同的輸入，那麼它們將產生相同的輸出，並以同樣的狀態結束。

上面的描述可能看起來有點難以理解，下面來深入講講它的含義。

確定性意味著處理不依賴於時序，並且不允許其他「額外」輸入影響其結果。例如，一個程式的輸出受線程的特定執行順序的影響，或者是擷取時間函數的調用以及其他的一些不可重複事件的影響，因此通常被認定爲非確定性的。進程的狀態指的是處理結束後機器上保留的任何資料，無論是在內存中還是硬碟上。

而關於以相同的順序獲得相同的輸入這一點聽上去有點熟悉——這正是日誌

特性所在。這是個非常直觀的概念，如果將兩個相同的代碼段輸入一個日誌，它將產生相同的輸出。

當理解以上這些概念後，這個原則就沒有什麼複雜或者深奧的東西了：它或多或少就是在說「確定性的處理是確定性的」。儘管如此，這依然是分散式系統設計中最普遍的原則之一。

這種方法的一個優點是，索引當前日誌的時間戳作爲描述副本狀態的時鐘，可以透過單獨一個數字來描述每個副本，即它已處理的最大日誌條目的時間戳。這個時間戳與日誌相結合，唯一地捕獲了副本的整個狀態。

在系統中，根據寫入日誌中的不同內容，就可以有不同的應用這個原則的方法。例如我們可以記錄傳入到服務中的請求，或者記錄服務從響應到請求經歷的狀態改變，或者記錄它執行的轉換指令。理論上，我們甚至可以記錄每個副本執行的一系列機器指令，或者每個副本上調用的方法名稱和參數，只要進程以同樣的方式處理這些輸入，進程就會在副本間保持一致。

不同的人群可以用不同的方式來描述日誌的使用，資料庫人員通常區別物理和邏輯日誌，物理日誌表示記錄了每一行被改變的內容，邏輯日誌表示會導致行內容改變的 SQL 指令（插入、更新和刪除語句）。

在分散式系統文獻中通常會區分兩種處理和複製的方法。「狀態機模型」通常指的是一個主動-主動模型，在這個模型中保存了傳入的請求的日誌，每個副本處理每個請求。在此基礎上的稍微修改，稱爲「主-備份模型」（如圖 8-4 所示），就是選擇一個副本作爲領導者，並允許這個領導者按請求到來的順序來處理它們，並將從處理請求開始的狀態變化寫出日誌。其他副本也會在自身上應用領導者產生的狀態變化，以便與領導者保持同步，並會在領導者崩潰時接管它。

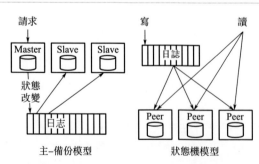

圖 8-4　分散式系統中的資料複製方式

爲了理解這兩種方法之間的區別，這裡先來看一個小例子。有這樣一個複製的「演算法服務」，它維護一個數字作爲自己的狀態（初始化爲 O），並對這個值應用加法和乘法。主動-主動方法會將其執行的轉換寫出到日誌，如「＋1」「＊

2」等，每個副本也會應用這些轉換，因此都會經歷一組相同的值。而主動-被動方法會讓一個單獨的領導者執行這些轉換，並會把執行的結果寫出到日誌，如「1」「3」「6」等。這個例子也清楚地說明了爲什麼順序是確保副本之間一致性的關鍵：改變加法或者乘法的順序將會產生不同的結果。

分散式日誌可以看作一種對共識問題建模的資料結構，畢竟，日誌代表了對「下一個」附加的值執行一系列決策。日誌構建是 Paxos 演算法家族中最常見的實際應用，雖然不能明顯看到 Paxos 演算法家族中的日誌的存在，對於 Paxos，通常是使用名爲「multi-paxos[2]」的擴展協議來完成的，該協議將日誌建模爲一系列一致性問題，每個對應日誌中的一個槽位。在其他如 ZAB、RAFT、Viewstamped Replication 等協議中，日誌更爲突出，它是對維護一個分散式的、一致性的日誌的問題的直接建模。

8.3 Kafka 系統簡介

Kafka[3] 是 LinkedIn 公司開發的一個分散式消息系統，它能夠以低延遲來收集和分發大量日誌資料。首先來介紹下 Kafka 系統中的幾個基本概念。

① 主題（topic）：一個特定種類的消息流。

② 生產者（producer）：向主題發佈消息的稱爲生產者。

③ 代理（broker）：儲存發佈的消息的伺服器稱爲代理。

④ 消費者（consumer）：消費者可以從代理訂閱一個或多個主題，並透過從代理拉取資料來消費訂閱的消息。

消息傳遞在概念上是很簡單的，同樣簡單的 Kafka API 也反映了這點。這裡提供了一些示例代碼來展示如何使用 API，而不是展示確切的 API。下面給出了生產者的示例代碼，消息被定義爲僅包含位元組的一個有效載荷，使用者可以選擇他最喜歡的序列化方法來編碼一條消息，爲了提高效率，生產者可以在一個發佈請求中發送一組消息。

簡單的生產者代碼：

```
producer＝new Producer(...);
message＝new Message("test message str".getBytes());
set＝new MessageSet(message);
producer.send("topic1",set);
```

爲了訂閱主題，消費者首先爲該主題創建一個或多個消息流，發佈到該主題的消息將均勻分發到這些子流中，關於 Kafka 如何分發消息的細節將在 8.3.2 節中介紹。每個消息流都爲連續不斷被生產的消息提供了一個迭代器介面，消費者

然後遍歷消息流中的每個消息並處理消息的有效載荷。與傳統的迭代器不同，消息流迭代器永遠不會終止，如果當前沒有更多的消息要消費，迭代器將會阻塞，直到新的消息被發佈到主題。Kafka 支持點對點分發模型，即多個消費者共同消費一個主題中的所有消息的單個副本，以及發佈/訂閱模型，即多個消費者各自接收自己的主題副本。

簡單的消費者代碼：

```
streams[]＝Consumer.createMessageStreams("top1",1)
for(message:streams[0]){
bytes＝message.payload();
    //do something with the bytes
}
```

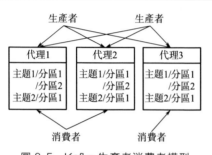

生產者　　　　生產者

代理1	代理2	代理3
主題1/分區1 /分區2 主題2/分區1	主題1/分區1 /分區2 主題2/分區1	主題1/分區1 /分區2 主題2/分區1

消費者　　　　消費者

圖 8-5　Kafka 生產者消費者模型

Kafka 的總體架構如圖 8-5 所示，因爲 Kafka 本質上是分散式的，所以 Kafka 叢集通常由多個代理組成。爲了平衡負載，一個主題被劃分爲多個分區，每個代理儲存一個或多個這些分區，多個生產者和消費者可以同時發佈和擷取消息。下面幾節將詳細描述 Kafka 代理上單個分區的布局和設計，以及生產者和消費者如何與分散式環境中的多個代理進行互動。

8.3.1　單個分區的效率

下面介紹幾種讓 Kafka 系統高效的設計決策。

（1）簡單儲存

Kafka 有一個非常簡單的儲存布局，一個主題的每個分區對應一個邏輯日誌，物理上，日誌被實現成一組大小大致相同的段文件（如 1GB）。每次生產者向一個分區發佈消息時，代理只需將消息附加到最後一個段文件。爲了獲得更好的性能，只有在發佈了可配置數量的消息或經過了一定的時間之後，才能將段文件更新到磁碟，消息只有在被更新後才會暴露給消費者。

與典型的消息傳遞系統不同，儲存在 Kafka 中的消息沒有明確的消息 id，每條資訊透過它在日誌中的邏輯偏移來確定位址。這避免了維護輔助性的、密集的隨機存取索引結構的開銷，這些索引結構將消息 id 對映到實際的消息位置，注意這些消息 id 是遞增的但不是連續的。爲了運算下一個消息的 id，必須把當前

消息的長度加到它的 id 上。

　　消費者總是按順序從特定的分區消費消息，如果消費者確認了一個特定的消息偏移量，意味著該消費者已經收到了該分區中的偏移量之前的所有消息。在覆蓋範圍內，消費者向代理發出異步的拉取請求，以便爲要消費的應用程式準備好一個資料緩衝區。每個拉取請求包含了消費開始的消息的偏移量和可拉取的位元組數，每個代理都會在內存中保存一個有序的偏移量列表，包括每個段文件中第一個消息的偏移量。代理透過搜索偏移量列表來查找所請求消息所在的段文件，並將資料發送回消費者。在消費者接收到消息後，它運算下一個要消費的消息的偏移量，並在下一個拉取請求中使用它。圖 8-6 顯示了 Kafka 系統中日誌和內存中索引的布局，每個框顯示消息的偏移量。

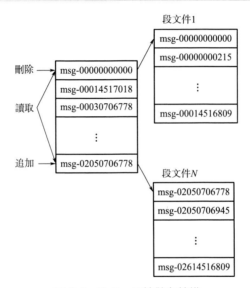

圖 8-6　Kafka 日誌儲存結構

（2）高效傳輸

　　在 Kafka 系統中傳入和傳出資料是非常小心的，上文已經提及過，生產者可以在單個發送請求中提交一組消息。儘管最終消費者 API 每次僅迭代一條消息，但每個消費者的拉取請求也會檢索一定大小的多條消息。

　　另一個非常規的設計是避免在 Kafka 層顯式地快取內存中的消息，而是依賴於底層文件系統的頁快取。這主要是有利於避免雙重緩衝——消息只快取在頁快取中。還有一個額外的好處是，即使在代理進程被重啟的情況下，這樣做也能保留熱快取。由於 Kafka 在進程中根本不快取消息，因此在內存垃圾回收上的開銷很少，使其能在基於 VM 的語言中被高效實現。最後，由於生產者和消費者都

是按次序存取段文件，而消費者往往稍微落後於生產者，因此尋常的操作系統快取啟發式演算法是非常有效的（特別是直寫快取和預讀）。

此外，Kafka 爲消費者最佳化了網路接入。Kafka 是一個多使用者系統，單個消息可以被不同的消費者應用程式多次使用。將字典從本地文件發送到遠端網路插槽的典型方法包括以下步驟：①將資料從儲存介質讀取到 OS 中的頁快取；②將頁快取中的資料複製到應用緩衝區；③複製應用緩衝區到另一個內核緩衝區；④將內核緩衝區發送到網路插槽。以上包括了 4 次資料複製和 2 次系統調用，在 Linux 和 Unix 操作系統中，存在一個可以直接將文件通道中的位元組發送到網路插槽通道的 sendfile API，這通常避免了步驟②和③中的兩次複製和一次系統調用。Kafka 利用了 sendfile API 有效地將日誌文件中的位元組從代理傳遞給消費者。

（3）無狀態代理

與其他消息傳遞系統不同，每個消費者消費的資訊數量並不由代理維護，而是消費者自己維護的。這種設計降低了代理的複雜度和開銷，但是這使得刪除消息變得非常棘手，因爲代理不知道是否所有訂閱者都已經使用了消息。Kafka 透過對保留策略使用簡單的基於時間的 SLA 來解決這種問題：如果消息在代理中保留超過一定時間（通常爲 7 天），則會被自動刪除。該解決方案在實踐中很有效，大多數消費者，包括線下的，每天、每小時或者即時完成消費，Kafka 的性能不會隨著資料量的增加而下降，這使得這種長期保留策略是可行的。

這種設計附帶了一個重要好處：消費者可以故意倒回到舊的偏移量並重新使用資料。這雖然違背了佇列的普遍規則，但被證明是許多消費者的基本特性。例如，當消費者中的應用程式邏輯出現錯誤時，應用程式可以在修復錯誤後重新播放某些消息，這對於 ETL 資料加載到資料倉儲或者 Hadoop 系統中時尤爲重要。另一個例子是，所消費的資料會僅週期性地被更新到永久儲存（如全文索引）中，如果消費發生崩潰，那麼未更新的資料就會丟失。在這種情況下，消費者可以檢查未更新消息的偏移量，並在重新啟動後從該偏移量重新開始消費。在拉取模型中，對消費者的回退比在推送模型中更容易支持。

8.3.2　分散式協調

下面將描述生產者和消費者在分散式環境下的行爲。每個消費者都可以將消息發佈到隨機選擇的分區或是由分區鍵和分區函數決定的分區。這裡將關注消費者如何與代理進行互動。

Kafka 有消費者組的概念，每個消費者組由一個或多個共同消費一個訂閱主題的消費者組成，即每個消息僅被傳遞給組內的一個消費者。不同的消費者組各

自獨立地消費全套的訂閱消息，並且不同組之間不需要協調，同一組內的消費者可以處於不同的進程或是不同的機器上。Kafka 的目標是將儲存在代理中的消息平均分配給消費者，而不會引入太多的開銷。

Kafka 採用的第一個設計是在主題內劃分出一個分區作爲最小平行單位。這意味著在任何給定的時間，來自一個分區的所有消息僅被每個消費者組內的單個消費者消費，如果允許多個消費者同時使用一個分區，它們將不得不協調誰消費什麼消息，這會引入分區鎖定和狀態資訊維護所帶來的開銷。相反，在 Kafka 設計中，只有在消費者需要重新平衡負載時，才需要協調消費進程，而這是一個偶爾才會出現的事件。爲了使負載達到真正的平衡，在一個主題中需要的分區數比一個消費組內的消費者都要多，透過對主題進行分區可以輕鬆實現這一點。

Kafka 採用的第二個設計是沒有一個中央「主」節點，而是讓消費者以分散的方式相互協調。添加主節點可能會使系統複雜化，因爲需要進一步擔心主節點的故障。爲了便於協調，Kafka 採用了高可用性協同服務 Zookeeper。Zookeeper 有一個非常簡單的、類似於文件系統的 API，可以創建路徑，設置路徑的值，讀取路徑的值，刪除路徑以及列出路徑下的子節點。它還做了其他一些事情：①可以在路徑上註冊一個觀察者，當路徑的子節點或者路徑的值發生變化時，就會發出通知；②路徑可以創建成臨時的（與永久相對立），意味著如果創建路徑的裝置不存在了，那麼 Zookeeper 伺服器就會自動刪除路徑；③Zookeeper 將其資料複製到多個伺服器，這使得資料高度可靠和可用。

Kafka 使用 Zookeeper 完成以下工作：①檢測代理和消費者的添加和移除；②當上述事件發生時，觸發每個消費者的再平衡進程；③維持消費關聯並保持追蹤每個分區消耗的偏移量。具體而言，當每個代理或者消費者啟動時，它將資訊儲存在 Zookeeper 中的代理和消費者註冊表中。代理註冊表包含其主機名和端口，以及儲存在其上的一組主題和分區，消費者註冊表包括消費者所屬的消費者組和其訂閱的一組主題，每個消費者組和 Zookeeper 中的所有權註冊表和偏移量註冊表相關聯。所有權註冊表對於每個訂閱的分區都有一個路徑，路徑的值是當前從此分區消費的消費者 id，偏移量註冊表爲每個訂閱的分區儲存其上一條被消費的消息的偏移量。

在 Zookeeper 中創建的路徑對於代理註冊表、消費者註冊表和所有權註冊表是臨時的，而對於偏移量註冊表是永久的。如果一個代理崩潰了，那麼它上面的分區都會自動從代理註冊表中刪除，如果一個消費者發生崩潰，那麼它在消費者註冊表上的條目都會被刪除，也會失去它在所有權註冊表中所擁有的分區。每個消費者都會在代理註冊表上和消費者註冊表上註冊一個 Zookeeper 觀察者，並會在代理叢集或者消費者組發生改變時得到通知。

在消費者的初始化啟動期間，或者其被觀察者通知代理或消費者發生改變

時，消費者就會啟動一個再平衡進程來決定其應該消費的新分區子集，演算法 8.1 描述了該進程。透過從 Zookeeper 中讀取代理和消費者註冊表，消費者首先運算可用於每個訂閱主題 T 的分區集合（P_T）和訂閱 T 的消費者集合（C_T），然後將 P_T 分割成 $|C_T|$ 數量的塊，並選擇一個塊來擁有。對於選定的每個分區，消費者透過將自身標識寫入所有權註冊表的操作來宣告自己成爲這些分區的新擁有者。最後，消費者開始一個線程，從儲存在偏移量註冊表中的偏移量開始，向其所擁有的分區中拉取資料。當消息從分區中被取出時，消費者定期更新偏移量註冊表中最近消費的消息的偏移量。

演算法 8.1：在組 G 中的消費者 C_i 的再平衡演算法

```
For C_i 訂閱的每個主題 {
    從所有權註冊表中移除 C_i 所擁有的分區
    從 Zookeeper 中讀取代理和消費者註冊表
    運算 P_T＝主題 T 下代理中的所有可用分區
    運算 C_T＝G 中所有訂閱主題 T 的消費者，並按 P_T 和 C_i 排序
    令 j＝C_i 在 C_T 中索引的位置，N＝|P_T|/|C_T|
    分配 P_T 中從 j＊N 到 (j＋1)＊N-1 的分區給消費者 C_i
    for 每個分配的分區 p {
        在所有權註冊表中設定 p 的所有者爲 C_i
        令 O_p＝分區 p 儲存在偏移量註冊表中的偏移量
        喚醒一個線程從分區 p 中的偏移量 O_p 處開始拉取資料
    }
}
```

如果一個組內有多個消費者，當一個代理或者消費者發生變更時，每個消費者都會得到通知。但是對於不同消費者通知發生的時間可能稍微不同，因此有可能一個消費者會試圖擷取另一個消費者仍擁有分區的所有權，發生這種情況時，第一個消費者只要簡單地釋放其當前所擁有的分區的所有權，等待一會兒然後重新嘗試再平衡進程。在實踐中，再平衡進程往往在經過幾次重試後才會穩定下來。

當一個新的消費者組被創建時，偏移量註冊表中會沒有當前可用的偏移量，在這種情況下，消費者將會使用在代理上提供的 API，從每個訂閱分區上可用的最大或最小偏移量（取決於配置）開始。

8.3.3 交付保證

一般來說，Kafka 只能保證至少一次交付，正好一次交付通常需要兩階段提

交，在大多數情況下，一條消息被交付給每個消費者組正好一次。但是如果消費者進程在沒有完全關閉的情況下崩潰，當另一個消費者來接管崩潰消費者所擁有的那些分區時，它可能會得到一些最後一次成功提交給 Zookeeper 的偏移量之後的重複消息。如果一個應用程式對重複資料敏感，那麼必須添加自己的去重邏輯，這可以透過返回給消費者的偏移量或者消息中的一些單鍵來完成，與兩階段提交相比，這樣做更節省成本。

Kafka 保證單個分區發出的消息能按序交付給消費者，但是不能保證來自不同分區的消息的交付順序。

爲了避免日誌損壞，Kafka 爲日誌中的每一個消息保存一個 CRC 校驗碼，當代理上發生 I/O 錯誤時，Kafka 會運行一個恢復程式，來刪除那些和 CRC 校驗碼不一致的消息。在消息級別擁有 CRC 校驗碼，也使得能在消息產生或者被消費之後檢測網路錯誤。

如果代理發生故障，任何儲存在其上的消息都不能被使用，如果代理上的儲存系統永久損壞，則將永久丟失任何未被使用的消息。未來 Kafka 系統中可能會添加內建複製功能，將消息冗餘地儲存在多個代理上，以避免這種情況發生。

參考文獻

[1] Astrahan M M, Blasgen M W, Chamberlin D D, et al. System r: Relational approach to database management. ACM Trans. Database Syst., 1（2）: 97-137, June 1976.

[2] Chandra T D, Griesemer R, Redstone J. Paxos made live: An engineering perspective. In Proceedings of the Twenty-sixth Annual ACM Symposium on Principles of Distributed Computing, PODC'07, 398-407, New York, NY, USA, 2007. ACM.

[3] Kreps J, Corp L, Narkhede N, et al. Kafka: a distributed messaging system for log processing. netdba, r 11. 2011.

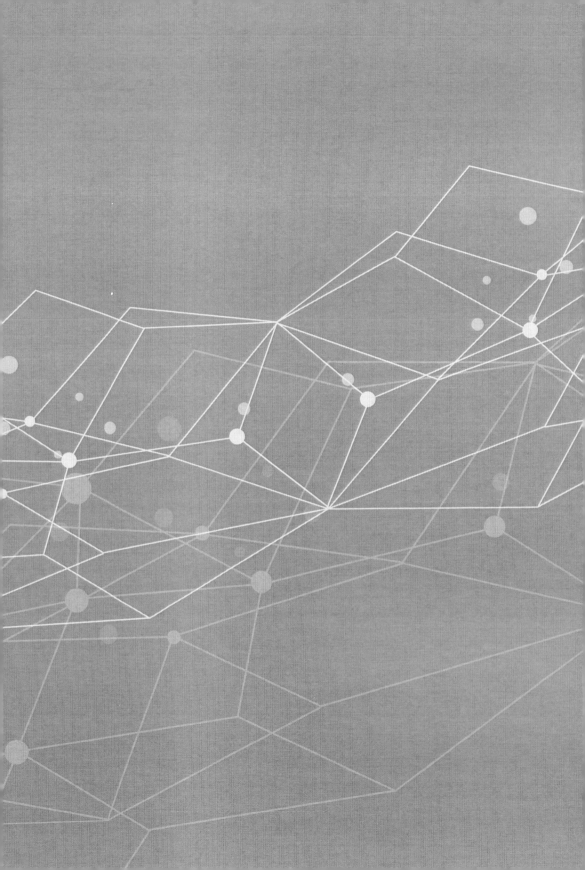

第3篇

面向領域
應用的大數據
管理系統

第9章

面向決策支持的雲展大數據倉儲系統

9.1 決策支持簡介

決策支持系統是一個基於電腦的互動式系統，它旨在幫助使用者做出判斷和選擇。決策支持系統提供了資料儲存和存取功能，不僅如此，它還支持模型的建立以及基於模型的推理，並在此基礎上解決決策問題。決策支持系統的典型應用領域包括商業中的管理和計畫、醫療、軍事以及其他需要做出複雜決定的場合。決策支持系統通常用於高層次的戰略決策，這種高層次的決策不會太頻繁，但每次決策都會產生深遠影響。從長遠效益來看，決策的過程中花費的時間越多，該決策帶來的利益也會越大。

決策支持系統包含三個主要部分。

① 資料庫管理系統。資料庫管理系統作為決策支持系統的資源庫，它儲存了與決策支持系統所要解決的問題相關的大量資料，並為使用者互動提供了邏輯資料結構。資料庫管理系統為使用者遮蔽了資料儲存和處理的物理結構，使用者只需要知道有哪些可用的資料類型以及如何使用它們。

② 模型庫管理系統。模型庫管理系統類似於資料庫管理系統，它在決策支持系統中的角色是將具體的模型與使用這些模型的應用獨立開，目的在於將資料庫管理系統中的資料轉換為決策支持所需要的資訊。由於決策支持系統所處理的資料大多是非結構化的，因此模型庫管理系統還能夠幫助使用者為這些資料建立模型。

③ 對話生成與管理系統。與決策支持系統互動的主要目的是讓使用者更深入地了解問題。由於這些使用者並不都是精通電腦的，因此決策支持系統需要提供簡單易用的介面。這些介面幫助使用者建立模型，並讓使用者能透過介面與模型互動，例如從模型中洞悉詳情和獲得推薦。對話生成與管理系統的主要目的是幫助使用者更加容易地使用決策支持系統。

大多的決策支持系統中都包含以上三個部分，它們之間的關聯可用圖 9-1 表示，對話生成與管理系統是使用者和決策支持系統互動的媒介，同時它也將資料庫管理系統與模型庫管理系統聯繫起來，並向使用者遮蔽了模型和資料庫的物理

實現細節。

　　決策分析支持系統是決策支持系統的一個正在發展的分支，它將決策理論、機率論和決策分析應用到決策模型中。決策理論是決策制定中的公理化理論，建立在理性決策中的部分公理之上。它用機率表示不確定性，以效用表示偏好，並使用數學期望把它們結合在一起。決策支持系統把機率論作為不確定性的形式化表示，其

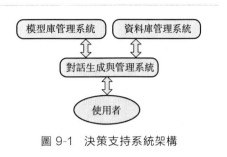

圖 9-1　決策支持系統架構

好處在於：它具有堅實的數學基礎，能夠保證長期的有效性。在不確定性推理中，機率論通常被視為理性推導的黃金準則，它能避免一些基本的不一致情況的出現。可以證明，違反機率論的行為必然會導致一定的損失。決策分析是一門將決策理論應用到真實世界的科學和藝術，它需要運用到一系列的建模技巧，例如，如何提取出模型結構和機率分散並且使人為偏差最小化，如何檢驗模型對不精確資料的敏感程度，如何運算擷取額外資訊的價值，以及如何呈現結果，等等。研究行為決策理論的心理學家們一直在鑽研和審視這些方法，經證明，在人類判斷失誤可能導致危險後果的情形下，這些方法能發揮很好的作用。

9.2 雲展大數據倉儲系統架構

9.2.1 雲展大數據倉儲系統總覽

　　雲展大數據倉儲系統是為了更好地支持大數據探勘和決策分析而開發的一套軟體系統，它實現了從資料擷取、資料淨化到視覺化的流水線作業。其系統架構如圖 9-2 所示，下面將詳細介紹它的各個組件。

　　對於任何一個決策分析的具體應用來說，在真正進行資料分析之前，都需要先對資料進行淨化與整合。這個過程不完全是自動化的，需要專業人士的運用領域知識來幫助系統有效地處理資料。在雲展大數據倉儲系統中，DICE 就是一個資料淨化與整合的平臺，原始資料的處理就在該平臺上進行。同時，為了減輕系統負荷開銷並加快資料處理速度，系統中還使用 CDAS 彙包系統[1] 來協助資料淨化整合過程。

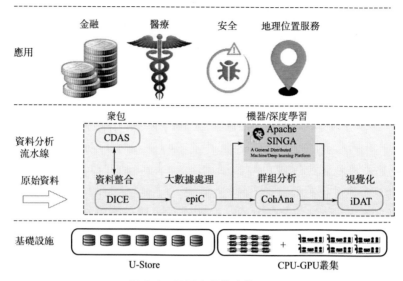

圖 9-2　雲展大數據倉儲系統

通用儲存系統 U-Store 用來儲存不可變資料，並對有價值的資料進行長期的維護。大數據的處理在 epiC[2] 中執行，epiC 是一個分散式可擴展的資料處理系統，透過將運算與通訊分離，該系統能夠有效地處理各種各樣的資料（包括結構化資料、非結構化資料和圖資料），同時它還支持不同的運算模型。由於 epiC 只支持以資料庫為中心的資料處理和分析（如聚合運算和資料匯總），為了提供深度分析能力，還需要一個通用的分散式機器學習和深度學習的平臺——SINGA[3,4]。為了引入行為分析功能，雲展大數據倉儲系統還使用了 CohAna 引擎[5] 用於群組分析，它是一個基於屬性的群組分析引擎，能夠對使用者行為資料進行建模，並實現一些新特性的算符用於高效的群組查詢處理。

最後，iDAT 用於資料視覺化和分析結果展示，它是一個前端工具，實現了互動式的資料探索探勘。

epiC 系統和 CohAna 系統已在第 6 章中做了具體描述，下面兩小節將詳細介紹 SINGA 和 CDAS 系統。

9.2.2　SINGA 分散式深度學習平臺

（1）簡介

無論是學術界還是工業界，都掀起了深度學習的新浪潮。一方面，深度學習在各種應用（例如圖像歸類和多模態資料分析）中都達到或超過了其他演算法的精準度；另一方面，為了改善運行性能，各種分散式訓練系統也被開發出來，例

如 Google 的 DistBelief，Facebook 的 Torch，百度的 DeepImage、Caffe[6] 和 Purine 等等。這些研究表明深度學習可以從更深層的結構和更大的資料集中受益。

　　然而，開發分散式深度學習系統需要面臨兩個巨大挑戰。首先，深度學習模型有龐大的參數集，當這些參數被更新時，在節點之間同步資料會引入大量的通訊開銷。因此，如何科學地擴展系統規模，控制達到所需精度之前耗費的訓練時間，是一大挑戰。其次，對於工程師來說，使用深度複雜的模型來開發和訓練模型本就不是一件簡單的事，而分散式系統進一步增加了工程師的負擔。尤其對於資料分析師而言，在不熟悉深度學習方法的情況下，使用這些深度學習模型將更爲困難。

　　通用的分散式深度學習平臺——SINGA 能夠幫助解決這些問題。SINGA 的設計是基於一個基本的模型，但它能夠支持各種流行的深度學習模型，諸如卷積神經網路（CNN）、受限玻爾茲曼機（RBM）和循環神經網路（RNN）。SINGA 的架構十分靈活，它能夠支持同步、異步和混合的訓練框架。同步訓練能夠提高單次迭代的效率，異步訓練提升收斂速度。在預算不變的情況下（如叢集規模），使用者可以使用混合架構，透過平衡效率和收斂速度，來最大化系統擴展性。SINGA 還支持不同的神經網路劃分方案來平行化訓練大規模的模型，包括根據批量尺寸劃分、特徵劃分和混合劃分。

（2）SINGA 系統總覽

　　SINGA 使用隨機梯度下降法（SGD）來訓練深度學習模型中的參數，訓練工作是分配到各個工作節點和伺服器上的，如圖 9-3 所示。每一次迭代中，每個工作節點調用 TrainOneBatch 函數來運算參數梯度，TrainOneBatch 函數使用一個 NeuralNet 對象表示神經網路，並以一定的順序存取 NeuralNet 的層。

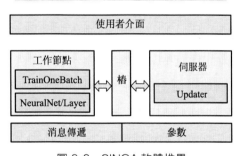

圖 9-3　SINGA 軟體堆疊

梯度的運算結果被發送到本地的樁（stub）中，樁的作用是將收到的請求聚合起來，並把它們發送到相應的伺服器上做更新，伺服器向工作節點返回更新後的參數用作下一次迭代。爲了開始一個訓練作業，使用者需要提交一個作業配置，包含以下四個組件：①NeuralNet，它詳細描述了神經網路結構中每層的設置和它們之間關聯；②針對不同模型類別的 TrainOneBatch 演算法；③Updater，它在伺服器端定義了參數更新協議；④Cluter Topology，它指定了工作節點和伺服器之間分散式架構。

（3）程式模型

下面首先介紹工作配置中的三個組件，SINGA 爲這些組件提供了許多內建的實現，使用者也可以自定義這些模組。在配置好這三個組件之後，使用者可以在單機模式下提交訓練作業。

① NeuralNet　SINGA 使用 NeuralNet 資料結構來表示神經網路，它由單向連接的層級的集合組成。使用者配置 NeuralNet 的時候，需要列出神經網路中所有的層級以及每個層級的源資料層的名字。這樣的表示方法對於前饋模型（例如 CNN 和 MLP）來說是非常自然的。而對於能量模型（例如 RBM 和 DBM）來說，它們的連接是無向的。爲了表示這樣的模型，使用者可以簡單地把每個連接替換爲雙向連接，換句話說，對於每一對連接的層級，它們的源資料層應該將彼此包括在內。對於循環神經網路，使用者可以透過展開循環層級來去除循環連接。透過這樣的方式，將原始模型轉換成類似前饋模型，就可以透過相同的方式進行配置了。當 SINGA 創建了 NeuralNet 實例時，它同時將原本的神經網路根據使用者的配置進行劃分，以支持大模型的平行訓練。有如下的劃分策略。

a. 將所有的層級劃分到不同的子集中。

b. 把單個層級根據批量尺寸劃分爲子層。

c. 將單個層級根據特徵劃分爲子層。

d. 混合使用前三種劃分策略。

```
Layer:
Vector<Layer>  rclayer
Blob feature
Func ComputeFeature(phase)
Func ComputeGradient()

Param:
Blob data, gradient
```

圖 9-4　層的基類

神經網路中的層是使用 Layer 類表示的，圖 9-4 展示了層的基類，它有兩個域和兩個函數。srclayer 向量記錄了所有的源資料層，Blob 類型的 feature 變量中保存了由源資料層運算得到的特徵向量集合。對於 RNN 中的循環層，feature 在每個中間層包含一個向量。如果一個層級中存在參數，這些參數就使用 Param 類型來聲明，它包含名稱爲 data 和 gradient 的 Blob 變量，它們分別表示參數的值和梯度。ComputeFeature 函數透過對源資料層的特徵做轉換（例如卷積和池化）來運算得到 feature，ComputeGradient 函數運算本層中涉及的參數對應的梯度，這兩個函數都在訓練階段被 TrainOneBatch 所調用。SINGA 提供了許多內建的層級，使用者可以直接使用它們來創建神經網路，也可以透過擴展層的基類來實現自己的特徵變換邏輯，只需對基類中上述的兩個函數進行重載，並與 TrainOneBatch 介面一致即可。除了名稱和類型這些常見的域之外，層的配置中還包含了一些特殊的域，比如文件路徑和資料層。根據功能的不同，SINGA 中的層有以下類型。

• 資料層——用於從磁碟、HDFS 文件系統或是網路上導入記錄（比如圖

像）到內存中。

- 解析層——用於從記錄中解析特徵和標籤等。
- 神經元層——用於特徵變換，例如卷積、池化等。
- 損失層——用於度量訓練目標的損失，例如交叉熵損失或歐氏距離損失。
- 輸出層——用於將預測結果（例如每個類別的機率）輸出到磁碟或網路上。
- 連接層——當神經網路被分片之後，用於連接不同的層。

② TrainOneBatch　對於每次 SGD 迭代，每個工作節點都要調用 TrainOne-Batch 函數用於運算該層中參數梯度。SINGA 實現了 TrainOneBatch 的兩種演算法，使用者可以根據模型選擇相應的演算法。演算法 9.1 實現了前饋模型和循環神經網路的反向傳播演算法，它將特徵透過所有層級往前輸送（第 1～3 行），把梯度往相反的方向輸送（第 4～6 行）。由於 RNN 模型被展開爲前饋模型（ComputeFeature 和 ComputeGradient 函數會運算所有的內部層），演算法 9.1 是該模型的 BPTT 演算法。演算法 9.2 是針對能量模型的對比散度演算法，參數梯度的運算（第 7～9 行）是在正階段（第 1～3 行）和負階段（第 4～6 行）之後的。kCD 控制了負階段 Gibbs 取樣的迭代次數。在這兩個演算法中，Collect 函數在從伺服器擷取了參數之前都是被阻塞的，在梯度發送完成之後立刻返回。

演算法 9.1： BPTrainOneBatch

Input: net

```
1:foreach layer in net.local_layer do
2:     Collect(layer.params())//接收參數
3:     layer.ComputerFeature(kFprop)//向前傳遞
4:foreach layer in reverse(net.local_layer)do
5:     layer.ComputerGradient()//向後傳遞
6:     Update(layer.params())//發送梯度
```

演算法 9.2： CDTrainOneBatch

Input: net,kCD

```
1:foreach layer in net.local_layer do
2:     Collect(layer.params())//接收參數
3:     layer.ComputeFeature(kPositive)//正階段
4:foreach k in 1...kCD do
5:     foreach layer in net.local_layers do
6:         layer.ComputeFeature(kNegative)//負階段
```

```
7: foreach layer in net.local_layers do
8:      layer.ComputeGradient()
9:      Update(layer.params())//發送梯度
```

③ Updater　SINGA 提供了許多流行的協議，以基於梯度對參數值進行更新，如果使用者想實現他們自己的更新協議，可以透過擴展 Update 基類並重載 Update 函數來實現。

（4）分散式訓練

① 系統架構　系統的邏輯架構如圖 9-5 所示，有兩種類型的運行單位，分別是工作節點和伺服器。工作節點用於運算參數的更新（例如梯度），伺服器保存了最新的參數值，並處理工作節點的擷取和更新請求。在每次迭代中，工作節點從伺服器收集擷取最新的參數值，並在運算完成之後，向伺服器發送更新請求。邏輯上，一定數量的工作節點（或伺服器）組成一個工作群（或伺服器群）。一個工作群載入訓練資料的一部分，並爲完整模型的副本運算參數的梯度，該副本用 ParamShard 表示。SINGA 提供了不同的策略（例如資料平行化、模型平行化和混合平行化）來在一個工作群上分配作業，同一個群的工作節點都是同步的，不同群之間是異步的。每個伺服器群保存了完整模型參數的一個副本（即 ParamShard），處理多個工作群的請求，相鄰的伺服器群週期性地同步它們的參數。

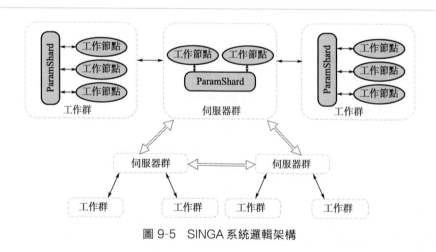

圖 9-5　SINGA 系統邏輯架構

② 系統實現　在 SINGA 的實現中，每個執行單位（工作節點或伺服器）都是一個線程，正如一個進程會包含多個線程一樣，在一個進程中也可能有多個（工作節點或伺服器）群，也有可能一個群會佔據多個進程。啟動 SINGA 進程時，當

所有執行單位都啟動後，主線程就作爲椿線程，它聚合本地的請求並將它們發送給遠端的椿。因此，每個單位只從它的本地椿上擷取和發送資訊。SINGA 在 ZeroMQ 和 MPI 基礎上定義了通用的通訊介面，使用者可以在編譯時選擇不同的底層實現（ZeroMQ 或 MPI）。如果有兩個執行單位使用著同樣的參數塊，並且它們在同一個進程中，SINGA 可以使用共享內存來減少通訊開銷。

③ 訓練框架　SINGA 支持各種同步和異步的訓練框架，使用者可以改變叢集的拓撲結構（即作業配置中的 Cluster Topology 組件）來運行不同的框架。下面我們展示如何在 SINGA 中使用流行的分散式訓練框架。

a. SandBlaster——這是在 Google Brain 上使用的同步框架，訓練集被劃分到不同的節點上，在每次迭代中，所有的節點從參數伺服器上擷取最新的參數值，之後返回更新後的參數。如果要在 n 個節點的叢集上運行這個框架，SINGA 需要這樣配置：

- 一個包含 x 個工作節點的工作群；
- 一個包含 $n-x$ 臺伺服器的伺服器群。

b. AllReduce——這是在百度的 DeepImage 上使用的同步框架，它沒有伺服器的概念，每個工作節點用於運算一個模型副本的梯度並維護一部分參數。在每次迭代中，每個節點從其他所有節點上擷取最新的參數並向它們返回參數梯度。要在 n 個節點的叢集上運行這個框架，SINGA 配置如下：

- 一個包含 n 個工作節點的工作群；
- 一個包含 n 臺伺服器的伺服器叢集；
- 每個節點（或進程）中包含一個工作節點和一個伺服器。

c. Downpour——這是 Google Brain 使用的異步框架，訓練過程與 Sandblaster 類似，主要的區別是：有多個群在異步運行，每個群的節點在運行時感知不到其他群的存在。如果要在 n 個節點的叢集上運行這個框架，SINGA 需要這樣配置：

- n 個工作群，每個群一個工作節點；
- n 個伺服器群，每個群一個伺服器；
- 每個節點（或進程）中包含一個工作節點和一個伺服器。

每個訓練框架都有各自的優劣勢。同步訓練將作業分配到多個工作節點上，可以加速單次迭代的速度。然而因爲隨著叢集規模的增加，同步延遲會很高，同步框架只適用於中小叢集。異步訓練可以一定程度上加快收斂速度，但是當有太多的模型副本的時候，效率提升並不明顯。

SINGA 爲使用者提供了一個統一的平臺，在相同的配置環境下檢驗不同框架的運行效率（例如收斂速度和運算時間）。不僅如此，使用者可以透過啟動多個伺服器群和工作群來進行混合訓練——使用多臺伺服器（群）可以減輕伺服器

端的通訊瓶頸；使用多個節點群可以加快收斂速度；在一個工作群中配置多個工作節點可以加速單次迭代。在預算固定的情況下（即伺服器的數量不變），透過權衡收斂速度和運行效率，可以找到一個最佳的混合訓練框架，以達到最小的訓練時長。

9.2.3　CDAS 眾包資料分析系統

（1）簡介

眾包的概念被許多 Web 2.0 網站廣泛使用，例如，Wikipedia 的發展就是受益於成千上萬使用者的貢獻，它們不斷地爲該網站編寫文章和詞條。還有 Yahoo! Answers，它讓使用者來提交和回答問題。在 Web 2.0 網站中，許多的內容都是由使用者個體創建的，而不是由服務提供方提供的，眾包就是這些網站的驅動力。爲了方便眾包應用的發展，Amazon 提供了 Mechanical Turk（AMT）平臺，電腦工程師可以使用 AMT 的 API 向人們發佈工作委託，由那些擅長某些複雜工作（例如圖片標注和自然語言處理）的人來接受委託。透過這樣的方式，運用人們的智慧來解決那些對於電腦來說很難的任務，從而改善輸出品質，提高使用者體驗，圖 9-6 展示了如何使用眾包分配任務。Amazon 的 AMT 眾包平臺已經有一些應用案例，如 CrowdDB[7]、HumanGS 和 CrowdSearch[8]。

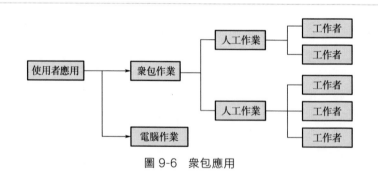

圖 9-6　眾包應用

眾包依靠人力工作來完成任務，但是人類是很容易犯錯的，導致眾包的結果可能會是不好的，有兩個原因。其一，一些居心不良的人可能會爲了擷取報酬隨意填寫答案，這會極大地降低結果的品質；其二，對於一些複雜的工作，有些人由於缺乏相關的知識技能，會提交錯誤的答案。爲了解決上述問題，在 AMT 中，一項工作被分成多個 HIT（human intelligence tasks）任務，每個任務會分配給多名人員來完成，因此會得到多份答案。如果答案發生衝突，系統會比對不同的答案並判斷哪一份是正確的。例如，CrowdDB 就採用了投票策略來判定正確答案。

　　然而，上面的方式並不能完全解決答案分歧的問題。假如我們期望圖片標注的精準度達到 95％，並爲每個 HIT 任務支付 0.01 美元，如果把每個 HIT 分配給太多的人，那麼費用會過高，但是如果人太少，那麼系統就得不到足夠的資訊來判斷哪些標注是正確的。在期望的精準度不變的情況下，我們需要一個自適應的查詢引擎來保證足夠高的精準度，同時支付盡量少的報酬。

　　在 CDAS 衆包資料分析系統中，我們設計了一個對品質敏感的答案分析模型，能夠極大提高查詢結果的品質並有效降低處理成本。CDAS 運用大衆的智慧來提高各種資料分析工作的效率，例如圖片標注和情感分析。CDAS 將分析工作轉換成人力作業和電腦作業，並在不同的模組中對它們進行處理。人力作業是由衆包引擎進行處理的，它採用了兩階段處理策略。對品質敏感的答案分析模型也相應分爲兩個模型——預測模型和驗證模型。這兩個模型分別運用到衆包引擎的兩個不同階段。

　　在第一個階段，衆包引擎運用預測模型來估計需要多少工作者才能達到特定的精準度，模型透過搜集所有工作者歷史記錄的分散，從而做出評估。根據模型的結果，引擎創建並分配 HIT 任務到衆包平臺上；在第二個階段，引擎從工作者擷取答案，由於不同的工作者在同一個問題上可能返回不同的答案，因此還需要對這些不同的答案進行篩選提煉。CrowdDB 就使用投票策略來選擇正確答案，在最簡單的情形下，每個 HIT 任務被發送給 n 個工作者（n 爲奇數），如果不少於 $\lfloor \frac{n}{2} \rceil$ 個人返回了同一個答案，那麼該答案就被作爲正確答案。投票策略十分簡單，但在衆包情境下不是十分有效。假設現在有許多產品評價，我們想知道每個評價中使用者的看法，於是將這些評論分發給工作者，讓他們判斷使用者的態度，並分別用正面、負面和中立三個值來進行標注。對於一則評價，如果 30％ 的工作者認爲是正面，30％ 認爲是負面，剩下的是中立，那麼投票策略就無法判斷哪個答案是可信的。不僅如此，如果超過 50％ 的工作者認爲是負面的，我們也不能直接接受該答案——因爲一些惡意的工作者可能故意返回錯誤的答案。爲了改進衆包結果的精確度，CDAS 採用了機率方法。

　　首先，使用驗證模型來代理投票策略，它依賴於工作者的歷史表現（例如該工作者歷史答案的準確率），並將投票分散於工作者的表現相結合。簡單來說，系統會更傾向於接受那些精確度高的工作者的答案。系統使用隨機取樣法來評估工作者在一個工作中的精確度。透過運用基於機率的驗證模型，結果的品質得到了極大的提升。

　　其次，自適應查詢引擎不會等所有的結果返回之後再運行，它會根據已經返回的答案給出一個近似結果和置信區間，等更多的答案被返回之後再逐漸完善結果。使用該方法的原因是，在 AMT 上工作者並不是同步完成作業的。因此，有

必要先根據返回的答案產生近似的結果並逐漸改善，而不是讓使用者一直等待最終的結果。該策略在思想上與傳統的在線查詢處理類似，其目的在於改進使用者的體驗。

（2）系統總覽

下面介紹 CDAS 的系統架構以及如何在 CDAS 上開發應用。

① CDAS 系統架構　CDAS 是一個利用眾包來提升資料分析性能的系統，它與傳統分析系統的不同之處主要在於處理機制。CDAS 利用人類工作者來協助分析任務，而其他系統單純地依靠電腦來完成查詢。圖 9-7 展示了 CDAS 的系統架構，它主要包含三個組件：作業管理器、眾包引擎和程式執行器。作業管理器接受提交的作業，並把它們轉換成處理計畫，處理計畫描述了作業管理器如何與另外兩個組件（眾包引擎和程式執行器）合作來完成作業。作業管理器將作業劃分爲兩個部分，一個用於電腦運行，一個用於人工處理。例如，在人類輔助的圖像搜索中，工作者需要負責爲每幅圖像提供標注，而圖像分類和索引建立則是由電腦程式來完成。在大多數情況下，這兩個部分需要相互合作，程式執行器將眾包引擎的結果進行匯總，而眾包引擎可能需要根據程式執行器的請求改變作業調度。

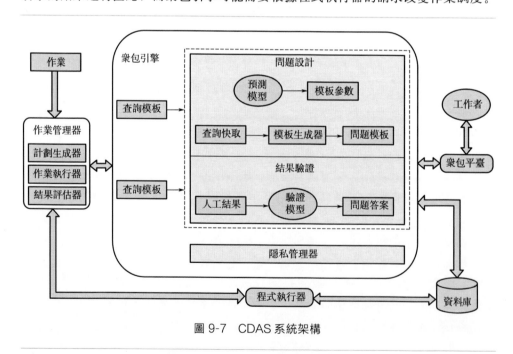

圖 9-7　CDAS 系統架構

眾包引擎在處理人類作業時分爲下面兩個階段。

a. 在第一個階段，眾包引擎爲特定類型的人類作業創建一個查詢模板，查詢模板需要遵循眾包平臺（例如 AMT）規定的格式，並且容易被工作者所理

解。衆包引擎接下來將作業管理器中得到的每個作業分成一系列的衆包任務，然後將它們發佈到衆包平臺上。爲了減少衆包的開支，衆包引擎利用預測模型，基於工作者的歷史表現來估計任務中所需的最少工作者數目。

b. 在第二個階段，工作者的答案被返回到衆包引擎中，引擎把結果匯總並消除結果中的歧義，然後應用驗證模型，基於機率估計來選擇正確的答案。

有時候，人類任務可能會向公衆暴露一些敏感資料，我們在衆包引擎中設計了一個隱私管理器來解決這樣的問題。隱私管理器可能根據具體情況，改變生成的問題的格式來呈現給工作者，對於特定的任務，它會刻意選擇適合回答該問題的工作者。

② 在 CDAS 部署應用　接下來我們用 Twitter 情感分析作爲例子來展示如何在 CDAS 上部署應用。情感分析工作通常是用機器學習和資訊檢索技術來完成的，但是 CDAS 比起這些傳統技術可以達到更好的精準度。

在情感分析工作中，查詢的形式化定義如下：

定義 9.1：情感分析查詢。

情感分析中的查詢遵循 (S, C, R, t, w) 的形式，其中 S 是關鍵字的集合，C 表示所需達到的精準度，R 表示答案的範圍，t 表示查詢的時間戳，w 表示查詢的時間窗口。

舉個例子，假如想要知道公衆在 2011-10-14 到 2011-10-23 期間對於 iPhone4S 的觀點，並且精準度要達到 95%，對應的查詢可以表示爲

$Q = (\{iPhone4S, iPhone4S\}, 95\%, \{Best\ Ever, Good, Not\ Satisfied\}, 2011\text{-}10\text{-}14, 10)$

此查詢的答案包括兩個部分，第一個部分是每種觀點的百分比，第二個部分是持有該觀點的原因。對於上述查詢，可能會有這樣的答案（表 9-1 所示）：多數人認爲 iPhone4S 是一個好的產品，因爲 Siri 和 iOS 功能很不錯；另外小部分人對它不滿意，因爲它的顯示效果不好，電池壽命也一般。

表 9-1　使用者對於 iPhone4S 的看法

觀點	比例	理由
棒極了	60%	Siri,iOS 5,性能
好	10%	Siri,1080P
不滿意	30%	iPhone4S,顯示,電池

情感分析的查詢定義在作業管理器中註冊之後，會生成相應的執行計畫。程式執行器負責從 Twitter 流中擷取推文並檢查裡面是否存在查詢的關鍵字（上個例子中 S＝iPhone4S），符合要求的推文被發送到衆包引擎中，之後會生成查詢模板。

當衆包引擎在它的快取中收集到了足夠多的推文之後，它開始生成 HIT（human intelligence task）任務。具體而言，它使用查詢模板爲每條推文創建一

個 HTML 段（包含在 〈div〉 和 〈/div〉 之間），然後將快取中的所有推文生成的 HTML 段連接在一起，組成 HIT 描述。因此情感分析工作中的一個 HIT 中包含了對多條推文的提問，問題針對於同一個產品、電影、任務或事件。

之後 HIT 任務被發佈在 AMT 平臺上進行處理，演算法 9.3 展現了衆包引擎處理查詢的兩個階段（注意該演算法描述的是通用的查詢處理策略，並不只針對於情感分析工作）。在預處理階段，引擎使用查詢模板爲推文生成 HIT 任務（第 1～6 行）。在第一個階段，它應用預測模型來估計需要多少工作者才能達到要求的精準度（第 7 行，其中，Q. C 表示查詢 Q 中所要求達到的精準度）；在第二個階段，它將 HIT 任務提交到 AMT 平臺上，並等待答案的返回（第 8～10 行）。驗證模型的作用是選出正確的答案。

演算法 9. 3：queryProcessing(ArrayList 〈Tweet〉buffer, Query Q)

```
1:HtmlDesc H＝new HtmlDesc()
2:for i＝0 to buffer. size-1 do
3:    Tweet t＝buffer. get(i)
4:    HtmlSection hs＝new HtmlSection(Q. template(),t)
5:    H. concatenate(hs)
6:    HIT task＝new HIT(H)
7:  int n＝predictWorkerNumber(Q. C)
8:  submit(task,n)
9:  while not all answers received do
10:    verifyAnswer()
```

衆包技術讓應用開發人員能夠利用相關領域人員的專業技能幫他們完成那些對於電腦來說很困難的任務。CDAS 衆包資料分析系統解決了衆包平臺搜集到的答案不準確的問題，利用預測模型和驗證模型，提高了衆包任務結果的可靠性。

9.3 應用實例

這一節中，我們以雲展大數據倉儲上開發的醫療應用[9] 作爲案例，對決策支持系統進行分析。

9.3.1 簡介

醫療行業中的資料量正在以前所未見的速度迅猛成長，在醫療資源和成本的制約下，使用高端資訊技術（例如機器學習和資料整合技術）處理這些大量資

料，能夠減輕醫療資源不足的壓力，為患者提供更好的醫療服務。然而，在對醫療資料進行分析之前，我們需要解決下面的問題。

① 患者的資料是分散儲存在不同的系統中的，因此需要從多個系統中提取相關資訊。同樣地，要回答涉及醫療服務品質監控的問題，通常需要對一些資料進行日常採集工作，例如過去 30 天內出院後又再次住院的病人數量，或者糖化血紅素值超過 7％的糖尿病患者總數等，如果這些資料都要人工採集，那麼工作量將會十分繁重。

② 在醫療環境中，許多預測任務都需要醫療知識的積累，例如如何判定病人是否存在高風險需要住進加護病房，或者預測病人出院後再次住院的機率。系統需要了解醫療資料的含義，並從資料中推測出隱含資訊。

基於雲展大數據倉儲開發的綜合醫療分析系統能夠幫助解決上述問題，它包含檔案系統和分析系統兩個部分。檔案系統負責搜集患者的各種資訊，並將這些資訊儲存為患者檔案圖。患者資訊包含各種類型的結構化資料和非結構化資料。結構化資料包括患者基本資訊（年齡、性別）、化驗結果（例如糖化血紅素值）和用藥史等，非結構化資料包括醫囑這樣的文字資訊。圖 9-8 展示了一位患者的醫療資料，包括結構化和非結構化的資料，而患者檔案圖能對患者的醫療資料提供整體統一的審視。圖 9-9 展現了用圖 9-8 中的醫療資料構建的檔案圖，該圖包含了一些關鍵概念和它們之間的聯繫，如疾病（糖尿病，Diabetes Mellitus）和用藥（格列吡嗪，Glipizide），這些概念是從非結構化資料（醫囑）和結構化資料（用藥劑量）中得到的。分析系統用於分析患者檔案圖，從而推斷出隱含資訊，並提取出相關特徵用於預測任務。

醫囑

```
84yo/Indian/Male
Smoker(吸菸)


1 IHD
- Left-sided chest pain     (左側胸痛)
- 2DE 12/09':LVEF 65%
- on GTN 0.5mg prn

2 DM
- HbA1c 9/09'7.8%
- On glipizide 2.5mg om
- On metformin 750mg tds
```

(a) 非結構化資料

藥物

ID	藥物名	劑量
M1	METFORMIN	750mg，一天兩次，三個月
M2	GLIPIZIDE	2.5mg，每天早上，三個月
M3	GTN TABLET	0.5mg，按需服用，三個月
...	...	...

化驗

ID	名稱	結果
L1	HbA1c	7.8%，反常/需要注意
L2	CKMB	4.3，正常
L3	2DE	LVEF65%，反常/需要注意
...	...	...

(b) 結構化資料

圖 9-8　原始醫療資料

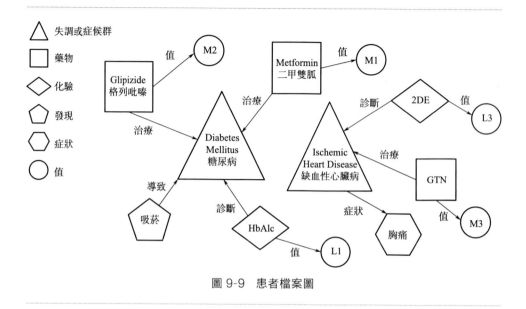

失調或症候群
藥物
化驗
發現
症狀
值

圖 9-9　患者檔案圖

　　綜合醫療分析系統的開發需要解決幾個技術性問題。首先，醫囑爲患者醫療檔案提供了額外的有用資訊，系統需要對該非結構化資料進行理解。目前有幾種著名的自然語言處理（NLP）引擎，例如 MedLEE 和 CTAKES，以及幾種醫學詞典，如 UMLS（unified medical language system[10]　）。然而，還有兩個問題需要解決。

　　① 文字需要放到具體的語境中去理解，不同科室的醫生可能會使用不同的約定和標記，例如骨科的醫生用「PID」縮寫專指腰椎間盤突出而不是指盆腔炎。

　　② 現有的知識庫缺乏領域知識之間的關聯，如疾病與化驗測試的關聯。概念之間的關聯對於探勘語義運算的潛力有著十分重要的作用，例如糖化血紅素與糖尿病之間的關聯，糖化血紅素值是用於檢測糖尿病的，我們可以從糖化血紅素值推斷糖尿病患者病情是否得到控制。

　　另一個技術挑戰是，醫療分析中，很多任務是無法透過傳統資料探勘來完成的。具體而言，通常會遇到缺少訓練樣本和類別標籤難以定義的問題。例如當預測患者的自殺風險的時候，如果將已經自殺的患者標記爲類別 1，未進行自殺的患者標記爲類別 0，那麼類別 1 的樣本總數通常是非常少的，並且將剩餘患者標記爲類別 0 也不合理。因此我們需要科學的方法對這些患者進行分類。

　　醫療分析採用了不斷迭代的方式來提升，系統與醫療專家保持互動，透過回饋來對自學習的知識庫進行資訊搜集、推斷、證實和加強。更具體地，爲了構建患者檔案圖，系統同時利用知識庫中的資訊和醫囑中推測得到的隱含資訊。在很

多醫囑中，醫生通常將有關的疾病、藥物和化驗寫在一起，因此系統可以利用這種規律來提高識別和擷取概念的準確性，並強化知識庫。系統還會對醫生提問來進行驗證，基於醫生給出的答案，它會對推測結果做出調整。隨著系統迭代次數的增加，患者檔案圖變得更加精確和完善，同時知識庫變得更詳細更複雜，也更加適合於每個機構的實際情況。在分析任務中，醫療分析系統利用醫生的輸入資料來標記一小部分資訊最詳盡的患者，這些標記被整合到分析演算法中作爲專家定義規則或假設。

9.3.2 綜合醫療分析系統架構

如圖 9-10 所示的是綜合醫療分析系統的總體架構，系統從醫療機構和醫學知識庫中擷取的資料作爲輸入，並向目標使用者（如醫生和管理員）提供綜合醫療分析來解決他們的日常問題。

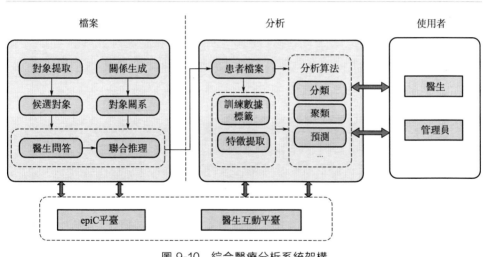

圖 9-10　綜合醫療分析系統架構

（1）輸入和輸出

① 醫療資料　綜合醫療分析系統使用了從相關醫療機構得到的資料，主要包含以下不同的資料來源：a. 結構化的資料來源，包括基本資訊、化驗結果和用藥史等；b. 非結構化資料來源，儲存了文字形式的醫囑。

② 醫學知識庫　系統使用了醫學知識庫 UMLS 來解讀非結構化的醫囑資訊，包括識別醫學概念（如糖尿病）和概念之間的聯繫（如糖化血紅素值用於監測糖尿病病情）。UMLS 包含了一套醫學概念和概念之間的聯繫，如圖 9-11 所示。每個概念都包含了唯一概念識別符（CUI）、概念名稱、語義類型以及一個

代表該概念的字串。注意一個概念可以用多個字串表示，而一個字串也可能表示多個概念（例如「DM」可能指概念 C1 和 C2）。同樣地，一個關聯也包含唯一關聯識別符（RUI）、兩個相關概念和關聯類型。例如，概念 C3 與概念 C1 之間透過名爲 diagnose（診斷）的關聯相連。

CUI	名字	類型	字串
C1	糖尿病	疾病或症候群	Diabetes Mellitus DM, …
C2	強直性肌營養不良	疾病或症候群	Dystrophy Myotonic DM, …
C3	糖化血紅素	化驗	HbAlc Hemoglobin Alc
…	…	…	…

RUI	CUI1	CUI2	REL
R1	C3	C1	診斷
R2	C5	C1	治療
R3	C7	C1	診斷
…	…	…	…

圖 9-11　UMLS 詞典

③ 系統使用方法　綜合醫療分析系統面向醫療組織的兩種使用者：一是管理員，他們爲醫院的日常運作管理醫療資料；二是醫療專業人員（醫生），他們需要查詢資料來診治患者。系統提供了如下多種分析任務。

a. 患者檔案圖中包含了每個患者的綜合資訊，系統提供了對該檔案圖的整體瀏覽，讓使用者透過互動的方式從不同的方面來查詢資訊。醫生會問的一些典型的問題包括：列出我診治的所有得了傳染病的患者；列出我診治的所有使用了阻滯劑治療的患者（阻滯劑是一種藥物）。

b. 系統能回答有關醫療品質的問題，例如過去 30 天中，出院之後又再次住院的患者數量，或者糖尿病患者中糖化血紅素值高於 7％的人數（即糖尿病控制效果不好）。

c. 系統支持各種預測任務分析，例如，識別出那些在近期有高風險得心臟病的患者，或者預測患者在未來 30 天內重新住院的機率等。

（2）系統組件

① 患者檔案系統　檔案系統使用醫療資料爲每個患者建立一個檔案圖，並提供了對該圖的整體的瀏覽。檔案中不僅包含非結構化資訊記錄和結構化資訊，還有識別出的概念之間的各種聯繫，例如治療和診斷等。該組件利用自然語言處理（NLP）引擎來提取名詞，並透過推斷匹配該名詞對應知識庫中的概念，並行現它們之間的聯繫。爲了提高此過程的精確度，檔案系統透過詢問醫生來進行驗證，或讓他們協助概念的匹配。總的來說，檔案系統組件的輸出結果包括：建立患者檔案圖；改進知識庫使之個性化。

② 醫療分析系統　在患者檔案圖建立之後，醫療分析組件提供了分析能力。

爲了幫助使用者執行分析任務（例如預測患者的糖尿病是否能得到有效控制，或者患者是否會在未來 30 天內重新住院），該組件採用如下步驟。第一步，它從患者檔案圖中識別出對特定分析任務有用的概念和關聯，這個識別過程可以透過自動特徵選取技術或者基於醫生輸入的特徵選取來完成。某些分析任務（例如自殺預測）可能缺乏訓練資料，在這種情況下，系統利用醫生的專業知識來標記一些資料相對完整的小部分患者作爲訓練集。第二步，分析系統對提取的特徵和訓練資料應用多種分析演算法，包括各種分類、聚合和預測演算法。如有必要，專家定義的規則也可以被運用來解決使用者的分析需求。

③ 平臺支持 爲了支持上面的檔案系統和分析系統，還需要另外兩個組件。

第一，醫療領域的醫療資料持續猛烈成長，例如，加護病房的患者每天被持續監控，會產生數以百萬計的記錄。爲了解決擴展性問題，我們使用了靈活的平行處理框架 epiC，用以支持以下特性。

• 分散式資料儲存，將醫療資料分塊並儲存到多個節點上。

• 可擴展的自然語言處理和資料分析，運用多種運算模型（例如 MapReduce 用於名詞提取，Pregel 用於圖形推導，深度學習用於分析任務等）。

第二，還需要一個平臺來爲領域專家（醫生）提供互動，它向醫生提出問題，並擷取專業建議。像前面提到的那樣，系統利用這個平臺，讓醫生幫助系統進行概念的驗證，或讓他們協助概念的匹配；還比如讓醫生標記訓練資料，或爲某些分析任務識別關鍵特徵等。

9.3.3 聯合患者檔案

（1）患者檔案圖

患者檔案圖是用結構化和非結構化資料共同構建的，它能對患者的資料提供全面的審視。圖中包含兩種類型的節點——概念節點和值節點。如圖 9-9 中的患者檔案圖，概念節點用幾何形狀表示，它是由醫囑中提到的概念構成的，例如 Diabetes Mellitus（糖尿病）就是從醫囑文字中的 DM 縮寫而來。每個概念節點都有一個與之對應的類型（例如失調或症狀），這些類型是從醫學詞典（UMLS）得來的，我們用不同的形狀來表示概念節點的不同類型。值節點是從結構化資料中得來的，它主要與化驗結果（例如糖化血紅素值）和用藥（患者使用過的藥物的劑量）有關。圖中的邊表示概念節點之間的關聯。

（2）患者檔案圖的構建

爲了構建患者檔案圖，方法之一是使用自然語言處理工具（比如 cTAKES）與醫學詞典相結合，來從醫囑中提取相關詞彙，並將其與醫學詞典中的概念相對應（構建概念節點），然後在概念節點之間構建關聯作爲邊。然而，該方法有如

下的局限性。

① 歧義匹配：之前提到過，在醫學詞典中，一個概念可能對應了不同的字串（同義詞），即使使用精確匹配（而不是字串模糊匹配），醫囑中的字串也可能對應多個 UMLS 中的概念。例如在圖 9-12 中，DM 可以匹配 C1 和 C2 兩個概念。基於我們對於處理醫療資料的經驗，上面提到的方法的確會產生很多匹配錯誤。

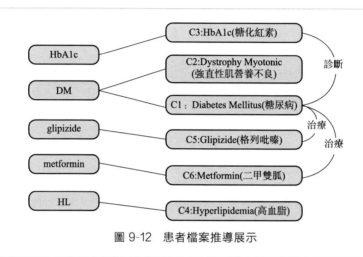

圖 9-12 患者檔案推導展示

② 匹配缺失：現有知識庫中的同義詞並不完善，其原因在於醫囑中使用的術語具有地方色彩，它們可能只在一個國家或一個醫院中使用，而現有知識庫中只包括一些通用的術語。這樣就會導致找不到與醫囑中的詞彙對應的概念。

③ 關聯缺失：現有醫學知識庫中的關聯還遠不完整，還缺乏大量重要的關聯，包括某些概念類型之間的關聯（比如 CreateRisk 包含了發現物與疾病的關聯）和特定兩個概念之間的關聯（例如二甲雙胍與糖尿病之間是治療的關聯）。

因此，為了構建精準和完善的患者檔案圖，還需要解決兩個技術問題：a. 正確地將醫囑中詞彙與醫學知識庫中的概念相對應；b. 對概念之間缺失的關聯進行補充。

（3）患者檔案的聯合推斷

可以透過將知識庫與醫囑中的隱含資訊相結合，來提高患者檔案的精確性和完整性。以圖 9-12 為例分析如下。

① 我們具有以下隱含資訊：在醫囑中，HbA1c（糖化血紅素）和 glipizide 都在 DM 之後被提到；HbA1c 是用於診斷糖尿病的化驗方法；glipizide 是治療糖尿病的藥物。我們使用上述資訊就可以推斷，DM 更有可能指的是概念 C1（diabetes mellitus，糖尿病）而不是概念 C2（dystrophy myotonic，強直性肌營養不良）。

② 對於 HL 也是一樣，知道了 HDL 和 LDL 是用於診斷高血脂的化驗，有理由推斷 HL 指的是 Hyperlipidemia（高血脂）。

③ 從醫囑中（參考圖 9-8），glipizide 和 metformin 都在 DM 之後被提到了，並且都寫成相同的格式，DM 被匹配爲概念 C1，glipizide 和 metformin 分別對應概念 C5 和 C6，在已知 C1 和 C5 的關聯的情況下，就可以推斷 C1 與 C6 之間存在著相同的關聯。

然而，這會造成識別正確概念與補充缺失關聯之間的相互依賴。一方面，需要概念之間的關聯來完成正確的匹配；另一方面，又需要正確的概念來推斷缺失的關聯。不僅如此，詞彙與概念之間的匹配關聯越複雜越精確，就會發現越多缺失的關聯，反之亦然。因此需要一種整體性的方案來進行概念識別和關聯發現。具體而言，系統使用了一組相互關聯的隨機變量來對該任務進行建模，這些變量遵循一個聯合機率，該機率反映了變量之間的依賴關聯，使用一個機率圖模型來表示。運用置信傳播推測演算法來將不同的訊號組合在一起並找到這些變量的最佳值。

形式上，使用隨機變量 c_m 來表示醫囑中提到的詞彙 m 對應的概念，$r_{cc'}$ 表示概念 c 和 c' 之間的關聯。c_m 從集合 $\mathcal{C}$ 中取值，其中集合 $\mathcal{C}$ 是從醫學知識庫中擷取的所有概念的全集。$r_{cc'}$ 從集合 $\mathcal{R} \cup \{NA\}$ 中取值，其中 $\mathcal{R}$ 是系統中所有關聯的集合，NA 表示沒有關聯。

① 詞彙-概念匹配：在將詞彙與概念進行匹配時，一個重要的訊號是該詞彙是否被包含在概念的同義詞列表中，使用如下的勢函數來定義這種關聯：

$$\psi_{mc}(m, c_m) = 1, \text{if } contain(c_m, m) \text{ is true};$$
$$= 0, \text{othersize}$$

其中 $contain(c_m, m)$ 是一個二值特徵函數。該勢函數意味著我們更傾向於將詞彙匹配給那些包含了該詞彙的概念。同時，即使詞彙被匹配給了其他概念，也不會有損失，因爲該值被設爲 0 而不是負值。這就允許增加缺失的匹配。

② 概念-概念關聯：在創建概念之間關聯時最直接的訊號就是該關聯是否存在於知識庫中，下面的定義中，$exist(c, c', r_{cc'})$ 是一個二值函數，用於判斷 $r_{cc'}$ 是否存在。與上面一樣，當知識庫中缺乏該關聯，需要創建的時候，透過該勢函數取值爲 0 來允許演算法發現新關聯。

$$\psi_{cc}(c, c', r_{cc'}) = 1, \text{if } exist(c, c', r_{cc'}) \text{ is true};$$
$$= 0, \text{otherwize}$$

③ 相容性：最後定義變量取值的相容性。形式上，當詞彙 m 匹配爲 c_m，m' 匹配爲 $c_{m'}$，並且 c_m 與 $c_{m'}$ 之間建立了關聯 r，定義如下勢函數：

$$\psi_{comp}(m,m',c_m,c_{m'},r)=0, \text{if } r \text{ is } NA;$$
$$=1, \text{if } m,m' \text{matches } pat(r);$$
$$=1, \text{otherwise}$$

其中，$pat(r)$ 返回的是註冊在系統中 r 關聯類型的字串模式。例如，如果 r 是 treat 類型（藥物與疾病之間的治療關聯），$pat(r)$ 就會返回「m'-on m number mg」作爲一種可能的模式。簡單一點的模式諸如「offset of m and m' in $range(x,y)$」。正如勢函數所示，它更傾向於能夠增強相容性的參數取值。

④ 聯合目標：總的來說，該演算法的目標是找到 c_m 和 $r_{cc'}$ 的取值，使得如下目標函數值最大：

$$\sum_{m}\psi_{mc}(m,c_m)+\sum_{c,c'}\psi_{cc}(c,c',r_{cc'})+\sum_{m,m'}\psi_{comp}(m,m',c_m,c_{m'},r_{c_m,c_{m'}})$$

9.3.4 案例分析：患者返院預測

作爲一個具體案例分析，本節使用綜合醫療分析系統來預測患者出院之後 30 天內再次返院治療的機率，簡稱爲返院預測。系統從各種媒介中搜集到的資訊作爲資料源，來構建患者檔案圖，主要分析對象是那些 2012 年住院的高齡患者（60 歲以上）。在某醫院中，2012 年住院的高齡患者總計 29049 名，其中 5658 名在出院 30 天後返院了，即返院比例爲 0.188。

系統使用如下特徵來進行預測任務：使用者的基本資訊（年齡、性別和種族）、住院資訊（住院時間、住院史和急診情況）、初步診斷，以及從醫囑中提取到的特徵，包括化驗結果和就醫歷史（歷史疾病）。

使用 WEKA[11]（一種資料探勘工具）來運行十折交叉驗證演算法和貝葉斯網路分類器來構建一個返院分類器。表 9-2 所示的是預測結構的準確度，結果顯示該分類器可以正確預測 2585 個確實返院治療的患者，精確率與召回率分別是 0.388〔即：2585/(2585+4070)〕和 0.457〔即：2585/(2585+3073)〕。把這個結果與專業人員（醫生、病例管理員和護理師）的預測結果相比已經非常不錯了。

表 9-2　分類器準確度

類別	實際類別 1	實際類別 0
預測類別 1	2585	4070
預測類別 0	3073	19321

需要強調的是，這只是一個最初級的資料分析結果，預測結果的準確率還有很高的提升空間，比如，還可以加入更多的特徵（生命體徵、手術資訊、用藥和社會因素），使用特殊的分類器來處理高度不均衡的資料集。

參考文獻

[1] Liu X, Lu M, Ooi B C, et al. CDAS: a crowdsourcing data analytics system. Proceedings of the VLDB Endowment, 5（10）: 1040-1051, 2012.

[2] Jiang D, Chen G, Ooi B C, et al. epic: an extensible and scalable system for processing big data. Proceedings of the VLDB Endowment, 7（7）: 541-552, 2014.

[3] Ooi B C, Tan K L, Wang S, et al. SINGA: A distributed deep learning platform. In Proceedings of the 23rd ACM International Conference on Multimedia, 685-688, 2015.

[4] Wang W, Chen G, Dinh T T A, et al. SINGA: Putting deep learning in the hands of multimedia users. MM, 2015.

[5] Jiang D, Cai Q, Chen G, et al. Cohort query processing. Proceedings of the VLDB Endowment, 10（1）, 2017.

[6] Jia Y, Shelhamer E, Donahue J, et al. Caffe: Convolutional architecture for fast feature embedding. arXiv preprint arXiv: 1408. 5093, 2014.

[7] Franklin M J, Kossmann D, Kraska T, et al. Crowddb: answering queries with crowdsourcing. In SIGMOD, 61-72, 2011.

[8] Yan T, Kumar V, Ganesan D. Crowdsearch: exploiting crowds for accurate real time image search on mobile phones. In MobiSys, 77-90, 2010.

[9] Ling Z J, Tran Q T, Fan J, et al. GEMINI: An integrative healthcare analytics system. Proceedings of the VLDB Endowment, 7（13）: 1766-1771, 2014.

[10] Unified medical language system. http: //www. nlm. gov/research/umls/.

[11] Hall M, Frank E, Holmes G, et al. The weka data mining software: An update. SIGKDD Explorations, 11（1）, 2009.

第10章

面向大規模軌跡資料的分析系統TrajBase

10.1 軌跡資料處理系統簡介

10.1.1 軌跡資料處理技術簡介

軌跡資料處理：包含了對軌跡資料進行提取、轉換、儲存、索引、查詢、探勘等各個方面。以軌跡資料探勘爲最終目標，軌跡資料處理分爲軌跡資料預處理、軌跡資料索引和查詢、各種軌跡資料探勘任務這幾種類型。表 10-1 爲軌跡資料處理系統的比較。

表 10-1 軌跡資料處理系統比較

系統	平臺	距離	記憶體運算	資料表示	支持索引	查詢類型	資料處理	擴展性
TrajBase	Spark	√	√	點/段/子軌跡/樹	多種	多種	多種	易
PIST	Oracle	×	×	點	特定	範圍	×	×
BerlinMod	SECONDO	×	×	點	×	範圍/kNN	×	×
TrajStore	×	×	×	子軌跡	四叉樹	範圍	壓縮	×
SharkDB	SAP HANA	×	√	幀	×	窗口/kNN	×	×
U²STRA	GPGPU	×	√	點/子軌跡/樹	特定	st-agg/sim-join/st-join	淨化/提取/壓縮	×
MD-HBase	HBase	√	×	點	四叉樹/kd樹	範圍/kNN	×	×
Simba	Spark	√	√	點	R樹	範圍/kNN/dist-join/knn-join	×	難
CloST	Hadoop	√	×	點	特定	範圍	×	×
PRADASE	MapReduce	√	×	段	PMI&OII	範圍/traj-based	×	×
Elite	CAN	√	√	段	特定	範圍/kNN	×	×

① 軌跡預處理：是在將軌跡資料儲存爲方便查詢和探勘的形式之前所需要進行的處理。在一些資料集中，一條軌跡是一個物體（如計程車）在非常長的時間範圍內所記錄的資料，而在實際的處理和分析中，對軌跡進行分片往往能降低

運算量，並獲得更有意義的結果，軌跡分段成爲很重要的預處理技術。

②　軌跡索引：是在查詢大規模軌跡資料的過程中減少 I/O 和運算量的有效方法。針對軌跡資料的索引技術可以分爲以下幾類：a. 將空間索引 R-tree 擴展到軌跡資料上，如 STRtree 和 TB-tree；b. 將資料按時間分片後，對每個時間片建立空間索引而形成的結構，如 HR-tree 和 MV3Rtree；c. 將資料按空間資訊分片之後在每個分片內建立時間索引，如 SETI；d. 針對特定軌跡查詢設計的索引，如 TPR＊-tree 和 TrajTree。在不用的場景中，不一樣的索引結構往往各有優勢。需要指出的是，這幾類索引都是針對單機系統設計的，而分散式環境中的索引結構與具體的分散式系統架構有著密切的關聯。

③　軌跡擷取與查詢：是指在軌跡資料集中擷取滿足一定要求的軌跡資料的技術。時空範圍查詢和 kNN 查詢是針對軌跡資料的兩類基本查詢。上面提到的大部分索引都有針對範圍查詢設計的演算法。kNN 查詢則是需要根據某些點或者軌跡來查詢 Top-k 條最近的軌跡。若查詢點是一個點，在單機環境中現有的索引可以直接處理，而在分散式環境中解決針對軌跡的 kNN 查詢十分困難，TrajBase 結合特定的分散式索引方式提出了解決方案。Chen[1] 提出的 k-BCT 查詢則是根據一組點來查詢最近的軌跡，查詢點之間的順序關聯也可以列爲限制條件。此外，基於軌跡查詢軌跡的 kNN 查詢一般被稱爲 k-BST 查詢，決定相似性查詢的主要因素是所選用的相似性度量方式，如 DTW、LCSS、EDR 和 EDWP 等。

④　軌跡資料探勘：是從軌跡資料中獲得一定知識的演算法。Zheng[2] 將軌跡探勘歸納爲軌跡不確定性、軌跡模式探勘、軌跡分類和軌跡異常檢測這幾類，探勘演算法的種類和方法複雜多樣，對底層系統的擴展性和最佳化的要求很高。TrajBase 設計的主要動機便是在一個高效可擴展的環境中解決複雜多樣的軌跡資料探勘中的各種問題。本章介紹 TrajBase 的整體架構和設計思路，並描述用以支撐高效分散式軌跡探勘的預處理、索引以及查詢的機制。

10.1.2　集中式軌跡資料處理系統

隨著針對軌跡資料設計的索引技術的發展，多種基於不同架構面向不同應用場景的儲存和處理軌跡資料的系統相繼出現。基於 Oracle 資料庫，PIST 系統透過結合網格形式的資料分片方式和 Oracle 中帶有的 B＋tree（B＋樹）索引，將歷史軌跡資料以軌跡點的形式儲存在資料庫中，從而支持範圍查詢。BerlinMOD 在 SECONDO 資料庫中儲存和查詢移動物體。TrajStore 將軌跡以軌跡段的形式儲存在一個動態 quadtree 中，並對每個節點中聚類好的軌跡段進行壓縮，從而能夠支持資料的更新以及高效的範圍查詢。SharkDB 將軌跡資料轉化爲列式的資料幀的形式儲存在內存資料庫 SAP HANA 中，針對列式儲存的結構設計了單

核和多核平行的窗口查詢以及 kNN 查詢演算法。U^2STRA 透過設計三層索引（軌跡索引、路線索引和點索引）在 GPGPU 環境中處理軌跡資料，它們分別提供了軌跡、路線（子軌跡）和點三個層次的軌跡表達方式，並實現了空間和時間聚合查詢和相似性連接查詢。儘管儲存方式和查詢演算法各有不同，但這些系統都是在單機環境中構建的，因而不能處理超出單個機器容量的資料量，且處理效率不具有好的擴展性。此外，這些系統在架構中採用相對固定的儲存結構，因此很難引入其他儲存方式和索引結構，不容易針對沒有考慮的其他查詢進行最佳化，如 SharkDB 基於幀的資料形式實質上是一種有損的壓縮儲存方式，因此不適用於精確性要求高的查詢場景。相比於這些系統而言，TrajBase 在分散式環境中構建，且採用靈活的框架來相容多種索引結構和最佳化方式，因此具有更好的擴展性和更廣泛的應用場景。

10.1.3　分散式多維資料處理系統

隨著 MapReduce 以及其相關開源實現（如 Hadoop 和 Spark）的流行與發展，針對空間多維資料設計的分散式儲存和處理系統被設計出來，然而其中只有少數系統能處理超過二維的資料。MD-HBase[3] 將多維資料索引 Kd-tree 和 Quad-tree 遷移到 HBase 的 key-value 結構中，並設計出基於這樣索引的範圍查詢和 kNN 查詢。空間資料處理系統在處理軌跡資料時把時間維度與空間維度等同視之，這種方式具有明顯的局限性：一方面由於時間維度上的大量重合而可能造成性能下降，另一方面丟失了軌跡資料本身的特性而限制了多種最佳化方法和查詢方式。

10.1.4　分散式時空資料處理系統

Simba[4] 是最新出現的基於 Spark 的空間資料分析系統。Simba 在 Spark 中引入兩層索引來加速查詢，在系統架構和最佳化方式上爲 TrajBase 的設計提供了有益的借鑒。然而，TrajBase 相比於 Simba 更適用於處理大規模軌跡資料，是因爲 TrajBase 與 Simba 之間具有以下幾個本質上的區別：①TrajBase 針對大規模時空軌跡資料而設計和最佳化，適用於將軌跡資料儲存成爲多種形式以方便查詢分析，面向各種類型的軌跡資料處理演算法和最佳化方式提供一個高效可擴展的框架，而Simba 作爲針對多維資料的儲存與查詢引擎，其整合的儲存、索引和查詢演算法等技術在應用到軌跡資料中時效率不高。②TrajBase 將處理流程和系統框架的靈活性列爲系統設計的重要考慮之一，因而方便分析員靈活地定製資料分析流程，同時支持研究者和開發者方便地整合更多儲存、查詢和最佳化方法，而在 Simba 中整合新的儲存結構與演算法比較困難。③Simba 透過對 Spark SQL 進行擴展從而實現對多維資料的支持，而 TrajBase 構建於 Spark 中的 RDDAPI[5] 之上，從相對底層的角

度爲最佳化提供支持，同時對不同的 Spark 版本具有較好的相容性。

CloST[6] 是最早在 MapReduce 環境中儲存時空資料的系統之一。CloST 將資料儲存爲 HDFS 的文件，時空資料在三個層次進行分片：第一層按 ID 和時間範圍大致分片爲桶，第二層按照空間資訊以 quadtree 的形式分片爲區域，最後一層按時間段分片爲塊。在這樣的儲存結構上，CloST 將分片資訊以索引的形式維護在元資料中，從而支持範圍查詢。PARADASE[7] 也在 MapReduce 環境中處理軌跡資料，系統同時維護一個基於劃分的多層次索引和一個對象倒排索引，分別支持範圍查詢和按要求查詢軌跡的一部分的功能。這一類系統本質上是爲加速基本的查詢而設計特定的分散式儲存和索引方式，從而爲軌跡資料處理實現了基本的可擴展性。然而，由於軌跡資料的處理和分析具有複雜多樣的需求，這一類系統中針對最基本的查詢定製的儲存結構不能適用於更複雜的最佳化方式，因而與 TrajBase 不具有可比性。事實上，由於針對 MapReduce 設計的共同特性，這一類系統的核心設計可以方便地引入到 TrajBase 中。

Elite[8] 是最新出現的分散式軌跡處理系統。爲避免 master-slave 架構所產生的單點故障和性能瓶頸，Elite 基於 peer-to-peer overlay（CAN）架構在 share-nothing 叢集中。Elite 採用了一種三層索引結構：skip-list layer 按時間段將資料分片爲 tori，torus layer 將多維資料資訊維護在 CAN 環境中，oct-tree layer 是在各個節點中以本地方式維護的 oct-tree 和雜湊表。

Elite 適用於對大規模軌跡資料進行查詢與分析，但由於也採用了一種相對固定的資料儲存方式，因此在索引結構和查詢演算法上不易進行擴展來應對複雜的場景。相比於 Elite，TrajBase 的架構雖然是 master-slave 模式，但實際應用中有解決單點問題的方式：一方面，理論分析與實驗結果都證明了 master 節點中的全局索引很小，位於 master 中的運算量不大，因而 master 節點並不是整個處理流程的性能瓶頸；另一方面，Spark 架構中具有應對單點故障的容錯機制。因此架構上的差別並沒有成爲 TrajBase 的缺陷，相反，受益於 master-slave 架構的簡單性，TrajBase 能在索引設計和演算法設計中具有更靈活的最佳化方法。

10.2 軌跡概念介紹

爲了便於讀者對 TrajBase 的設計有更清晰的理解，首先對軌跡資料的相關概念和在系統中的表達方式進行定義。軌跡是指對移動的物體（如人、車、動物等）進行採樣而產生的一系列時空點的序列。一個軌跡點是軌跡中的採樣點，表達爲含有該軌跡的 ID 以及兩個空間維度和一個時間維度的點：$(id; x; y; t)$。需要指出的是，本章中使用的方法和系統架構可以透過簡單擴展而支持三維空間和

其他更多軌跡資料的屬性。一個軌跡段是指包含起點和終點的線段，起點和終點是這條軌跡中相鄰的兩個採樣點。一條子軌跡是指一條軌跡中的某一部分，表達爲一組連續的軌跡點或者連續的軌跡段。子軌跡往往只包含一條軌跡的一部分，而軌跡的表達方式與子軌跡一樣，但其包含了整條軌跡的所有資料。在 TrajBase 中，根據資料處理和分析的需求，軌跡資料在儲存時可能以軌跡點、軌跡段、子軌跡或者軌跡中的任一形式爲基本單位，爲了便於表達，將這些軌跡資料表達的基本單位統稱爲軌跡元素。

10.3 TrajBase 系統架構

TrajBase 的設計以 TrajFlow 爲基礎，既要保證處理大規模軌跡資料時的高效和易用，同時也要面向各種軌跡資料處理任務提供足夠的靈活性。按照使用 TrajBase 的方式，使用者可以分爲兩類：分析師基於 TrajFlow 設計具體的資料處理流程，透過系統互動完成其所設計的處理流程並得到結果；開發者需要根據需要將更複雜或者更新、更最佳化的技術引進系統中，從而提供給分析師使用。設計 TrajBase 的難點在於，需要同時滿足分析師對性能及易用性的要求和開發者對擴展性的要求。爲解決這樣的問題，TrajBase 將架構分爲互動層和組件層，分析師透過互動層互動式或批量式地提交處理任務，開發者則在組件層中實現和擴展更多組件，如圖 10-1 所示。

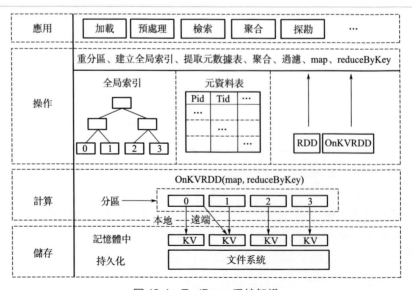

圖 10-1　TrajBase 系統架構

作爲 Spark 環境中運行的一個模組，TrajBase 運行在 Spark 的驅動程式中。在互動層，TrajBase 採用了與 Spark 一致的互動方式，對於 Spark 使用者而言具有很好的易用性。具體而言，TrajBase 提供了一個 TrajBase-Context 作爲使用者互動的入口，並擴展了 Spark shell 的互動式環境。TrajBase-Context 提供了加載資料、建立索引、進行查詢等粗粒度的介面，使用者可以將設計好的 Traj-Flow 流程直接轉化爲 TrajBase-Context 的介面調用來提交任務。此外，TrajBase-Context 提供了將建好索引的 RDD 轉換爲 DataFrame 的介面，從而方便使用者透過 Spark SQL 的方式對資料進行查詢。

組件層是 TrajBase 的核心部分，組件層採用模組化的設計，包含了五個模組以及相應的子模組。模組中的具體功能實現成爲一個個組件，模組本身則定義了不同組件在系統中的工作方式。模組化的架構設計既能保持各個模組內部實現方式的獨立性，也保證了不同類型的組件能相互協作而完成一個複雜的資料處理流程。這五個模組具體描述如下。

① 表達　此模組透過軌跡元素定義軌跡資料的表達方式，如帶有速度資訊的軌跡段，或者具有特定的壓縮結構的子軌跡結構。

② 加載　此模組定義了如何解析原始資料的文件和資料結構。

③ 處理　此模組定義了對軌跡進行處理的方式。基於系統最佳化的考慮，處理模組分爲兩個子模組：預處理和轉換。預處理是在一個節點對一批軌跡或者軌跡元素進行處理的演算法，而轉換則是對整個分散式資料集進行處理的過程。具體表現在 RDD 的實現上，TrajBase 在 RDD 每個分區中分別執行一系列預處理功能。

④ 索引　索引模組包含分片、本地索引和全局索引三個子模組，分別對應於兩層索引建立過程中資料分片、建立本地索引和建立全局索引的三個功能。分片是指將一個資料集按照一定要求分片到叢集中各個節點的分區中，分片的方式決定了後續查詢的平衡性和剪枝最佳化的效果；本地索引定義了如何將一個分區的資料轉換成帶有本地索引的儲存結構；全局索引定義了 GlobalInfo 的結構以及將 GlobalInfo 構建成全局索引的方式。其中，GlobalInfo 是一個分區中資料的整體資訊，可能是一個分區的時空包圍盒，也可能是其他類型的資訊（如近似度）。

⑤ 查詢　此模組定義了各種分散式資料查詢和探勘演算法的調用方式。

需要指出的是，各個模組類別之間的實現雖然是相互獨立的，但很多模組所帶有的最佳化方式包含對其他特定模組的依賴，例如在探勘模組中，基於 ED-WP 度量的相似軌跡查詢演算法依賴於索引模組中構建的分散式 TrajTree。在依賴滿足的情況下，TrajBase 會採用最佳化的演算法，而在依賴不能滿足的情況下，則會調用演算法中設定的基準演算法。透過這種方式，TrajBase 可以透過特定的多個模組組合的方式實現具體演算法的複雜最佳化。

10.4 軌跡資料處理技術

10.4.1 軌跡資料表達技術

爲了表達軌跡的儲存結構，TrajBase 主要設計了兩個介面：TrajElement 和 Trajectory。TrajElement 是軌跡資料儲存和處理的基本單位，至少包含軌跡 ID、起始時間（可用於將屬於同一軌跡的 TrajElement 進行排序）；Trajectory 則是一條軌跡或子軌跡在內存中的具體資料結構，本身也實現了 TrajElement 介面，同時以 Scala 程式語言中的 Iterator 的方式提供其包含的更小的 TrajElement（如軌跡點或軌跡段）的存取方式。

10.4.2 軌跡資料儲存技術

TrajBase 將所有資料和索引儲存在儲存層中。爲了支持內存中的運算，此層由一個內存層和一個持久層組成。內存層提供直接用於運算的資料，同時將資料結果傳輸到持久層（例如 HDFS）中，以確保資料持久地儲存。

一些技術，包括內存文件系統、內存資料庫引擎和 NoSQL 系統，可以應用於內存層。但對於文件系統，需要重新設計或重新實現一組底層特徵（例如二進制編碼和高效隨機資料存取的方式）；對於傳統的資料庫引擎和柱狀儲存引擎，有限的儲存結構不足以支持靈活的軌跡格式的有效檢索。因此，考慮到高性能、易用性和靈活的儲存格式，TrajBase 採用鍵值儲存。

圖 10-2 展示了統一引擎中的資料管理。每個工作節點運行多個 Spark 執行程式和一個 Redis 伺服器。在每個執行器中，啟動一個 Redis 裝置，以維護與本地 Redis 伺服器的連接，以便加載或儲存資料。由於在 Spark 中分離運算和資料快取是統一引擎設計的基本目標，因此透過執行器邏輯地管理資料分區，而不是將其物理儲存在 Redis 伺服器上，並對其進行即時加載使用。透過在 OnKVRDD 中使用這種快取方法，TrajSys 提供了一個 RDD 相容的資料管理框架，具有較少的 GC 壓力、更好的容錯能力和更嚴格的資料共存。

現有的分散式金鑰值儲存通常基於一致的散列演算法分配資料。然而，在運算層中操作資料比儲存層更高效。因此，爲了獲得高效率，TrajSys 作爲統一的引擎在運算層進行操作（例如資料管理的索引構建和資料集的重新分配）。同時，統一引擎也可以實現更加靈活的最佳化和調度。

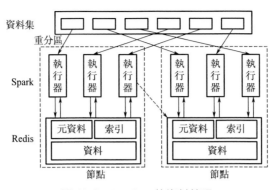

圖 10-2　TrajSys 的資料管理

　　爲了支持高效的資料管理，儲存在每個 Redis 伺服器中的資料分爲三個部分，即元資料、索引資料和軌跡資料。在每個部分中，使用一個鍵空間來區分多個資料集和分區。具體來說，所有的鍵都包含一個公用的前綴，其中 rid 是 RDD ID，pid 是分區 ID。鍵空間如表 10-2 所示。更具體地說，元資料儲存具有元名稱（mname）的必需資訊，其中 mname 被視爲關鍵字。例如，要將索引名稱列表儲存爲元資料，需要設置 mname：INDEX NAMES。如果構建索引，則索引名稱 iname 將被插入到列表中，並且可以由關鍵字檢索。對於索引資料，每個索引節點被分配一個節點 ID(nid)，並且可以根據索引名稱和節點 ID 來存取該節點。類似地，對於軌跡資料，每個軌跡元素被分配唯一的 ID(eid) 它可以用作檢索資料的關鍵字。

表 10-2　Redis 鍵空間

類型	鍵格式
元資料	rid_pid：mname
索引資料	rid_pid_iname_nid
軌跡資料	rid_pid_eid

　　與 Spark 的應用相比，TrajSys 將資料儲存在 Redis（即 Spark 外），從而導致額外的成本。額外的成本包括：Spark 執行器與本地 Redis 之間額外的進程間通訊成本，以及儲存在 Redis 中資料的序列化成本。對於前者，可以在執行器中透過有限的快取減少成本。另外，考慮到 Redis 儲存資料的優點，最小化附加成本是可以接受的。

10.4.3　軌跡資料索引和查詢技術

　　爲了有效地管理軌跡資料，已經提出了各種索引結構。其中一種是透過使用

處理時間資訊的技術來擴展空間 R-tree，如 TB-tree，HR-tree 和 MV3R-tree。另一個類別是考慮軌跡資料的語義資訊，其中包括 TPR-tree 和 TrajTree。此外，為了有效地處理軌跡，還有各種預處理技術，包括分割、同步、壓縮和地圖匹配。

為了對統一引擎進行全局操作，通常要對資料集泛化。構建全局索引是資料泛化中最直接的方法，這種方法已經在以前的系統中採用。然而，現有系統中都應用了特定的索引結構（如 R-tree）和特定的資料分區策略。相比之下，TrajDataset 為可制定的全局索引提供了靈活的機制。換句話說，TrajSys 使用者能夠自定義如何從分區擷取通用資料，以及如何在通用資料上構建全局索引。這種靈活性使得全局索引可用於各種各樣的分析應用。

如圖 10-3(a) 所示，全局索引的構建由以下三個步驟組成。首先，每個資料分區對映到廣義特徵。特徵可以是空間邊界框、時間跨度、ID 範圍或任何使用者定義的特徵。然後，TrajSys 驅動程式收集所有廣義特徵，並相應地構建一個全局索引，其中廣義特徵被視為關鍵字，相應的分區 ID 被視為該值。如上所述，索引結構是可制定的，可以是 B-tree、R-tree、反轉列表等。最後，TrajDataset 儲存了用於全局調度的內建全局索引。TrajDataset 提供了一個界面 buildGI 來支持各種索引的構建，並使用雜湊對映來維護多個全局索引，以支持查詢、刪除和更新。

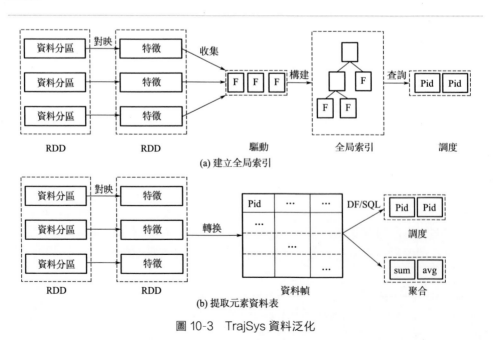

(a) 建立全局索引

(b) 提取元素資料表

圖 10-3 TrajSys 資料泛化

　　爲了支持靈活的全局索引調度，支持可制定的資料分區至關重要。例如，如果使用空間資訊劃分軌跡，則空間範圍查詢可以極大地受益於建立在該分區策略上的全局 R-tree，因爲資料空間可以透過空間範圍大大剪枝。然而，如果使用時間資訊分割資料，則全局 R-tree 可能是無用的，因爲大多數分區覆蓋較大的空間區域，並且不能被空間範圍剪枝。TrajDataset 提供了一個介面重新分區來支持不同的分區策略。TrajSys 中實現了幾個有用的分區器，如 STRPartitioner。請注意，複雜的分區策略可以根據基本分區器輕鬆地實現。

（1）ID 查詢

　　ID 查詢是典型的軌跡資料查詢。軌跡資料集中存在三種類型的定義：元素 ID、軌跡 ID（或稱爲旅行 ID）和移動對象 ID。軌跡可以包含多個元素（例如點），並且一個移動對象可以產生多個軌跡。在這裡這些元素和軌跡的定義通常是不同的。在 TrajSys 中，每個元素都被儲存爲一個分配的 ID，因此主要使用元素 ID 查詢，對其他定義類型的查詢可以輕鬆轉換爲元素 ID 查詢。

　　在統一引擎中，元素儲存在 Redis 中，其 ID 作爲鍵，因此，每個分區上的過濾器方法能夠檢索所有所需的資料。如果頻繁地應用 ID 查詢，則可以透過特定的全局技術進一步改進效率，即透過 ID 範圍分割資料集並構建全局 B-tree 以進行全局過濾。

（2）範圍查詢

　　範圍查詢是指查找某個空間或時空範圍的軌跡。雖然多維索引（例如 R-tree）可以大大提高查詢性能，但 TrajSys 可以透過設計分區、全局索引和本地索引來實現最大化效益。

　　爲了獲得最佳分區，TrajSys 實現了一個 STRPartitioner[4]。首先對資料集進行統一採樣，並把採樣的資料構建成一個 R-tree。然後使用 R-tree 葉節點的邊界對資料集進行分區。自然地，可以使用全局 R-tree 組織分區，同時也可以在每個分區內構建本地 R-tree。爲了進行範圍查詢，在全局和本地 R-tree 上應用過濾器操作，全局過濾安全地剪枝不必要的分區，並且本地過濾篩選掉不合格的資料。

（3）kNN 查詢

　　kNN 查詢是指關於軌跡資料的 k 個最近鄰（kNN）查詢找到給定空間位置的 k 個最近軌跡。在 kNN 中，軌跡和空間位置之間的距離運算爲從位置到最近的軌跡點的距離。需要注意的是，kNN 元素查詢得到 k 個最近元素，這不同於 kNN 查詢，例如，kNN 元素查詢可以返回少於 k 個軌跡。

　　這是因爲一些最近的元素可能屬於同一軌跡。集中式系統中的傳統 kNN 演算法可以透過使用選定軌跡的緩衝區來擴展 kNN 元素演算法來求解 kNN 查詢。

演算法持續搜索最近的元素，直到緩衝區大小達到 k。但是，此擴展不適用於通用分散式框架中的分散式 kNN 演算法。

空間資料的最先進的分散式 kNN 元素演算法由兩個部分組成。在第一階段，演算法選擇一組包含多於 k 個元素的候選分區，然後對候選分區進行 kNN 元素查詢，得到當前第 k 個距離作爲上限。使用當前第 k 個距離，可以構建範圍區域。在第二階段，演算法對與範圍區域相交的分區執行 kNN 元素查詢以獲得最終結果。爲了解決 kNN 查詢，演算法可以類似地擴展。然而，對第一部分中多個分區的軌跡數進行計數是一個挑戰，因爲一個軌跡的元素可以跨分區儲存並重複計數。

TrajSys 可以輕鬆解決此類問題，它能夠在元素表中跨多個分區運算不同的軌跡 ID。因此，TrajSys 中 kNN 軌跡查詢的過程如下進行。

① 分區（可選） 根據空間分散進行全局劃分，提高剪枝效果和查詢效率。

② 索引和提取 構建了全局 R-tree 和多個本地 R-tree 資料的空間特徵，以加速全局 kNN 查詢、全局範圍查詢和本地 kNN 查詢。此外，還要提取所有軌跡 ID 和分區 ID 元組［表示爲（tid,pid）］以構建元素表。

③ 第一次全局過濾 對全局 R-tree 和元素表進行 kNN 查詢以選擇候選分區。元素表上的以下操作用來運算每個分區的總軌跡數。

```
meta_table.filter("pid in <candidate partitions>")
  .agg(countDistinct("tid"))
```

④ 第二次全局過濾 首先在候選分區上進行本地 kNN 軌跡查詢，以獲得當前第 k 個最近距離，以此形成一個範圍區域。之後，在全局 R-tree 上進行範圍查詢，找到包含最終結果的合適分區。

⑤ 本地 kNN 最後，本地 kNN 在合適的分區上進行本地 kNN 查詢。結果按其距離進行全局排序，最後返回 Top-k 軌跡。

在實際應用中，運算距離最近的軌跡段而不是最近的軌跡點更爲合理。這是因爲到點的距離受到軌跡採樣率的高度影響。此外，可以將軌跡資料與道路網匹配，然後制定 R-tree 結構，以支持有效的道路網距。由於 TrajSys 的靈活性，這些擴展也可以由 TrajSys 支持。

10.4.4　軌跡資料探勘技術

協動模式探勘是軌跡資料的重要探勘任務，已經有許多關於它的研究工作。Fan 等人[9] 提出了一個關於 Spark 的分散式框架來探勘大規模軌跡上的一般協動模式。這個框架可以在 TrajSys 中輕鬆實現。此外，在 TrajSys 中可以有效地執行一些必要的預處理任務，這些任務不在框架中，因此避免了不必要的資料傳

輸。接下來詳細闡述 TrajSys 中協同運動模式探勘的過程。

① 預處理：格式轉換。首先將軌跡資料轉換爲預定格式，繼而探勘演算法對具有數值軌跡 ID 的點進行操作，具體地說，進行對映操作以適當地轉換資料格式。

② 預處理：同步。在將資料轉換爲點之後，需要透過全局時間戳序列同步軌跡。具體而言，首先對元素表進行聚合分析以獲得整個時間段，並選擇固定的採樣率將時間段劃分爲多個時間戳。之後，資料集由時間戳範圍重新分區，並執行地圖操作以刪除冗餘點並填充缺失值。這裡，基於每個時間戳建立的空間 R 樹可以加速同步的效率。

③ 分析：聚類。在探勘模式之前，需要先對每個時間戳記上的資料進行聚類。在 TrajSys 中，聚類演算法可以利用預先構建的 R-tree 來加速。

④ 探勘：協動模式。現有的分散式探勘演算法可以在 TrajSys 中實現，與 Spark 類似。不同的是，原始的 RDD 操作（如 map 和 reduceByKey）被替換爲對應的 TrajDataset 的操作，以便利用統一引擎的優勢。

協同運動模式探勘的實現驗證了 TrajSys 的高效率和靈活性，可以支持各種複雜的軌跡資料分析。表 10-3 爲資料集統計。

表 10-3　資料集統計

屬性	計程車	購物	啤酒
移動目標數量	12583	12583	12583
軌跡數量	1364362	1364362	1364362
點數量	962264503	962264503	962264503
原始資料集大小	92.83GB	92.83GB	92.83GB

參考文獻

[1] Chen Z, Shen H T, Zhou X, et al. Searching trajectories by locations: an efficiency study. In SIGMOD'10, 255-266, 2010.

[2] Zheng Y. Trajectory data mining: An overview. TIST, 6（3）: 29, 2015.

[3] Nishimura S, Das S, Agrawal D, et al. Md-hbase: A scalable multi-dimensional data infrastructure for location aware services. In MDM'11, 7-16, 2011.

[4] Xie D, Li F, Yao B, et al. Simba: Efficient in-memory spatial analytics. In

SIGMOD'16, 1071-1085, 2016.

[5] Zaharia M, Chowdhury M, Das T, et al. Resilient distributed datasets: A fault-tolerant abstraction for in-memory cluster computing. In NSD1 12, 15-28, 2012.

[6] Tan H, Luo W, Ni L M. Clost: a hadoop-based storage system for big spatio-temporal data analytics. In CIKM'12, 2139-2143, 2012.

[7] Ma Q, Yang B, Qian W, et al. Query processing of massive trajectory data based on mapreduce. In CloudDB'09, 9-16, 2009.

[8] Xie X, Mei B, Chen J, et al. Elite: an elastic infrastructure for big spatiotemporal trajectories. VLDB J. , 25 (4): 473-493, 2016.

[9] Fan Q, Zhang D, Wu H, et al. A general and parallel platform for mining co-movement patterns over large-scale trajectories. PVLDB, 10 (4): 313-324, 2016.

第11章

基於超圖的互動式圖像檢索與標記系統HIRT

11.1 圖像檢索與標記方法簡介

資料資訊管理是文明得以學習、傳播和繼承的重要方法，人們需要對文獻等具有重要意義的物品進行分類和檢索。自數位攝影出現以來，對圖片進行有效管理成了日益迫切的需求，圖片檢索因而出現。圖片檢索方法又分爲基於文字的圖片檢索和基於內容的圖片檢索，本節分別介紹這兩類圖片檢索方法。

11.1.1 基於文字的圖片檢索方法

圖片檢索出現之前，基本都是對文字的管理和檢索，所以圖片檢索出現後，自然將文字檢索擴展到圖片檢索。圖片作爲一種人工產物，一般具有特定主題和意義，作者往往將這些資訊以文字的形式附加給圖片。基於文字的圖片檢索即將這些帶有文字資訊的圖片進行分類，分類的依據即是這些文字資訊，此類圖片檢索實際上是根據文字的檢索，文字作爲圖片的代表。

此類圖片檢索方法有基於分類的查詢和基於關鍵字的查詢兩類。基於分類的查詢被早期的圖片搜索引擎所採用，它對圖片進行分類，使用者根據分類結構對查詢範圍進行細化。該方式需要使用者進行較多的操作，實際上是一種手動目錄式檢索方式。基於關鍵字的查詢，目前大部分的搜索引擎使用的是此種查詢，使用者輸入目標關鍵字，系統根據文字與圖片的匹配程度對查詢關鍵字相關聯的圖片進行查找，具有較快的查詢速度。資料庫中圖片需要附帶文字資訊，一般有兩種文字附加方式，一是人工標注（包括圖片作者的標注），二是網路爬蟲從圖片所在網頁擷取與圖片同時出現的文字。

基於文字的圖片檢索因其文字資訊來源和檢索依據，有三點缺陷。其一，文字資訊由人工標注，雖有較高的準確度，但工作量巨大，不適合大量資料的處理，且由於人的主觀性，有時無法完整並準確地描述圖片資訊。其二，文字資訊由爬蟲從圖片所在網頁提取，該方法基於網頁文字和圖片有較強相關性的假設，結果往往不盡如人意，和網頁排名一樣，容易受作弊方法的影響。其三，文字作

爲描述圖片的語義資訊，對圖片有較好的描述能力，但由於人類有較強的感官能力，視覺感受也屬於圖片相似度判定的一部分，因此基於文字的圖片檢索的結果雖然和查詢詞有較強的語義相關性，但有時和使用者需求不相適應。

11.1.2 基於內容的圖片檢索方法

從 20 世紀 90 年代開始，隨著電腦視覺技術的發展，從圖片中提取視覺特徵並加以分析成爲可能，人們可以使用低級視覺特徵來表示圖片。比如，MPEG-7 是描述圖片內容的一種標準，使用一系列描述子描述圖片的顏色統計、色彩分散、邊緣、紋理等基本視覺資訊。由此，將圖片度量空間轉化爲一個多維空間，使用度量空間索引和查詢方法來有效管理。

基於內容的圖片檢索系統使用多種匹配策略，針對一張查詢圖片，從資料庫中找到最相似的圖片。Smeulder 等人[1] 發表的一篇綜述，總結了兩百餘個基於內容的圖片檢索的研究成果，它們使用色彩、紋理和局部幾何來進行圖片檢索。基於統計的全局特徵常導致檢索品質低下，其原因在於全局統計相似並不一定局部統計相似，Jing 等人[2] 提出了基於區域的圖片檢索技術，嘗試避免全局特徵的缺陷。特別地，基於區域的圖片檢索在局部層級來表示圖片，更接近人類視覺系統的認知。後來，Wang 等人[3] 提出了一種新的基於內容的圖片檢索方法，使用紋理和色彩特徵，提高了圖片檢索的效率。Korde[4] 使用基於圖片局部片段的關聯圖，嘗試來表示高級視覺特徵。

基於內容的圖片檢索因其用來檢索的依據爲圖片描述子，可以依照標準來編程實現自動提取，具有高效性，且其檢索方法直觀而又有多種方法實現。然而，儘管現在的基於內容的圖片檢索技術一直在進步，但缺乏對高級語義的理解仍限制著其可用性。比如，構圖相似而色彩分散又相似的圖片經常被認定爲相似圖片，而圖片主題可能相差甚遠。

11.1.3 基於超圖的圖片檢索方法

圖是資料結構中的重要概念，也是在現實中比較常見的結構類型。基於傳統普通圖模型的理論演算法研究中，往往假設對象之間僅有兩兩節點間的成對關聯。

普通的成對關聯可以用普通圖表示，若一個節點表示一個對象，則可以用一條邊來表示兩節點間的成對關聯。並且，根據邊是否有向，普通圖又分爲有向圖和無向圖。兩節點的關聯如果是對稱的，比如兄弟關聯，則可以用無向邊表示。若兩節點的關聯不對稱，比如父子關聯，就用有向邊表示。

然而，現實世界中的複雜關聯早已超出簡單的成對關聯的表示能力，不管是

有向圖還是無向圖，都無法將對象的實際關聯良好表示。普通圖能夠表示二元關聯，本節此處用簡單的三維關聯來舉例說明普通圖在高維關聯表達上的不足。本節使用 Bu[5] 提出的一個音樂標注的例子，其示意圖如圖 11-1 所示。假設有這樣的場景，使用者 u_1 給音樂 r_1 附加了標籤 t_1、給音樂 r_2 附加了標籤 t_2，使用者 u_2 只給音樂 r_1 附加了標籤

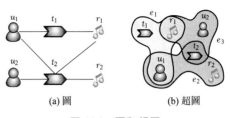

(a) 圖　　　　(b) 超圖

圖 11-1　圖和超圖

t_2，這種場景在現實生活中是非常常見的。本節嘗試用普通圖對其進行建模，用邊連接有關聯的節點對象，形成了如圖 11-1(a) 所示的圖結構。此圖結構看起來清晰自然，而當僅有圖模型而不知實際情況時，圖 11-1(a) 所示的圖模型將導致歧義。雖然，使用者 u_1、標籤 t_1 和音樂 r_1 的關聯一目了然，即使用者 u_1 給音樂 r_1 附加了標籤 t_1，然而，問題出現在標籤 t_2 這個節點。無法得知使用者 u_1 和 u_2 給音樂 r_1 和 r_2 都附加了標籤 t_2，還是兩使用者分別給不同的音樂附加了標籤 t_2。因此，普通圖模型在表示高維關聯時出現極大困難，容易導致歧義，給基於普通圖的分析造成不利影響。

為了解決上述問題，超圖作為普通圖的擴展開始出現，被用來描述更加複雜的關聯。超圖的邊稱為超邊，和普通圖的邊連接兩個節點不同，超邊可以包含兩個或者多個節點，當超圖中的所有超邊都僅包含兩個節點時，其退化為普通圖。

圖 11-1(b) 中則使用了超圖來對同樣的場景進行建模。由於超邊的特點，可以包含多個節點，所以可以清晰地看到有三條超邊，也即三個高維關聯。比如，(u_1,t_1,r_1)超邊表示了使用者 u_1 給音樂 r_1 附加了標籤 t_1，(u_1,t_2,r_2)超邊表示了使用者 u_1 給音樂 r_2 附加了標籤 t_2，(u_2,t_2,r_1)超邊表示了使用者 u_2 給音樂 r_1 附加了標籤 t_2。由此，可以看出超圖比普通圖能更清晰地表示複雜關聯。

普通圖結構一般由矩陣或鄰接表來表示，超圖也類似。圖 11-2 展示了一個

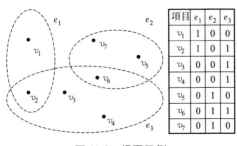

圖 11-2　超圖示例

項目	e_1	e_2	e_3
v_1	1	0	0
v_2	1	0	1
v_3	0	0	1
v_4	0	0	1
v_5	0	1	0
v_6	0	1	1
v_7	0	1	0

簡單的超圖示例及其矩陣表示方法，其中 v_i 表示節點，e_i 表示超邊，可以看出超圖矩陣是一個 $|V| \times |E|$ 矩陣，V 和 E 分別是節點和超邊的集合。若節點 v_i 包含於超邊 e_j，則 v_i 所對應的行和 e_j 所對應列的交叉處元素值設為 1，否則為 0。

接下來介紹社交圖片的超圖模型定義。

超圖可以對多種資訊和高維關聯進行建模。本節用 $G(V,E,w)$ 表示一個超圖，其中 V 是節點集合，E 是超邊集合，w 是一個權重函數，比如 $w(e)$ 表示了超邊 e 的權重。一個超圖可以用一個 $|V|\times|E|$ 的矩陣 $\boldsymbol{H}$ 表示，其中矩陣元素爲：

$$h(v,e)=\begin{cases}1, v\in e\\0, v\notin e\end{cases} \tag{11-1}$$

節點 v 的度可以表示爲：

$$d(v)=\sum_{e\in E|v\in e}w(e)=\sum_{e\in E}w(e)h(v,e) \tag{11-2}$$

超邊 e 的度可以表示爲：

$$\delta(e)=|e|=\sum_{v\in V}h(v,e) \tag{11-3}$$

因此，本章使用了超圖對社交圖片資訊進行建模，因爲其有能力表示高維關聯，而不僅僅是二維關聯。圖 11-3 展示了圖和超圖分別對社交圖片建模的示意圖，其中的節點分別表示使用者、圖片和標籤，線條表示關聯。

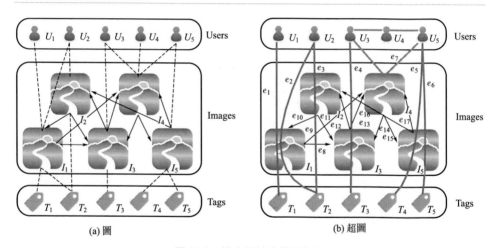

圖 11-3　社交圖片建模示意圖

本節用兩個標注行爲來舉例，使用者 U_1 將標籤 T_1 附加給圖片 I_1、使用者 U_2 將標籤 T_2 附加給圖片 I_1。圖 11-3(a) 中，使用普通圖建模，僅將兩個相關節點簡單連接。很明顯，這並沒有精確地表示打標籤這一個行爲關聯。比如，使用者 U_1 是將標籤 T_1 還是標籤 T_2 附加給了圖片 I_1 是不清楚的。另一方面，圖 11-3(b) 中的超邊（紅色表示的）e_1 和 e_2 可以清楚地表示三維關聯 (U_1,T_1,I_1) 和 (U_2,T_2,I_1)。

用於在超圖上進行隨機游走的一個 $|V|\times|V|$ 轉移機率矩陣，用 $\boldsymbol{P}$ 來表示。則 $\boldsymbol{P}$ 中的元素 $p[u,v]$ 表示從節點 u 到節點 v 的轉移機率，其可以使用如下公式進行運算：

$$p[u,v]=\sum_{e\in E}w(e)\frac{h(u,e)}{d(u)}\times\frac{h(e,v)}{\delta(e)} \tag{11-4}$$

也可以使用矩陣運算來表示 P，則 $P=D_v^{-1}HWD_e^{-1}H^{\mathrm{T}}$，其中 D_v 和 D_e 是分別表示節點和超邊的度的對角矩陣，W 是表示超邊權重的一個 $|E|\times|E|$ 的對角矩陣。基於圖拉普拉斯算子，排名函數可以表示爲：

$$f^*=(1-c)(I-cA)^{-1}q \tag{11-5}$$

其中 q 是一個 $|V|\times1$ 的向量，表示查詢節點集，其元素值爲對應查詢節點權重，且 $\sum_{v\in V}q[v]=1$，c（$0<c<1$）爲阻尼係數，I 是單位矩陣，而 $A=D_v^{-1/2}HWD_e^{-1}H^{\mathrm{T}}D_v^{-1/2}$。

由於 H 總是在社交或互動環境下更新，因此 $(1-c)(I-cA)^{-1}$ 不能預先運算和儲存。儘管 H、W、D_v 和 D_e 是稀疏矩陣，在運算 $f*$ 時仍需要大量的運算和內存儲存開銷，特別是在節點規模和超邊規模特別大時，極大地限制了可擴展性。

因此，不同於現有的研究，本章的討論注重於提升轉移機率矩陣的運算時間和空間效率以及高效地運算 $f*$。

由於運算 $f*$ 的代價極大，並且需要注意到很多使用者僅對那些和他們需求最相關的查詢結果感興趣，可以使用 Top-k 查詢來根據查詢節點或查詢節點集合去查找相似節點，而不是運算超圖中所有節點的相似排名分數。超圖上的 Top-k 查詢的形式化定義如下：

定義 11.1：超圖上的 Top-k 查詢：給定一個超圖 G，一個查詢節點集合，指定查詢結果個數 k，超圖上的 Top-k 查詢查找相似排名分數最高的 k 個節點。

根據定義 11.1，本章使用超圖上的 Top-k 查詢來支持本章提出的相似圖片檢索、關鍵字圖片檢索和圖片標注功能。特別地，相似圖片檢索返回 k 個和給定圖片最相似的圖片，關鍵字圖片檢索找到和特定關鍵字（比如某個標籤或話題）最相近的 k 個圖片，圖片標注功能返回和指定圖片最相近的 k 個標籤。儘管在實驗評估中每次查詢僅使用一個查詢節點，但本章提出的系統可以靈活地支持包含多個查詢節點的情況。

現有的利用超圖的多媒體檢索工作注重於如何運算相似排名分數。然而，在實際應用中，對節點的排名遠比排名分數的精確性更爲重要。爲了提高圖片檢索和標注的效率，本章並不是透過運算精確排名分數來找到 Top-k 節點。另外，透過將排名分數的估計誤差限制在一定範圍內，本章也開發了一種近似 Top-k 查詢方法，在使用者願意犧牲部分精確性時，極大地提高查詢效率。

根據查詢節點和目標結果節點的不同，本章的 Top-k 查詢可分爲相似圖片檢索、關鍵字圖片檢索和圖片標注三類。此外，由於對於 Top-k 查詢來說，節點是一般的，故當超圖中的節點類型增多時，本章的 Top-k 查詢也能靈活地支持更多種類的查詢，來應對不同的應用場景。接下來，分別介紹相似圖片檢索、

關鍵字圖片檢索和圖片標注。

① 相似圖片檢索，即以圖搜圖，在本章的 Top-k 查詢中，此類查詢的查詢集合和結果集合中的節點全部爲圖片。本章的相似圖片檢索不僅基於圖片附帶文字和圖片內容，更基於超圖中多種節點（如使用者、圖片和標籤）以及它們的高維關聯（如標注關聯、評論關聯）。

在超圖中，對於查詢圖片，首先有三種類型的關聯，圖片內容相似關聯、標注關聯和評論關聯。相對應地，就同時考慮了圖片視覺相關性、語義相關性和使用者喜好相關性三種關聯。所以相似圖片 Top-k 查詢是查找在這三部分都和查詢圖片相似的圖片。

② 關鍵字圖片檢索，即以文字搜圖，在本章的 Top-k 查詢中，此類查詢的查詢集合中的節點爲標籤，結果集合中的節點爲圖片。本章不是基於圖片分類來進行圖片檢索，而是基於超圖中多種節點和高維關聯。

傳統的關鍵字圖片檢索基於圖片分類，其分類往往是專人耗費大量時間做的定義好的分類。而在社交圖片這個場景中，一張圖片的文字資訊由不同的使用者添加，一些文字資訊能夠宏觀地描述此圖片（如地點、名稱），而另一些文字資訊具有強烈的個人主觀性（如心情）。所以，在這種情況下，無法對圖片根據其文字資訊進行分類，並且各標籤與圖片的關聯程度不同。

超圖模型對社交圖片建模，對於一個關鍵字（或標籤）具有標注關聯（即使用者給某圖片加某標籤），此類關聯數量較多。同時由於評論關聯（即使用者在某張圖片下做過評論）給圖片和使用者進行了關聯，也使使用者之間有群的關聯（喜好同一張圖片）。因此，關鍵字圖片檢索同時考慮了與圖片的相關性和使用者喜好的相關性。關鍵字圖片 Top-k 查詢是查找在這幾部分都和查詢關鍵字相關的圖片。

③ 圖片標注，即以圖片搜標籤，在本章的 Top-k 查詢中，此類查詢的查詢集合中的節點爲圖片，結果集合中的節點爲標籤。與傳統的推薦演算法（如協同過濾）不同，本章使用超圖中的多種節點和高維關聯來進行圖片標注。並且，除了給圖片附加標籤外，也可靈活地進行圖片推薦等。

傳統的圖片標注（或資訊補全、圖片推薦等）使用協同過濾等方法，主要基於使用者之間的關聯和使用者的喜好資訊。本章的基於超圖的圖片標注方法，除了考慮這些之外，也考慮了圖片視覺特徵相似關聯。同時，超圖模型也能更好地把握高維語義關聯。

11.2 HIRT 系統架構

HIRT 系統採用瀏覽器-伺服器模式，圖 11-4 爲對應的架構圖。HIRT 主要

有三種任務：超圖構建、矩陣運算和 Top-k 查詢。

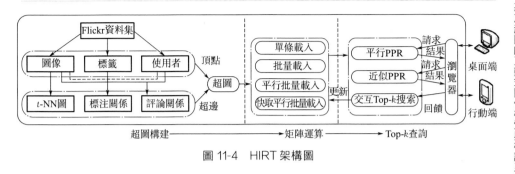

圖 11-4　HIRT 架構圖

11.2.1　超圖構建

超圖構建即根據社交圖片資料集（比如 Flickr 資料集）建立超圖模型。HIRT 系統的資料抓取自 Flickr，其圖片被使用者附加標籤和評論。儘管在本章中，基於 Flickr 資料集構建了超圖，但 HIRT 可以支持任何具有多種資訊和多維關聯的社交圖片資料集。

圖片相似性可以透過多種距離函數（如加權和[6]、SIFT[6]）來度量。本章中，從圖片中提取了五種 MPEG-7 視覺描述子。因此，圖片內容之間的相似性可以使用五種描述子距離的權重和來度量。

可以使用 t 最近鄰（t-NN）來表示圖片內容相似（本章中 t 默認爲 20），t-NN 圖連接了每個節點和其對應的 t 最近鄰。圖 11-3 顯示了圖片的 2-NN 圖。t-NN 是一個非對稱圖，比如 I_1 是 I_2 的 2-NN，但 I_2 不是 I_1 的 2-NN，因此 t-NN 是一個有向圖。

使用權重和來度量圖片的相似度，兩個圖片的距離越小，其就越相似。因爲更相似的圖片對應的有向邊應該被賦予更大的權重，所以圖片的第 x 個最近鄰的權重設置爲 $0.9^{x-1}/\sum_{y=1}^{t} 0.9^{y-1}$。比如，當 $t=2$ 時，第一最近鄰對應有向邊權重爲 0.53，第二最近鄰對應有向邊權重爲 0.47。圖片連接到其 t-NN 的邊權重之和爲 1，隨著圖片相似度下降，邊權重也減少。

Flickr 圖片資料集的超圖模型包含三種類型的節點（使用者 U_i、標籤 T_i 和圖片 T_i）和三種類型的關聯（對圖片的標注關聯、對圖片的評論關聯、圖片間相似關聯），如表 11-1 所示。基於這三種類型和關聯，超圖構造如下。

$E^{(1)}$：對圖片標注關聯構建超邊。每條超邊 (U_i, T_i, I_i) 包含三個節點（使用者 U_i、標籤 T_i 和圖片 I_i）。此類超邊權重設置爲 1。例如，圖 11-3(b) 中紅色線條（如 $e_1 \sim e_6$）屬於此類超邊。

表 11-1　Flickr 資料集的節點和超邊

節點和關聯	符號	規模
使用者	U_i	264834
標籤	T_i	400520
圖片	I_i	1146841
標注關聯	(U_i, T_i, I_i)	23689512
評論關聯	$(I_i, U_1, \cdots, U_m)$	656003
圖片相似關聯	$\langle I_i, I_j \rangle$	22936820

$E^{(2)}$：對圖片評論關聯構建超邊。每條超邊 $(I_i, U_1, \cdots, U_m)$ 包含一個圖片 I_i 和多個使用者 U_j（$1 \leqslant j \leqslant m$），這些使用者對圖片 I_i 進行了評論，並且此類超邊權重設置爲 0.5，例如，圖 11-3(b) 中綠色線條（如 e_7）屬於此類超邊。

$E^{(3)}$：先根據圖片相似度量方法構造 t-NN 圖，然後根據 t-NN 圖中的有向邊構建超邊。每條超邊用一個有序對 $\langle I_i, I_j \rangle$ 表示，若 I_j 是 I_i 的第 x 個最近鄰，則其對應超邊權重設置爲 $0.9^{x-1} / \sum_{y=1}^{t} 0.9^{y-1}$。例如，圖 11-3(b) 中黑色線條（如 $e_8 \sim e_{17}$）屬於此類超邊。

因爲表示圖片相似性的 t-NN 圖是有向圖，所以 $E^{(3)}$ 超邊也是有向的。例如，圖 11-3(b) 中，儘管 e_{16} 這條 $E^{(3)}$ 類型超邊連接了兩個圖片節點 I_2 和 I_5，可以看到 I_2 被 I_5 所指向，而 I_2 沒有指向 I_5 的邊。爲了在超圖中體現這種有向關聯，設置 $h(I_2, e_{16}) = 0$、$h(e_{16}, I_2) = 1$、$h(I_5, e_{16}) = 1$ 和 $h(e_{16}, I_5) = 0$。而在無向超圖中，如果節點 u 連接到 e，則 $h(u, e) = h(e, u) = 1$。

11.2.2　矩陣運算

矩陣運算包含兩部分，其一即超圖模型對應轉移機率矩陣的運算，其二爲支撐幾種查詢的矩陣運算方法。

若超圖給定，轉移機率矩陣就可以預先運算並儲存。圖 11-5(a) 展示了圖 11-3(b) 中所示超圖根據等式(11-4) 運算的轉移機率矩陣 $\boldsymbol{P}$，其中 $V = U \cup T \cup I$，$U = \{U_1, U_2, U_3, U_4, U_5\}$，$T = \{T_1, T_2, T_3, T_4, T_5\}$，$I = \{I_1, I_2, I_3, I_4, I_5\}$。

接下來詳述四種高效的生成超圖矩陣的方法。

首先介紹一種樸素的方法，稱爲單插法（single insertion method，以下簡稱爲 SIM），圖 11-6 描述了 SIM 的框架。因爲 B＋樹爲樹形結構，所以其插入方法的索引時間複雜度和樹高成正比，又因爲 B＋樹爲多叉樹結構，一個節點可以有多個子樹分支，使其樹高通常很小，保證其插入效率，而節點大小通常和機器儲

存系統的頁面大小相當，以保證頁面置換的時空效率。配合內存緩衝，以及頁面置換策略（如 LRU 方法），可以達到良好的 I/O 性能，下面簡述 SIM 單插入構建轉移矩陣 B+樹的過程。

u＼v	U_1	U_2	U_3	U_4	U_5	T_1	T_2	T_3	T_4	T_5	I_1	I_2	I_3	I_4	I_5
U_1	1/3	0	0	0	0	1/3	0	0	0	0	1/3	0	0	0	0
U_2	0	1/3	0	0	0	0	1/3	0	0	0	1/6	1/6	0	0	0
U_3	0	0	11/36	1/12	1/12	0	0	2/9	0	0	0	0	2/9	1/12	0
U_4	0	0	1/4	1/4	1/4	0	0	0	0	0	0	0	0	1/4	0
U_5	0	0	1/20	1/20	19/60	0	0	0	2/15	2/15	0	0	0	1/20	4/15
T_1	1/3	0	0	0	0	1/3	0	0	0	0	1/3	0	0	0	0
T_2	0	1/3	0	0	0	0	1/3	0	0	0	1/6	1/6	0	0	0
T_3	0	0	1/3	0	0	0	0	1/3	0	0	0	0	1/3	0	0
T_4	0	0	0	0	1/3	0	0	0	1/3	0	0	0	0	0	1/3
T_5	0	0	0	0	1/3	0	0	0	0	1/3	0	0	0	0	1/3
I_1	0.085	0.085	0	0	0	0.085	0.085	0	0	0	0.171	0	0.256	0.231	0
I_2	0	0.115	0	0	0	0	0.115	0	0	0	0.345	0.115	0.31	0	0
I_3	0	0	0.115	0	0	0	0	0.115	0	0	0.345	0.115	0.31	0	0
I_4	0	0	0.052	0.052	0.052	0	0	0	0	0	0	0	0.417	0.052	0.375
I_5	0	0	0	0	0.171	0	0	0.085	0.085	0	0	0.256	0	0.231	0.171

(a) 陣列儲存的轉移機率矩陣 **P**

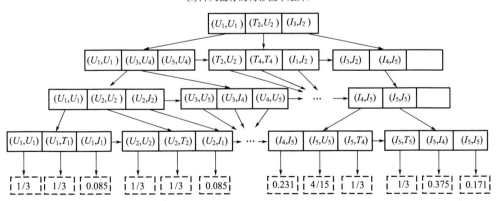

(b) B+樹儲存的轉移機率矩陣 **P**

圖 11-5　轉移機率矩陣儲存結構

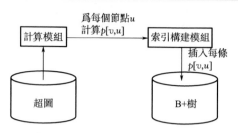

圖 11-6　單插入構建方法框架圖

　　SIM 首先根據等式(11-4) 運算每個節點 u 的非零元素 $p[v,u](v \in C[u])$。例如，在圖 11-3(b) 中，運算節點 U_1 的非零機率 $p[U_1,U_1]$、$p[T_1,U_1]$ 和 $p[I_1,U_1]$，然後將其對應的鍵值對〈(U_1,U_1), $p[U_1,U_1]$〉、〈(T_1,U_1), $p[T_1,U_1]$〉和〈(I_1,U_1), $p[I_1,U_1]$〉逐個插入 B＋樹對應葉子節點。注意，B＋樹的索引鍵值可以不止一維，如上面這個例子就使用了二維索引值，B＋樹可以較好地管理多維索引，所以其也經常被用於空間資料庫的底層索引結構。B＋樹的插入操作即通常的樹形資料結構的插入操作，從根節點向下查找，根據中間節點的分支界限在樹高時間內獲得插入位置。不同點在於其中間節點僅作為索引節點，儲存其所有子樹的鍵值範圍，而不儲存資料，葉子節點儲存其鍵值對應的資料。需要注意運算 $p[v,u]$ 時需要 $C[u]$、$d(u)$ 和 $\delta(e)$，所以預運算超圖時可以對每個節點 u 和每條超邊 e 預先運算 $C[u]$、$d(u)$ 和 $\delta(e)$，可以透過對資料集的一次遍歷即可獲得。

　　為了提高 B＋樹的構建效率、I/O 性能和空間利用率，可以使用批量構建方法（bulkload method，以下簡稱 BM）。其思想在於將一批無序鍵值逐個插入改為一批有序鍵值同時插入，又可視為自下而上的建樹方法，減少插入位置查找次數，提高節點空間使用率。圖 11-7 展示了本方法的框架圖。

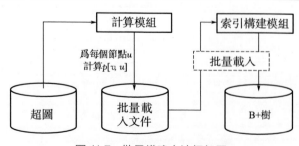

圖 11-7　批量構建方法框架圖

　　因為 BM 方法需要鍵值有序排列，所以首先順次運算每個節點 u 的非零元

素值 $p[v,u]$($v \in C[u]$)，然後將其寫入批量文件中，直到所有節點處理完畢。需要注意的是，在本章的運算方法中，由於 $C[u]$、$d(u)$ 和 $\delta(e)$ 預先運算，因此很容易做到按任意順序運算節點 u 的非零元素值 $p[v,u]$($v \in C[u]$)。此時批量文件中的鍵值爲有序的，所以可以讀入進行批量插入操作來構建 B＋樹。例如，在圖 11-3(b) 中，BM 首先運算節點 U_1 的非零元素值 $p[U_1,U_1]$，$p[T_1,U_1]$ 和 $p[I_1,U_1]$，然後將其對應的鍵值對〈(U_1,U_1)，$p[U_1,U_1]$〉、〈(T_1,U_1)，$p[T_1,U_1]$〉和〈(I_1,U_1)，$p[I_1,U_1]$〉寫入到磁碟上的批量文件，最後 BM 將批量文件讀入以構建 B＋樹。

BM 方法由於節省了 I/O 次數和插入位置的重複查找次數，因此比 SIM 方法更具有效率。又由於 BM 自下而上建樹的特點，因此其空間利用率更高，即儲存同樣的資料集，其 B＋樹規模更小。

由於轉移機率矩陣的機率值可以獨立運算，因此可以使用平行批量構建方法（paralleled bulkload method，PBM）來提升運算效率，圖 11-8 展示了 PBM 的框架圖。

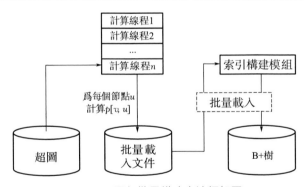

圖 11-8 平行批量構建方法框架圖

可以使用 n 個線程平行運算非零 $p[v,u]$。根據實驗環境，本章中 n 設爲 8。每次每個線程運算節點 u 的非零元素值 $p[v,u]$($v \in C[u]$)。爲保證負載均衡，線程 Compute _ x（$1 \leqslant x \leqslant n$）順序運算節點 u_y，其中 $y \bmod n = x$。需要注意的是，由於批量文件內容需要按照鍵 (v,u) 順序排列，所以各線程順序運算自身需要運算的節點。

如圖 11-8 所示，PBM 創建了 n 個線程來平行運算非零 $p[v,u]$($v \in C[u]$)，然後寫入到批量文件，直到所有節點處理完畢。其後，批量插入方法讀入批量文件並構建 B＋樹。例如，PBM 來構建如圖 11-3(b) 所示超圖的 B＋樹，其首先創建了 n 個線程來平行運算非零 $p[v,u]$。每次每個線程 Compute_x($1 \leqslant x \leqslant n$) 先運算其自身負責的滿足 $y \bmod n = x$ 的那一部分 $p[v,u_y]$($v \in C[u_y]$)，然後

將鍵值$\langle(v,u_y),p[v,u_y]\rangle$寫入到磁碟上的批量文件中。特別地，線程 Compute_1 運算節點 U_1 的 $p[U_1,U_1]$、$p[T_1,U_1]$ 和 $p[I_1,U_1]$，然後將$\langle(U_1,U_1),p[U_1,U_1]\rangle$、$\langle(T_1,U_1),p[T_1,U_1]\rangle$、$\langle(I_1,U_1),p[I_1,U_1]\rangle$寫入批量文件，與此同時，線程 Compute_2 運算了節點 U_2 的 $p[U_2,U_2]$、$p[T_2,U_2]$、$p[I_1,U_2]$ 和 $p[I_2,U_2]$，並將$\langle(U_2,U_2),p[U_2,U_2]\rangle$、$\langle(T_2,U_2),p[T_2,U_2]\rangle$、$\langle(I_1,U_2),p[I_1,U_2]\rangle$、$\langle(I_2,U_2),p[I_2,U_2]\rangle$寫入批量文件，以此類推。所有節點處理完畢後，PBM 使用批量插入方法構建 B＋樹。

爲了將 I/O 操作降到最少，本章介紹如何使用緩衝技術來儲存運算得到的結果，而構建 B＋樹時即可直接從緩衝中讀取已經運算好的轉移機率矩陣 $\boldsymbol{P}$ 的值。很明顯，若使用單緩衝，運算（生產者）和構建（消費者）兩者都需要對緩衝加鎖，所以運算和構建仍是實際上的串行關聯。所以，本章採用雙緩衝的方案，使得轉移機率矩陣的運算和 B＋樹的構建同時進行。其機制在於，運算（生產者）和構建（消費者）分別操作不同的緩衝，當運算（生產者）緩衝滿，或者構建（消費者）緩衝空時，交換兩個緩衝。由於這種緩衝交換的次數相對於單緩衝方案中的加鎖次數少很多，因此運算和構建可以同時進行。

下面介紹緩衝平行批量構建方法（buffered paralleled bulkload method，BPBM），其框架圖如圖 11-9 所示。

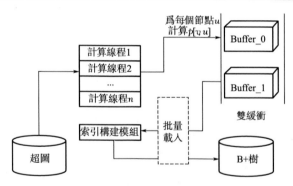

圖 11-9　緩衝平行批量方法框架

運算模組首先平行地運算非零元素 $p[v,u]$，然後將其寫入一個緩衝之中（如 Buffer_0），與此同時，構建模組利用另一個緩衝（Buffer_1）中的資料使用批量插入方法來構建 B＋樹。比如，當 Buffer_1 爲空時，即其中資料已全部被讀出來構建 B＋樹，交換緩衝 Buffer_0 和 Buffer_1。

例如，使用 BPBM 構建圖 11-3(b) 超圖對應的 B＋樹。BPBM 首先創建 n 個線程來平行運算非零元素 $p[v,u]$。每次每個線程 Compute_x（$1\leqslant x\leqslant n$）先運算其自身負責的滿足 $y \bmod n=x$ 的那一部分 $p[v,u_y]$（$v\in C[u_y]$），然後將

鍵值 $\langle(v,u_y),\ p[v,u_y]\rangle$ 寫入緩衝 Buffer _ 0。與此同時 BPBM 使用批量插入方法，讀出緩衝 Buffer _ 1 中的資料來構建 B+樹。當 Buffer _ 1 為空時，即其中資料已全部被讀出來構建 B+樹，交換緩衝 Buffer _ 0 和 Buffer _ 1。

11.2.3　Top-k 查詢

Top-k 查詢提供一個網頁來供使用者在桌面端或移動端提交查詢請求，使用平行或近似 PPR 運算方法獲得查詢結果並返回給使用者。使用者對結果品質的評價，針對任意查詢結果，可以返回回饋。相應地，互動式 Top-k 查詢方法根據回饋更新轉移機率矩陣，以提高查詢品質。

11.3　互動式圖像檢索技術

轉移機率矩陣準備完畢後，可以利用高效的 Top-k 演算法來支持圖片檢索和標注。首先將 PageRank 完全平行化，其中使用了平行技術和流水線技術，然後提出近似方法提升效率，最後引入群體運算技術提高查詢品質。

基於隨機游走的個性化 PageRank[8]（PPR），因其有效性和堅實的理論基礎，被廣泛並成功地運用於多種應用中。在每一步隨機游走中，它以機率 c 從當前節點的出邊節點中隨機選擇一個繼續游走，又以機率 $1-c$ 在當前節點重啟游走。用 $\boldsymbol{P}$ 來表示轉移機率矩陣，且 $p[u,v]$ 表示從節點 u 到節點 v 的轉移機率。迭代的 PPR 排名分數按照以下公式運算直到收斂：

$$s=c\boldsymbol{P}^{\mathrm{T}}s+(1-c)q \tag{11-6}$$

也可以表示為下述公式：

$$s=(1-c)(\boldsymbol{I}-c\boldsymbol{P}^{\mathrm{T}})^{-1}q \tag{11-7}$$

可以觀察到上述運算 PPR 的分數運算公式穌利用圖拉普拉斯運算 f^* 的公式相似。因此，在本章中，使用 PPR 來度量超圖中兩個點的相似性。

現有的利用 PPR 進行 Top-k 查詢的工作可以分為兩類：基於矩陣的方法和基於 Monte Carlo 估計的方法。然而，這些方法需要在查詢之前對圖進行分解和採樣。因此，這些方法不能支持社交圖片的 Top-k 查詢，因為在這種環境下的圖總是在更新的。本章中，使用平行和近似方法來提高其 PPR 運算的效率。

為了估計排名分數的下限和上限，本章使用 $\lambda_i[u]$ 來表示第 i 輪迭代中從查詢節點到節點 u 的隨機游走機率值。另外，本章用 $C[u]$ 來表示節點 u 的入度節點集合，所以 $\lambda_i[u]$ 可以用下述公式運算：

$$\lambda_i[u]=\begin{cases}q[u],i=0\\\sum_{v\in C[u]}p[v,u]\lambda_{i-1}[v],i\neq0\end{cases} \tag{11-8}$$

利用隨機游走機率，可以透過以下公式，運算節點 u 在第 i 輪迭代的排名分數下限：

$$\underline{s}_i[u] = \begin{cases} (1-c)\lambda_i[u], i=0 \\ \underline{s}_{i-1}[u] + (1-c)c^i\lambda_i[u], i \neq 0 \end{cases} \tag{11-9}$$

同時，可以用以下公式來運算節點 u 在第 i 輪迭代的排名分數上限：

$$\overline{s}_i[u] = \underline{s}_i[u] + c^{i+1}P_{\max}[u] \tag{11-10}$$

其中 $P_{\max}[u] = \max\{p[v,u] | v \in V\}$ 表示節點 u 的最大入度機率。

對於任意第 i 輪迭代，有 $\underline{s}_i[u] \geqslant \underline{s}_{i-1}[u]$ 和 $\overline{s}_i[u] \leqslant \overline{s}_{i-1}[u]$ 恒成立，即下限和上限向精確排名分數收斂。在收斂時，下限和上限將和精確排名分數相等，即 $\underline{s}_{\infty}[u] = \overline{s}_{\infty}[u] = s[u]$。

基於下限和上限估計，可以開發出一種不用運算精確排名分數的 Top-k 運算方法。令 θ_i 表示在第 i 輪迭代中 $\underline{s}_i[u]$ ($u \in V$) 第 k 大的下限估計，所以候選節點集合表示爲 $C_i = \{u | \overline{s}_i[u] \geqslant \theta_i \wedge u \in V\}$。若 $|C_i| = k$ 並且對於任意 $u \neq v (\in C_i)$ 滿足 $\underline{s}_i[u] > \overline{s}_i[v]$ 或 $\overline{s}_i[u] < \underline{s}_i[v]$，此時 k 個查詢結果已排序完畢，C_i 是最終結果集，迭代終止。

11.3.1 平行查詢方法

轉移機率矩陣 $\boldsymbol{P}$ 可以平行運算。相似地，本節可以利用平行技術來運算排名分數 $\lambda_i[u]$、下界 $\underline{s}_i[u]$ 和上界 $\overline{s}_i[u]$。根據等式(11-8)～等式(11-10)，可以得知 $\lambda_i[u]$ 依賴於 $\lambda_{i-1}[u]$，$\underline{s}_i[u]$ 依賴於 $\lambda_i[u]$，$\overline{s}_i[u]$ 依賴於 $\underline{s}_i[u]$。因此，$\lambda_i[u]$、$\underline{s}_i[u]$ 和 $\overline{s}_i[u]$ 應依序運算。

如圖 11-10(a) 描述的，創建 n 個線程 Compute_x ($1 \leqslant x \leqslant n$) 順序運算 $\lambda_i[u_j]$、$\underline{s}_i[u_j]$ 和 $\overline{s}_i[u_j]$ ($j \bmod n = x$)。然而，運算 $\lambda_i[u]$ 比運算 $\underline{s}_i[u]$ 和 $\overline{s}_i[u]$ 代價更大。所以，本章提出平行方法來提高運算效率。如圖 11-10(b) 所示，使用 n 個線程 Compute_x ($1 \leqslant x \leqslant n$) 來運算 $\lambda_i[u_j]$ ($j \bmod n = x$)，並且同時使用 n 個線程 Estimate_x ($1 \leqslant x \leqslant n$) 來平行運算 $\underline{s}_{i-1}[u_j]$ 和 $\overline{s}_{i-1}[u_j]$ ($j \bmod n = x$)。至此每輪迭代被分爲兩部分，兩部分都使用平行運算方法，兩部分之間僅有前後依賴關聯，依上述方法達到流水線化，即新一輪排名分數 $\lambda_i[u_j]$ 和上一輪兩個界限（下界 $\underline{s}_{i-1}[u_j]$ 和上界 $\overline{s}_{i-1}[u_j]$）同時運算。

基於上述的討論的平行化策略以及個性化 PageRank（PPR），本章提出平行 PPR 演算法（paralleled PPR algorithm，以下簡稱 PPA 演算法），並在演算法 11.1 中列出其僞代碼。

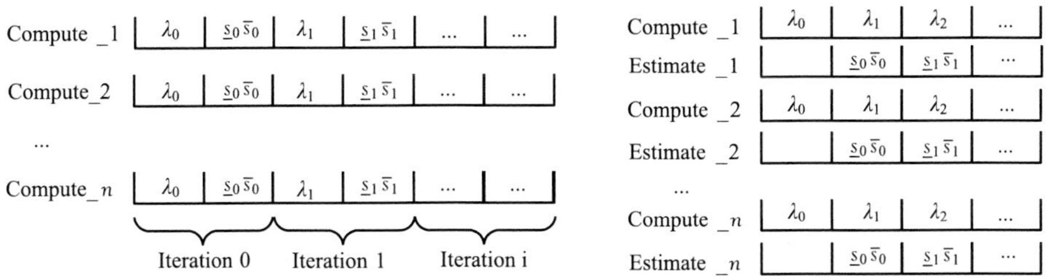

圖 11-10 中的平行運算示意圖：

(a) 平行計算

Compute_1 | λ_0 | $\underline{s}_0 \overline{s}_0$ | λ_1 | $\underline{s}_1 \overline{s}_1$ | ... | ...
Compute_2 | λ_0 | $\underline{s}_0 \overline{s}_0$ | λ_1 | $\underline{s}_1 \overline{s}_1$ | ... | ...
...
Compute_n | λ_0 | $\underline{s}_0 \overline{s}_0$ | λ_1 | $\underline{s}_1 \overline{s}_1$ | ... | ...

Iteration 0　Iteration 1　Iteration i

(b) 完全平行計算

Compute_1 | λ_0 | λ_1 | λ_2 | ...
Estimate_1 | | $\underline{s}_0 \overline{s}_0$ | $\underline{s}_1 \overline{s}_1$ | ...
Compute_2 | λ_0 | λ_1 | λ_2 | ...
Estimate_2 | | $\underline{s}_0 \overline{s}_0$ | $\underline{s}_1 \overline{s}_1$ | ...
...
Compute_n | λ_0 | λ_1 | λ_2 |
Estimate_n | | $\underline{s}_0 \overline{s}_0$ | $\underline{s}_1 \overline{s}_1$ | ...

圖 11-10　平行運算示意圖

演算法 11.1：平行 PPR 演算法（PPA）

Input： 查詢向量 q，位數 k，機率轉移矩陣 **P**，比例參數 c，線程數 n

Output： Top-k 搜索的結果集 S_r

/* S_c：備選節點 u 的集合，根據最新下限分數 $\underline{s}_i[u]$ 降序排列. */

1: **for** each iteration i **do**　　//迭代數 i 從 0 開始遞增
2:　$S_c = \varnothing$
3:　**if** $i = 0$ **then**
4:　　　create n threads Compute_x(i)($1 \leqslant x \leqslant n$)
5:　**else**
6:　　　create Compute_x(i)($1 \leqslant x \leqslant n$) and Estimate_x($i - 1$)($1 \leqslant x \leqslant n$)
7:　**if** all the threads terminate and $i > 0$ **then**
8:　　　compute θ_k　　　//第 k 高的下限分數
9:　**for** each node u **do**
10:　　**if** $\overline{s}_{i-1}[u] \geqslant \theta_k$ **then**
11:　　　　　insert u into S_c
12:　**if** $|S_c| = k$ and $\forall u \neq v(\in S_c)s.t.\underline{s}_{i-1}[u] > \overline{s}_{i-1}[v] \wedge \overline{s}_{i-1}[u] < \underline{s}_{i-1}[v]$ **then**
13:　　　$S_r = S_c$ and **return** S_r

Thread： Compute_x(i)
14: compute $\lambda_i[u_j]$ for nodes u_j with j mod $n = x$　　// 公式(11.8)

Thread： Estimate_x(i)
15: compute $\underline{s}_i[u_j]$ for nodes u_j with j mod $n = x$　　//公式(11.9)
16: compute $\overline{s}_i[u_j]$ for nodes u_j with j mod $n = x$　　//公式(11.10)

一個查詢向量 q、一個正整數 k、一個轉移機率矩陣 **P**、一個阻尼係數 c 和一

個線程數量 n 作爲 PPA 的輸入，其輸出爲 Top-k 的查詢結果集合 S_r。PPA 的迭代次數 i 從 0 開始，持續迭代運算直到 k 個已排序結果被找出（行 1～13）。每輪迭代 i 中，PPA 首先將候選點集合 S_c 初始化爲空（行 2），其元素按照分數下限的降序排列。當 $i=0$ 時，PPA 創建 n 個線程 Compute_x(i)（$1 \leqslant x \leqslant n$）來平行地運算 $\lambda_i[u]$($u \in V$)（行 3～4）。另一方面，PPA 創建 n 個線程 Compute_x(i) 和 n 個線程 Estimate_x($i-1$)（$1 \leqslant x \leqslant n$）以平行運算 $\lambda_i[u]$、$\underline{s}_{i-1}[u]$ 和 $\overline{s}_{i-1}[u]$($u \in V$)（行 5～6）。當所有線程終止後，如果 $i>0$，演算法將運算 θ_k（行 8），$\underline{s}_{i-1}[u]$ 作爲節點 u 分數下界，則將所有滿足 $\overline{s}_{i-1}[u] \geqslant \theta_k$ 的節點 u 插入到候選點集合 S_c 中（行 9～11）。特別地，當 $|S_c|=k$ 時，若 $\forall u \neq v$（$\in S_c$）都有 $\underline{s}_{i-1}[u] > \overline{s}_{i-1}[v] \wedge \overline{s}_{i-1}[u] < \underline{s}_{i-1}[v]$ 成立，則 S_c 中具有最高排名分數的 k 個節點 u 的排序區間 $[\underline{s}_i[u], \overline{s}_i[u]]$（$u \in S_c$）互相沒有重疊，所以 PPA 返回結果集 $S_r=S_c$（行 12～13）。

儘管 PPA 使用上下界來估計排名分數而不是運算精確分數，它仍然可以返回準確的結果集。比如，PPR 可以找到 k 個具有最大排名分數的節點，並按照其分數降序排列。另外，儘管圖和超圖的矩陣定義和產生方式不同，PPA 及其 Top-k 查詢演算法仍可以支持圖和超圖。

假設 I_4 作爲一個查詢圖片來進行圖片標注，基於圖 11-3(b) 所示的超圖展示了對其進行 Top-3 的查詢示例。

圖 11-11 展示了每輪迭代 i 中的 λ_i、$\underline{s}_i$、$\overline{s}_i$、S_c 和 S_r。在第 0 輪迭代中，PPA 創建了 n 個線程 Compute_x（$1 \leqslant x \leqslant n$）來平行運算 $\lambda_0=\{0,0,0,0,0,0,0,0,0,0,0,0,0,0,1,0\}$。在第 1 輪迭代，PPA 創建了 n 個線程 Compute_x($1 \leqslant x \leqslant n$) 來平行運算 λ_1，並創建 n 個線程 Estimate_x($1 \leqslant x \leqslant n$) 來平行運算 $\underline{s}_0$ 和 $\overline{s}_0$。然後，演算法運算得到了 $\theta_k=0$，並獲得候選集合 $S_c=\{T_1, T_2, T_3, T_4, T_5\}$。注意，對於圖片標注來說，僅有標籤節點被插入到候選集合中。因爲 $|S_c|=5 \neq k$，迭

Iteration	Scores																S_c	S_r
		U_1	U_2	U_3	U_4	U_5	T_1	T_2	T_3	T_4	T_5	I_1	I_2	I_3	I_4	I_5		
0	λ_0	0	0	0	0	0	0	0	0	0	0	0	0	0	1	0	ϕ	ϕ
1	λ_1	0	0	0.05	0.05	0.05	0	0	0	0	0	0	0	0.42	0.05	0.38	$\{T_1, T_2,$ $T_3, T_4,$ $T_5\}$	ϕ
	$\underline{s}_0$	0	0	0	0	0	0	0	0	0	0	0	0	0	0.2	0		
	$\overline{s}_0$	0.27	0.27	0.27	0.2	0.27	0.27	0.27	0.27	0.27	0.27	0.28	0.28	0.33	0.45	0.3		
...									...								...	...
25	λ_{25}	0.02	0.06	0.08	0.02	0.07	0.02	0.06	0.07	0.02	0.01	0.09	0.11	0.16	0.11	0.09	$\{T_3, T_2,$ $T_4\}$	$\{T_3, T_2,$ $T_4\}$
	$\underline{s}_{24}$	0	0	0	0	0	0.005	0.022	0.05	0.02	0.01	0	0	0	0.2	0		
	$\overline{s}_{24}$	0.27	0.27	0.27	0.2	0.27	0.019	0.024	0.05	0.022	0.018	0.28	0.28	0.33	0.45	0.3		

圖 11-11　PPA 查詢示例

代持續到第 25 輪。在第 25 輪迭代中，PPA 平行運算 λ_{25}、$\underline{s}_{24}$ 和 $\overline{s}_{24}$，並獲得候選集合 $S_c = \{T_3, T_2, T_4\}$。因爲此時 $|S_c| = k$，且各區間 $[\underline{s}_{24}[u], \overline{s}_{24}[u]]$（$u \in S_c$）相互沒有重疊。所以 PPA 返回結果集，$S_r = \{T_3, T_2, T_4\}$。

11.3.2 近似查詢方法

爲了提升 Top-k 查詢的效率，權衡查詢品質和查詢效率後，本章提出了近似的查詢方法。詳細來說，不再使用分數下界和上界來對查詢結果做精確排序，透過將排名分數的誤差限制在一定範圍內，就可以只用估計分數直接對結果進行排序。

正如 Fujiwara[8] 證明的，可知 $\underline{s}_\infty[u] = \overline{s}_\infty[u] = s[u]$。因此，本章使用下界分數 $\underline{s}_i[u]$ 來估計真實排名分數 $s[u]$。隨著迭代次數 i 的增加，估計值逐漸逼近真實值。給定一個誤差範圍 τ，可以推出以下引理。

引理 11.1：給定誤差範圍 τ，對於任意的節點 $u \in V$，如果迭代次數 $i \geqslant \log_c \tau - 1$，有 $|\underline{s}_i[u] - s[u]| \leqslant \tau$ 成立。

證明：根據等式(11-7)，有 $s = (1-c)(I - cP)^{-1} q = (1-c)\{\sum_{i=0}^\infty c^i P\} q = (1-c) \sum_{i=0}^\infty c^i \lambda_i$，因此又有 $s[u] = (1-c) \sum_{i=0}^\infty c^i \lambda_i[u] = \underline{s}_i[u] + (1-c) c^{i+1} \lambda_{i+1}[u] + (1-c) c^{i+2} \lambda_{i+2}[u] + \cdots + (1-c) c^\infty \lambda_\infty[u] \leqslant \underline{s}_i[u] + c^{i+1}$。如果 $i \geqslant \log_c \tau - 1$，則 $c^{i+1} \leqslant \tau$，所以對於任意的節點 $u \in V$，都有 $|\underline{s}_i[u] - s[u]| \leqslant \tau$ 成立，證明完畢。

引理 11.1 適用於任意節點。同時，可以使用 $\overline{s}_i[u]$ 來收緊估計，能進一步提高效率。

引理 11.2：給定誤差範圍 τ，對於任意節點 $u \in V$，如果迭代次數 $i \geqslant \log_c \dfrac{\tau}{P_{\max}[u]} - 1$，有 $|\underline{s}_i[u] - s[u]| \leqslant \tau$ 成立。

證明：根據 $\underline{s}_i[u]$ 和 $\overline{s}_i[u]$ 的定義，可以知道 $|\overline{s}_i[u] - s[u]| \leqslant |\overline{s}_i[u] - \underline{s}_i[u]| = c^{i+1} P_{\max}[u]$。若 $i \geqslant \log_c \dfrac{\tau}{P_{\max}[u]} - 1$，則 $c^{i+1} P_{\max}[u] \leqslant \tau$，因此 $|\underline{s}_i[u] - s[u]| \leqslant \tau$ 成立，證明完畢。

對候選節點集合中每個節點應用引理 11.2，如果所有候選節點都滿足引理 11.2，即所有候選節點的估計分數和其真實分數的誤差落在範圍 τ 之內，此時可以結束迭代。

基於引理 11.1 和引理 11.2，本章提出近似 PPR 演算法（approximate PPR algorithm，以下簡稱 APA），演算法 11.2 展示了其僞代碼。

一個查詢向量 q、一個正整數 k、一個轉移機率矩陣 P、一個阻尼係數 c、

一個線程數量 n 和一個誤差範圍 τ 作爲 APA 的輸入，APA 輸出近似結果集 S_r。APA 的迭代次數 i 從 0 開始，持續迭代（行 1～15）直到滿足引理 11.1。特別地，如果 $i \geqslant \log_c \tau - 1$，則所有的估計分數都在誤差範圍 τ 之內，此時演算法直接返回結果集 S_r，其包含候選集合 S_c 的前 k 個節點，這些節點具有最大的估計分數（行 2～3）。在每輪迭代 i 中，APA 首先初始化候選節點集合 S_c 爲空，其中節點將根據它們的估計分數降序排列（行 4）。當 $i = 0$ 時，演算法首先創建 n 個線程 Compute _ x (i) $(1 \leqslant x \leqslant n)$ 來平行地運算 $\lambda_i[u] (u \in V)$（行 5～6）。另一方面，APA 創建 n 個線程 Compute _ $x(i)$ 和 n 個線程 Estimate _ $x(i-1)$ $(1 \leqslant x \leqslant n)$ 以平行運算 $\lambda_i[u]$、$\underline{s}_{i-1}[u]$ 和 $\overline{s}_{i-1}[u]$ $(u \in V)$（行 7～8）。當所有線程終止後，如果 $i > 0$，演算法將運算 θ_k（行 10），$\underline{s}_{i-1}[u]$ 作爲節點 u 分數下界，則將所有滿足 $\overline{s}_{i-1}[u] \geqslant \theta_k$ 的節點 u 插入到候選點集合 S_c 中（行 11～13）。最終，如果候選節點集合 S_c 中的所有節點 u 都滿足 $i \geqslant \log_c \frac{\tau}{P_{\max}[u]} - 1$，則根據引理 11.2，所有節點的估計分數的誤差都在範圍 τ 之內，返回結果集 S_r，其包含候選集合 S_c 的前 k 個節點（行 14～15）。

演算法 11.2： 近似 PPR 演算法（APA）

Input： 查詢向量 q，位數 k，機率轉移矩陣 **P**，比例參數 c，線程數 n，誤差界 τ

Output： top-k 搜索結果集 S_r

/ * S_c：備選節點 u 的集合，根據最新下限分數 $\underline{s}_i[u]$ 降序排列 . * /

1: **for** each iteration i **do**　　//迭代數 i 從 0 開始遞增

2:　　**if** $i \geqslant \log_c \tau$ **then**　　//引理 11.1

3:　　　　$S_r = \{u_i | u_i \in S_c \wedge 1 \leqslant i \leqslant k\}$ and **return** S_r

4:　　$S_c = \varnothing$

5:　　**if** $i = 0$ **then**

6:　　　　create n threads Compute_x(i)($1 \leqslant x \leqslant n$)　　//演算法 11.1

7:　　**else**

8:　　　　create Compute_x(i)and Estimate_x($i-1$)($1 \leqslant x \leqslant n$)　　//演算法 11.1

9:　　**if** all the threads terminate and $i > 0$ **then**

10:　　　　compute θ_k　　//第 k 高的下限分數

11:　　**for** each node u **do**

12:　　　　**if** $\overline{s}_{i-1}[u] \geqslant \theta_k$ **then**

13:　　　　　　insert u into S_c

14:　　**if** all the nodes u in S_c s.t. $i \geqslant \log_c \frac{\tau}{P_{\max}[u]}$ **then**　　//引理 11.2

15:　　　　$S_r = \{u_i | u_i \in S_c \wedge 1 \leqslant i \leqslant k\}$ and **return** S_r

---

在引理 11.1 和引理 11.2 的幫助下，APA 演算法可以較早停止迭代，因此

查詢效率有較大提升。儘管 APA 不能保證返回正確的 Top-k 查詢結果，但其近似方法可以控制誤差範圍，此誤差範圍可以由使用者指定。因此，APA 性能更好，並具有較好的準確度。

假設圖片 I_4 作為查詢圖片且誤差範圍 τ 設置爲 0.1，基於圖 11-3(b) 所示的超圖展示對其進行圖片標注 Top-3 的查詢示例。

圖 11-12 展示了每輪迭代 i 中的 λ_i、$\underline{s}_i$、$\overline{s}_i$、S_c 和 S_r。在第 0 輪迭代中，由於引理 11.1 沒有滿足，APA 創建了 n 個線程 Compute_x（$1 \leqslant x \leqslant n$）來平行運算 $\lambda_0 = \{0,0,0,0,0,0,0,0,0,0,0,0,0,0,1,0\}$。在第 1 輪迭代，引理 11.1 仍未滿足，APA 創建了 n 個線程 Compute_x（$1 \leqslant x \leqslant n$）來平行運算 λ_1，並創建 n 個線程 Estimate_x（$1 \leqslant x \leqslant n$）來平行運算 $\underline{s}_0$ 和 $\overline{s}_0$。然後，演算法運算得到了 $\theta_k = 0$，並獲得候選集合 $S_c = \{T_1, T_2, T_3, T_4, T_5\}$。注意，對於圖片標注來說，僅有標籤被插入到候選集合中。直到第 17 輪迭代，對於任意節點 $u \in S_c$ 才有引理 11.2 滿足。在第 17 輪迭代中，引理 11.1 也不滿足，APA 平行運算 λ_{17}、$\underline{s}_{16}$ 和 $\overline{s}_{16}$，並獲得候選集合 $S_c = \{T_3, T_2, T_4\}$。因爲此時對於任意節點 $u \in S_c$，都有引理 11.2 滿足，所以 APA 返回結果集，$S_r = \{T_3, T_2, T_4\}$。

Iteration	Scores															S_c	S_r
		U_1	U_2	U_3	U_4	U_5	T_1	T_2	T_3	T_4	T_5	I_1	I_2	I_3	I_4	I_5		
0	λ_0	0	0	0	0	0	0	0	0	0	0	0	0	0	1	0	ϕ	ϕ
1	λ_1	0	0	0.05	0.05	0.05	0	0	0	0	0	0	0	0.42	0.05	0.38	$\{T_1, T_2,$ $T_3, T_4,$ $T_5\}$	ϕ
	$\underline{s}_0$	0	0	0	0	0	0	0	0	0	0	0	0	0	0.2	0		
	$\overline{s}_0$	0.27	0.27	0.27	0.2	0.27	0.27	0.27	0.27	0.27	0.27	0.28	0.28	0.33	0.45	0.3		
...									...								...	...
17	λ_{17}	0.02	0.06	0.08	0.02	0.07	0.02	0.06	0.07	0.03	0.01	0.09	0.11	0.16	0.11	0.09	$\{T_3, T_2,$ $T_4\}$	$\{T_3, T_2,$ $T_4\}$
	$\underline{s}_{16}$	0	0	0	0	0	0.005	0.021	0.05	0.02	0.01	0	0	0	0.2	0		
	$\overline{s}_{16}$	0.27	0.27	0.27	0.2	0.27	0.019	0.028	0.05	0.027	0.018	0.28	0.28	0.33	0.45	0.3		

圖 11-12　APA 查詢示例

11.3.3　互動式查詢方法

群體運算將任務衆包給大量的使用者，用來解決資料檢索問題。群體運算的關鍵在於其開放性和對大規模使用者網路的應用。因此，本章的 HIRT 系統也使用群體運算技術來提升檢索品質。

群體運算技術：使用者使用 HIRT 來找到給定節點的 Top$-k$ 結果。因此，

每次查詢可以視爲一個任務，並且提出查詢的使用者可以視爲此任務的專家。在獲得 HIRT 返回的查詢結果並檢查之後，使用者可以告知 HIRT 哪些結果節點和查詢節點相關，即正回饋。一個使用者可以一次提交多個正回饋。HIRT 收集所有使用者的回饋，並在一個時間週期內最佳化轉移機率矩陣。每個使用者的回饋可以用 $\langle q,u \rangle$ 代表，其表示查詢節點 q 和結果節點 u 相關。

　　本章使用了簡單但高效的策略來最佳化矩陣，若給出相同正回饋 $\langle q,u \rangle$ 的使用者數量超過了一個閾值 m，矩陣就需要更新。基於此，本章提出矩陣最佳化演算法 (refine matrix algorithm，RMA)，演算法 11.3 展示了其僞代碼。

演算法 11.3：矩陣最佳化演算法 (RMA)

Input: 查詢向量 q, 轉移機率矩陣 P, 使用者回饋集 S, 閾值 m
Output: 最佳化的轉移機率矩陣 P
1: **for** each feedback$\langle q,u \rangle$ in S **do**
2: 　　**if** $\langle q,u \rangle$ is processed previously **then continue**
3: 　　**if** $C(\langle q,u \rangle) \geqslant m$ **then**
4: 　　　　$p[q,u] = \max\{p[q,v] \mid v \in V\} \times 1.2$
5: 　　　　normalize the vector $p[q]$ such that $\sum_{v \in V} p[q,v] = 1$
6: 　　**else**
7: 　　　　$C(\langle q,u \rangle) = C(\langle q,u \rangle) + 1$
8: **return** P

　　一個查詢向量 q、一個轉移機率矩陣 P、一個單位時間內使用者回饋集合 S 和一個閾值 m，演算法輸出最佳化後的轉移機率矩陣 P。對於回饋集合 S 中的每一個回饋 $\langle q,u \rangle$，如果其已被處理 (如 $p[q,u]$ 已被更新)，RMA 繼續執行 (行 2)。如果 $C(\langle q,u \rangle)$ 總數超過了閾值 m，矩陣元素 $p[q,u]$ 的值將被設置爲 $\max\{p[q,v]|v \in V\} \times 1.2$，並且向量 $p[q,u]$ 再次規範化以滿足 $\sum_{v \in V}[q,v] = 1$ (行 3~5)。這裡，參數 1.2 (>1) 用來將 $p[q,u]$ 設置成 $p[q,v](v \in V)$ 中最大的轉移機率值。但此參數不應過大，以避免機率分散的極化。此外，演算法將計數 $C(\langle q,u \rangle)$ 自增 (行 7)。最終，當所有回饋已被處理完畢，返回已最佳化的轉移機率矩陣 P (行 8)。

　　使用群體運算技術，本章提出了互動式 PPR 演算法 (interactive PPR algorithm，IPA)，其使用 PPA 來進行 Top-k 查詢，並使用 RMA 來持續最佳化矩陣。

　　假設圖片 I_4 作爲查詢圖片且閾值 m 設置爲 1，有使用者給出正回饋 $\langle I_4, T_5 \rangle$，基於圖 11-3(b) 所示的超圖展示對其轉移機率矩陣進行最佳化並給出 Top-3 的查詢示例。

u\v	U_1	U_2	U_3	U_4	U_5	T_1	T_2	T_3	T_4	T_5	I_1	I_2	I_3	I_4	I_5
U_1	1/3	0	0	0	0	1/3	0	0	0	0	1/3	0	0	0	0
U_2	0	1/3	0	0	0	0	1/3	0	0	0	1/6	1/6	0	0	0
U_3	0	0	11/36	1/12	1/12	0	0	2/9	0	0	0	0	2/9	1/12	0
U_4	0	0	1/4	1/4	1/4	0	0	0	0	0	0	0	0	1/4	0
U_5	0	0	1/20	1/20	19/60	0	0	0	2/15	2/15	0	0	0	1/20	4/15
T_1	1/3	0	0	0	0	1/3	0	0	0	0	1/3	0	0	0	0
T_2	0	1/3	0	0	0	0	1/3	0	0	0	1/6	1/6	0	0	0
T_3	0	0	1/3	0	0	0	0	1/3	0	0	0	0	1/3	0	0
T_4	0	0	0	0	1/3	0	0	0	1/3	0	0	0	0	0	1/3
T_5	0	0	0	0	1/3	0	0	0	0	1/3	0	0	0	0	1/3
I_1	0.085	0.085	0	0	0	0.085	0.085	0	0	0	0.171	0	0.256	0.231	0
I_2	0	0.115	0	0	0	0	0.115	0	0	0	0.345	0.115	0.31	0	0
I_3	0	0	0.115	0	0	0	0.115	0	0	0	0.345	0.115	0.31	0	0
I_4	0	0	**0.035**	**0.035**	**0.035**	0	0	0	**0.333**	0	0	0	**0.278**	**0.035**	0.249
I_5	0	0	0	0	0.171	0	0	0.085	0.085	0	0	0.256	0	0.231	0.171

(a) 更新轉移機率矩陣

Iteration		Scores															S_c	S_r
		U_1	U_2	U_3	U_4	U_5	T_1	T_2	T_3	T_4	T_5	I_1	I_2	I_3	I_4	I_5		
0	λ^0	0	0	0	0	0	0	0	0	0	0	0	0	0	1	0	Φ	Φ
1	λ^1	0	0	0.03	0.03	0.03	0	0	0	0.33	0	0	0	0.28	0.03	0.25	$\{T_1, T_2,$ $T_3, T_4,$ $T_5\}$	Φ
	$\underline{s}_0$	0	0	0	0	0	0	0	0	0	0	0	0	0	0.2	0		
	$\overline{s}_0$	0.27	0.27	0.27	0.2	0.27	0.27	0.27	0.27	0.27	0.27	0.28	0.28	0.33	0.45	0.3		
20	λ^{20}	0.02	0.05	0.07	0.02	0.1	0.02	0.05	0.06	0.03	0.07	0.08	0.1	0.13	0.1	0.1	$\{T_5, T_3,$ $T_4\}$	$\{T_5, T_3,$ $T_4\}$
	$\underline{s}_{19}$	0	0	0	0	0	0.003	0.017	0.037	0.025	0.11	0	0	0	0.2	0		
	$\overline{s}_{19}$	0.27	0.27	0.27	0.2	0.27	0.021	0.024	0.05	0.03	0.12	0.28	0.28	0.33	0.45	0.3		

(b) IPA查詢示例

圖 11-13　IPA 更新矩陣和查詢示例

　　IPA 首先使用 RMA 演算法更新轉移機率矩陣。由於使用者的正回饋 $\langle I_4, T_5 \rangle$ 數量達到閾值 m，因此 RMA 將 $p[I_4, T_5]$ 設置爲 0.5，並再次標準化向量 $p[I_4]$。圖 11-13(a) 展示了更新後的矩陣 [原矩陣如圖 11-5(a) 所示]，其中加粗部分爲更新部分。然後，IPA 使用 PPA 進行查詢，21 輪迭代後，返回了新的查詢結果集合 $\{T_5, T_3, T_4\}$。圖 11-13 展示了每輪迭代 i 中的 λ_i、$\underline{s}_i$、$\overline{s}_i$、S_c 和 S_r。

參考文獻

[1] Smeulders A W M, Worring M, Santini S, et al. Content-based image retrieval at the end of the early years [J]. IEEE Trans. on Patt. Analysis and Machine Intell. , 22（12）: 1349-1380, 2000.

[2] Jing F，Li M，Zhang H J , et al. An efficient and effective region-based image retrieval framework[J]. IEEE Transactions on Image Processing, 13（5）: 699-799, 2004.

[3] Wang X Y，Yang H Y，Li D M. A new content-based image retrieval technique using color and texture information [J]. Computers Electrical Engineering, 39（3）: 746-761, 2013.

[4] Korde V. A survey on CBIR using affinity graph based on image segmentation[J]. International Journal of Advanced Research in Computer and Communication Engineering, 5（5）: 943-945, 2016.

[5] Bu J，Tan S，Chen C，et al. Music recommendation by unified hypergraph: Combining social media information and music content［C］. in MM, 391-400, 2010.

[6] Bolettieri P, Esuli A, Falchi F, et al. CoPhIR: A test collection for content-based image retrieval [J]. CoRR abs/ 0905. 4627, 2009.

[7] Lowe D G. Distinctive image features from scale-invariant keypoints [J]. International Journal of Computer Vision, 60（2）: 91-100, 2004.

[8] Fujiwara Y, Nakatsuji M, Shiokawa H. Efficient ad-hoc search for personalized pagerank [C].in SIGMOD, 445-456, 2013.

大數據管理系統

編　　著：江大偉，高雲君，陳剛

發 行 人：黃振庭

出 版 者：崧燁文化事業有限公司

發 行 者：崧燁文化事業有限公司

E-mail：sonbookservice@gmail.com

粉 絲 頁：https://www.facebook.com/
　　　　　sonbookss/

網　　址：https://sonbook.net/

地　　址：台北市中正區重慶南路一段六十一號八
　　　　　樓 815 室

Rm. 815, 8F., No.61, Sec. 1, Chongqing S. Rd.,
Zhongzheng Dist., Taipei City 100, Taiwan

電　　話：(02) 2370-3310

傳　　真：(02) 2388-1990

印　　刷：京峯彩色印刷有限公司（京峰數位）

律師顧問：廣華律師事務所 張珮琦律師

國家圖書館出版品預行編目資料

大數據管理系統 / 江大偉，高雲君，
陳剛編著 . -- 第一版 . -- 臺北市：
崧燁文化事業有限公司 , 2022.03
　面；　公分
POD 版
ISBN 978-626-332-102-1(平裝)
1.CST: 大 數 據 2.CST: 資 料 庫
3.CST: 資料庫管理系統
312.74　111001420

電子書購買

臉書

定　　價：520 元

發行日期：2022 年 03 月第一版

◎本書以 POD 印製